人工智能导论

马月坤 陈 昊 主编

Introduction

to

Artificial

Intelligence

清华大学出版社
北京

内 容 简 介

本书参照《国家新一代人工智能标准体系建设指南》,全面系统地阐述人工智能理论和技术体系的基本框架,并体现了人工智能的最新进展。

全书共 13 章,第 1 章介绍人工智能的基本概念、发展简史,并着重介绍人工智能的主要研究内容与各种应用,以开阔读者的视野,引导读者进入人工智能各个研究领域;第 2～6 章阐述人工智能的基本原理和技术基础,重点论述知识图谱、自然语言处理、智能语音、计算机视觉、机器学习和神经网络等关键通用技术,为后续章节介绍行业应用做知识储备和技术铺垫;第 7～12 章介绍人工智能目前在行业中的应用,包括智能交通、智能商务、智能司法、智能教育、智能医疗、其他行业智能应用等 6 个模块,读者可根据专业需要选择其中几个行业应用案例进行重点学习,感受人工智能技术与行业的融合;第 13 章介绍当前人工智能研究存在的热点问题和伦理争议。

本书强调人工智能知识的基础性、科普性、综合性、趣味性和可读性,使学生掌握人工智能的主要思想和应用人工智能技术解决专业领域问题的基本思路,拓宽科学视野,紧追科技前沿,培养创新精神。

本书可作为普通高校各专业人工智能通识课程教材,也可作为从事自然科学、社会科学以及人工智能交叉学科研究的科研人员、学者及爱好者的参考用书。

图书在版编目(CIP)数据

人工智能导论/马月坤,陈昊主编. —北京:清华大学出版社,2021.8(2025.1重印)
ISBN 978-7-302-58350-9

Ⅰ.①人… Ⅱ.①马… ②陈… Ⅲ.①人工智能-高等学校-教材 Ⅳ.①TP18

中国版本图书馆 CIP 数据核字(2021)第 111940 号

责任编辑:龙启铭
封面设计:常雪影
责任校对:李建庄
责任印制:沈 露

出版发行:清华大学出版社
        网 址:https://www.tup.com.cn,https://www.wqxuetang.com
        地 址:北京清华大学学研大厦 A 座 邮 编:100084
        社 总 机:010-83470000 邮 购:010-62786544
        投稿与读者服务:010-62776969,c-service@tup.tsinghua.edu.cn
        质量反馈:010-62772015,zhiliang@tup.tsinghua.edu.cn
        课件下载:https://www.tup.com.cn,010-83470236
印 装 者:三河市天利华印刷装订有限公司
经 销:全国新华书店
开 本:185mm×260mm 印 张:17.5 字 数:424 千字
版 次:2021 年 8 月第 1 版 印 次:2025 年 1 月第 9 次印刷
定 价:39.00 元

产品编号:092979-01

前 言

人工智能是研究、开发用于模拟、延伸和扩展人的智能理论、方法、技术及应用系统的一门新的技术科学,属于社会科学与自然科学的交叉学科。

随着计算能力不断提升,算法模型逐步完善,数据资源融通共享,人工智能在各行业的落地应用进程明显加快,为传统行业的转型升级注入了强大推力。坚持应用导向,加快人工智能科技成果在各行业的商业化应用,既是发展人工智能的强力手段,也是我国抢占智能时代战略制高点、形成核心竞争力的必然选择。目前,人工智能产品已经走进了我们的日常生活,改变了人们的生活方式。智能手机、可穿戴设备、智能家居等产品使人们的生活愈发丰富多彩;半自动驾驶汽车、智慧交通系统、智能停车系统等可以有效提高人们的出行效率,降低出行成本;医疗导诊机器人、康复医疗机器人成为病人恢复健康的有力助手。国内众多知名高校纷纷开设人工智能专业,并且面向不同专业的本科生,都开设了人工智能通识课程,人工智能研究、开发、应用及人工智能人才培养的百花齐放局面正在形成。面对这种形势,迫切需要编写适应当前发展要求的人工智能基础性读物,作为人工智能人才培养的基础性教材,也可作为人工智能研究、开发、应用人员从事实际工作的辅导性读物。因此,我们编写了这本基础性强、可读性好、适合针对不同专业讲授的人工智能教材。

本书参照《国家新一代人工智能标准体系建设指南》,全面系统地阐述人工智能理论和技术体系的基本框架,并体现了人工智能的最新进展。同时,为了实现课程与思政教育同向同行,全过程、全方位育人,将思政元素融入章节内容中,实现教材内容与思想政治教育进行有机结合,以期培养学生的家国情怀意识,增强学生的民族自豪感和时代责任感。

全书共13章,第1章介绍人工智能的基本概念、发展简史,并着重介绍人工智能的主要研究内容与各种应用,以开阔读者的视野,引导读者进入人工智能各个研究领域;第2~6章阐述人工智能的基本原理和技术基础,重点论述知识图谱、自然语言处理、智能语音、计算机视觉、机器学习和神经网络等关键通用技术,为后续章节介绍行业应用做知识储备和技术铺垫;第7~12章介绍人工智能目前在行业中的应用,包括智能交通、智能商务、智能司法、智能教育、智能医疗、其他行业智能应用等6个模块,读者可根据专业需要选择其中几个行业应用案例进行重点学习,感受人工智能在专业中的融合;第13章介绍当前人工智能研究存在的热点问题和伦理争议。附录给出了本书学习的思维导图和人工智能领域常用术语汇总(在线下载)。

本书由马月坤、陈昊任主编,李志刚、刘亚志、史彩娟、朱开宇、陈智慧、黄天宇、王秀丽任副主编(排名不分先后),其中,李志刚进行了本书编写大纲制定工作;马月坤、陈昊进行本书组织、统稿、校对等大量工作;刘亚志、史彩娟、朱开宇、陈智慧、黄天宇、王秀丽进行了部分校对工作。其中,马月坤编写了本书第 3 章全部内容;陈昊编写了第 7 章全部内容,以及第 4 章和第 5 章部分内容,并完成了前言的编写和全书学习思维导图的绘制;刘亚志编写了第 11 章全部内容,以及第 4 章和第 5 章部分内容;史彩娟编写了第 10 章全部内容,以及第 4 章和第 5 章部分内容;朱开宇编写了第 6 章全部内容,以及第 2 章和第 12 章部分内容;陈智慧编写了第 13 章全部内容;黄天宇编写了第 2 章和第 8 章全部内容;王秀丽编写了第 1 章和第 9 章全部内容。

本书强调人工智能知识的基础性、科普性、综合性、趣味性和可读性,力求使学生掌握人工智能的主要思想,以及应用人工智能技术解决专业领域问题的基本思路,拓宽科学视野,紧追科技前沿,培养创新精神。本书结构条理清楚、语言精练,理论与案例结合,深入浅出,易读易懂。本书特别关注人工智能与其他学科、领域的融合,将人工智能应用到多个行业中去,为读者进一步学习和研究奠定了基础,指引了方向。

本书可作为普通高校各专业人工智能通识课程教材,也可作为人工智能的科普读物供广大读者自学或参考。

由于作者水平所限,加上时间仓促,书中难免有疏漏或不妥之处,恳请广大读者批评指正。

编者

于华北理工大学人工智能学院

2021 年 4 月

目 录

第1章

人工智能概述

人工智能,这个已经存在了 60 多年的技术,因为谷歌的 AlphaGo 与李世石的人机大战而声名鹊起,从过去的高高在上到今天的人人皆知,人工智能已经无处不在。人工智能技术以机器学习,特别是深度学习为核心,在视觉、语音、自然语言等应用领域迅速发展,全球人工智能应用场景将不断丰富,与我们的生活密不可分。

1.1 人工智能的定义

谈到人工智能(Artificial Intelligence,AI)的定义,我们很容易会想到自动驾驶的汽车、机器翻译,或者能够自己满地跑的扫地机器人,我们会认为这些是人工智能,而我们经常用的一些手机小程序,可能不像是人工智能。那么,到底什么是人工智能?

从公众关注视角来讲,人工智能就是机器可以完成人们认为机器不能胜任的事情。显然,这个不能胜任的事情,随着时代的发展会不停地变化,它也反映出在当前时代背景下,大多数普通人对于人工智能的一个认识程度。比如,IBM 的"深蓝"超级计算机在 1997 年 5 月 11 日击败了国际象棋世界冠军卡斯帕罗夫,当时我们认为,这个国际象棋的程序显然是人工智能,但是随着时间的飞逝,大家发现它只是在一颗巨大的搜索树上进行搜索,穷举了所有的下棋步骤,而且添加了很多大师的棋谱,大家又慢慢感觉它可能不是智能的。2016 年 3 月,谷歌(Google)开发的 AlphaGo 与围棋世界冠军、职业九段棋手李世石进行围棋人机大战,以 4 比 1 的总比分获胜,人们又开始认为能够下围棋的这种程序是人工智能。

除了下棋之外,还有一些其他的应用领域,比如说早期,可以利用光学字符识别技术(OCR)从图像中把文字识别出来,能够认识文字,那么它可能是人工智能。但随着技术的发展,大家发现它只不过做了图像的增强、边缘的提取、特征的匹配,大家习以为常之后,又觉得它不那么智能了。时至今日,我们发现,计算机程序对于图像处理又先进了一大步,它甚至可以识别出一张照片里毛茸茸的动物是狗、猫还是小鸟,于是大家又觉得这是智能。所以早期的人工智能定义是与人类思考方式相似的计算机程序,让人工智能程序遵循逻辑学的基本规律进行推理、运算归纳。后来人们发现数学和逻辑也有局限性,即有些事情或更复杂的事情,借助数学也不能描述。所以现在逐渐流行的人工智能定义,是与人类行为相似的机器程序。当我们给人和机器相同的输入,如果人和机器做出的响应是相似的,或者说是一样的,那么我们就称这个计算机程序具有智能。

从发展趋势的角度去定义,人工智能就是一个会不断自我学习的程序。以至于有这样一种说法——无学习,不 AI。这种定义也符合人类认知特点:每个人都要不断学习,才能更有智慧。人从婴儿开始,一张白纸,长大成人,或者成为训练有素的工程师,或者成为技艺精湛的球星,这显然是个自我学习成长的过程。

综上所述,人工智能就是根据对环境的感知做出合理的行动,并获得最大收益的计算机程序。

1.2　人工智能发展的三次浪潮

人工智能在 60 多年间的发展中,经历了三起两落的跌宕式发展。

1. 第一次浪潮(20 世纪 50 年代至 70 年代)

随着计算机的出现,人们开始探讨人工智能的问题。1956 年夏天在美国达特茅斯大学的一场学术会议上,人工智能的概念被提出并获得肯定,标志着人工智能科学诞生,如图 1.1 所示。不同于传统计算机技术是机器根据既定的程序执行计算或者控制任务,人工智能可以理解为用机器不断感知、模拟人类的思维过程,使机器达到其至超越人类的智能。1956 年也就成为了人工智能元年。

图 1.1　达特茅斯会议合影

达特茅斯会议主要参与者有约翰 · 麦卡锡(John McCarthy)、马文 · 明斯基(Marvin Minsky,人工智能与认知学专家)、克劳德 · 香农(Claude Shannon,信息论的创始人)、艾伦•纽厄尔(Allen Newell,计算机科学家)、希尔伯特•西蒙(Herbert Simon,诺贝尔经济学奖得主)等。

达特茅斯会议推动了全球第一次人工智能浪潮的出现,即1956年到1974年。当时乐观的气氛充满着整个学界,在机器学习、定理证明、模式识别、问题求解、专家系统及人工智能语言等方面都取得了许多引人瞩目的成就。在算法方面出现了很多世界级的发明,其中包括一种称为增强学习的雏形(即贝尔曼公式),它是谷歌AlphaGo的算法核心思想。但是,与其他新兴学科的发展一样,人工智能的发展道路也不是平坦的。

从1974年到1980年,人工智能遭受了第一次寒冬,主要原因如下。

(1)AI瓶颈:即使是最杰出的AI程序,也只能解决问题中最简单的一部分。

(2)性能有限:有限的内存和处理速度无法解决指数级复杂度的问题。

(3)缺乏"常识":许多重要的AI应用,例如机器视觉和自然语言,都需要对世界的大量基本认识。

2. 第二次浪潮(20世纪80年代)

进入20世纪80年代,卡内基•梅隆大学为DEC公司制造出了专家系统(1980年),这个专家系统帮助DEC公司每年节约4000万美元的费用,特别是在决策方面能提供有价值的内容。受此鼓励,包括日本、美国在内的很多国家都再次投入巨资开发所谓第5代计算机(1982年),目标是造出能够与人对话、翻译语言、解释图像,并且能够像人一样推理的机器,当时称为人工智能计算机。

在20世纪80年代出现了人工智能数学模型方面的重大发明,其中包括著名的多层神经网络(1986)年和BP反向传播算法(1986年)等,也出现了能与人类下象棋的高度智能机器(1989年)。此外,其他成果包括通过人工智能网络来实现的、可以自动识别信封上邮政编码的机器,其准确度可达99%以上,已经超过普通人的水平。

然而,1987年到1993年随现代PC的出现,让人工智能的寒冬再次降临。当时苹果、IBM开始推广第一代台式计算机,并逐步走入家庭,费用远远低于专家系统所使用的机器,以XCON为首的专家系统走向没落。人工智能商业界高投资、高期望、低回报、低交付的现象愈发严重,整个投资和媒体界人士纷纷表示对人工智能的失望,导致该领域大量撤资,并且财政拨款减少,人工智能的第二次寒冬随即而来。

3. 第三次浪潮(20世纪90年代末至今)

1997年,IBM"深蓝"战胜了国际象棋世界冠军卡斯帕罗夫,这是一个具有里程碑意义的事件。到了21世纪初,互联网的高速发展成功激活了人工智能第三次浪潮,不同于前两次的AI"春天",深度学习网络在模型表现和商业应用方面都远远优于与之竞争的基于其他机器学习技术或手动设计功能的AI系统。

2006年,加拿大Hinton教授提出了以人工神经网络(ANN)为代表的深度学习算法,成为了人工智能应用落地的核心引擎。ANN提高了机器自学习的能力,随后以深度学习、强化学习为代表的算法研究不断突破,算法模型持续优化,极大地提升了人工智能应用的准确性,如语音识别和图像识别等。随着互联网和移动互联的普及,全球网络数据量急剧增加,多来源、实时、大量、多类型的数据为人工智能大发展提供了良好的土壤。大数据、云计算等信息技术的快速发展,GPU、NPU、FPGA等各种人工智能专用计算芯片的应用,极大地提升了机器处理海量视频、图像等的计算能力。在算法、算力和数据能力不断提升的情况下，人工智能技术快速发展，从专用技术发展为通用技术，并融入各行各业之中。如图 1.2 所示，算法、算力和大数据是人工智能的三要素。正是算力上的爆发，让人工智能在 1956 年达特茅斯会议之后的近 60 年，形成了第三次浪潮。

图 1.2 人工智能的三要素

1.3 人工智能的三个级别

在探寻 AI 的边界时，将 AI 分为如下三个级别。

1. 弱人工智能

弱人工智能也称限制领域人工智能（Narrow AI）或应用型人工智能（Applied AI），指的是专注于且只能解决特定领域问题的人工智能，例如，AlphaGo、Siri、FaceID 等。

弱人工智能不具备思考的能力，本质上是用统计学以及拟合函数来实现的，实际上并不能真正地去推理问题或解决问题，也没有自己的世界观和价值观。例如，弱人工智能学习了挥手互动这一动作，那么，只要有人向它挥手，哪怕挥手会有危险，弱人工智能依然会挥手。简而言之就是，先教它做什么，才会去做什么。

2. 强人工智能

强人工智能又称通用人工智能（General Artificial Intelligence）或完全人工智能（Full AI），指的是可以胜任人类所有工作的人工智能。

强人工智能具备以下能力：

- 存在不确定性因素时进行推理，使用策略解决问题，制定决策的能力。
- 知识表示的能力，包括常识性知识的表示能力。
- 规划能力。
- 学习能力。
- 使用自然语言进行交流沟通的能力。
- 将上述能力整合起来实现既定目标的能力。

3. 超人工智能

牛津哲学家、知名人工智能思想家 Nick Bostrom 把超级智能定义为"在几乎所有领域都比最聪明的人类大脑还聪明很多,包括科学创新、通识和社交技能",由此产生的人工智能系统就可以称为超人工智能。

目前,人工智能还处于弱人工智能状态,距离强人工智能和超人工智能还很远,需要人类的不懈努力。

1.4 人工智能经典问题

1. 图灵测试

阿兰·麦席森·图灵(Alan Mathison Turing ,1912 年 6 月 23 日—1954 年 6 月 7 日),英国著名的数学家和逻辑学家,被称为计算机科学之父、人工智能之父,是计算机逻辑的奠基者,提出了"图灵机"和"图灵测试"等重要概念。为表彰他的贡献,专门设有一个一年一度的"图灵奖",颁发给最优秀的计算机科学家。图 1.3 为阿兰·麦席森·图灵。图灵提出一个有趣的实验:人们如何辨别计算机是否真的会思考呢?

图 1.3 阿兰·麦席森·图灵

1950 年他发表论文《计算机器与智能》(*Computing Machinery and Intelligence*),为后来的人工智能科学提供了开创性的构思。著名的"图灵测试"指出,如果第三者无法辨别人类与人工智能机器反应的差别,则可以论断该机器具备人工智能。

按照图灵测试提出的思路,在 1964 年至 1966 年间,麻省理工学院人工智能实验室开发了历史上第一个聊天机器人——Eliza,用户可以使用打字机输入人类的自然语言,获得来自机器的反应。它是第一个明确设计用于与人互动的程序,使"人与计算机之间的对话成为可能"。Eliza 可以算是现在智能聊天机器人、语音助手(小娜、Siri 等)的先驱。

2. 中文屋

有许多人认为图灵测试仅仅反映了结果,没有涉及思维过程。他们认为,即使机器通过了图灵测试,也不能说机器就有智能,这一观点最著名的论据是美国哲学家约翰·塞尔勒(John Searle)在 1980 年设计的"中文屋"(Chinese Room)思想实验。

"中文屋"实验过程:假设有个只懂英文不懂中文的人被锁在一个房间里,屋里留了一本中文处理规则的手册。屋外的人用中文提问题,屋里的人依靠规则用中文回答问题,沟通方式是递纸条。这样,从屋外的测试者看来,仿佛屋里的人是一个懂中文的人,但这个人实际上并不理解他所处理的中文,也不会在此过程中提高自己对中文的理解水平。计算机模拟这个系统可以通过图灵测试。这说明一个按照规则执行的计算机程序不能真正理解其输入输出的意义。许多人对"中文屋"思想实验进行了反驳,但还没有人能够彻底驳倒它。

习题 1

一、简答题

1. 什么是人工智能？它有哪些特点？

2. 人工智能的发展过程经历了哪些阶段？

3. 人工智能还有哪些研究领域？

4. 人工智能与物联网、大数据、云计算等技术如何相互促进？

5. 疫情防控期间，人工智能发挥的作用还有哪些？

二、思考题

面对人工智能技术不断提升，我们应该在学习方面和生活方面做好哪些准备？

第2章

支 撑 技 术

人工智能支撑技术如何服务人工智能

人工智能支撑技术各个部分与人工智能技术之间的相互关系

大数据的产生、传输、存储和分析过程

3. 任务描述

云计算与边缘计算之间的关系

物联网与智能传感器之间的关系

大数据时代数据存储和传输的要求

4. 任务实施

**第2章
思维导图**

1. 能力目标

了解人工智能支撑技术

2. 知识目标

大数据

物联网

云计算

边缘计算

智能传感器

数据存储与传输设备

互联网时代,人们在使用网络过程中的每一次浏览、点击、咨询、视频观看和购物行为都会成为用户数据。大数据平台通过分析个人信息、浏览习惯和购物喜好等数据,就能够猜测到每个用户的兴趣爱好和购物习惯,从而为个人和商家制定有针对性的个性化服务。用户可以通过新闻推荐和商品推荐节约搜索时间,提升个人体验,商家可以通过分析产品的搜索和销售数据制定产品开发和销售方向。

在人工智能技术迅速崛起的当前,国家也出台了相应的政策和标准,助力相关技术的迅速发展。2020年8月,《国家新一代人工智能标准体系建设指南》中明确给出了人工智能技术的主要支撑技术和产品,如图2.1所示。

人工智能的主要支撑技术和产品包括大数据、物联网、云计算、边缘计算、智能传感器和数据存储及传输设备等几个方面。人工智能技术与大数据、物联网、云计算、边缘计算、智能传感器和数据存储及传输设备之间的关系如图2.2所示。在整个人工智能大脑中,**物联网**是整个体系的感觉神经系统、运动神经系统、视觉神经系统和听觉神经系统的集合,负责感知物理世界中产生的数据信息;**智能传感器**

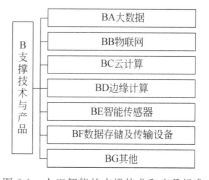

B 支撑技术与产品

BA大数据

BB物联网

BC云计算

BD边缘计算

BE智能传感器

BF数据存储及传输设备

BG其他

图 2.1 人工智能的支撑技术和产品标准

是器官和皮肤,是物联网获取数据信息的关键;**大数据**则是人工智能大脑通过物联网获取的物理世界信息流,是人工智能大脑认识和产生智慧的基础;**云计算**是人工智能大脑的中枢神经系统,它通过服务器、网络操作系统、社交网络、大数据和人工智能算法提取数据中包含的有价值信息并进行总结和预测;**边缘计算**是人工智能大脑神经元末梢的发育和成长,利用网络、计算、存储和应用核心能力在数据源头提供近端服务平台,产生快速的服务响应;**数据存储设备**是在云计算和边缘计算中的有价值信息流的载体;**数据传输设备**是连接整个人工智能大脑的神经线。

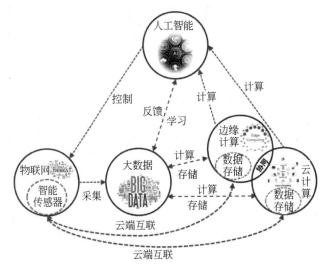

图 2.2　人工智能与支撑技术的相互关系

本章将分别介绍大数据、物联网、云计算、边缘计算、智能传感器、数据存储及传输设备的定义和内涵,以及其在人工智能技术体系中产生的作用和影响。

2.1　大数据

随着人工智能、互联网、物联网、云计算、5G 等技术的快速发展,大数据应用已经遍布人们生产和生活的各个方面,人们在制造数据的同时也在利用数据,通过提取数据中有价值的信息来改善生活。基于大数据,手机 APP 可以越来越精准地对用户的个人兴趣爱好做出定位,推送给用户喜欢的产品、感兴趣的新闻话题;基于大数据,电商可以在大促销之前做好需求预测,提前布局仓库存储;基于大数据,谷歌、高德、百度等地图工具服务商能够分析当前路况信息,提供越来越精准的数据拟合,为用户出行给出合理的建议;基于大数据,航空公司可以通过分析设备的温度、响应、振幅、飞行时间等来获取设备的正常运行概率,对设备故障进行提前预防。大数据已经渗透到当今每一个行业和业务职能领域,成为重要的生产因素。

2.1.1　大数据的概念和内涵

目前对大数据还没有严格的定义。一般认为,大数据是无法在一定时间范围内用常规软件工具进行捕捉、管理和处理的数据集合,是需要新处理模式才能具有更强的决策力、洞察力、发现力和流程优化能力的海量、高增长率和多样化的信息资产。

大数据的概念与"海量数据"不同,后者只强调数据的量,而大数据不仅用来描述大量的数据,还更进一步指出数据的复杂形式、数据的快速时间特性以及对数据的分析、处理等专业化方式,最终获得有价值信息的能力。与传统数据相比,当前的大数据呈现 4V1O 特征,即数据规模大,大量(Volume);数据种类多,多样(Variety);数据价值密度低,价值(Value);数据要求处理速度快,高速(Velocity);数据实时性高,在线(On-Line),如图 2.3 所示。

图 2.3　大数据的特征

大量(Volume):数据量大是大数据的基本属性,包括采集、存储和计算的数据量都非常大。导致数据规模大的原因有很多:一方面,获取的方式更加简单,随着互联网络的广泛应用,来自不同群体、不同机构的数据变得更加容易被获取并存储在数据系统中。另一方面,描述同一事件或者事物的数据变得更加精细,随着各种传感器数据获取能力的大幅提高,使得人们获取的数据越来越接近原始事物本身,描述同一事物的数据量激增。

多样(Variety):数据类型繁多,复杂多变是大数据的重要特性。数据结构形式包括结构化、半结构化和非结构化数据,具体表现为网络日志、音频、视频、图片、地理位置信息等。多类型的数据对数据的处理能力提出了更高的要求。结构化数据是将事物向便于人类和计算机存储、处理、查询的方向抽象的结果。在抽象的过程中,结构化数据过滤掉对特定的应用不发生关系的数据,只保留有用的信息。结构化数据可以使用相关的属性进行分类、查询和调用。半结构化数据,一般指包含电子邮件、文字处理文件以及大量保存和发布在网络上的信息。半结构化数据以内容为基础,是便于搜索的数据。非结构化数据指那些没有统一的结构属性、难以用结构来表示的数据。

价值(Value):数据价值密度相对较低。随着互联网以及物联网的广泛应用,信息感知无处不在,信息海量但价值密度较低,如何结合业务逻辑并通过强大的机器算法来挖掘数据价值是大数据时代最需要解决的问题。

高速(Velocity):数据增长速度快,处理速度也快,时效性要求高。比如搜索引擎要求几分钟前的新闻能够被用户查询到,个性化推荐算法应尽可能要求实时完成推荐等。这些都是大数据区别于传统数据挖掘的特征。

在线(On-Line):数据必须随时能够调用和计算。互联网技术的快速发展带来了大量的数据,并且这种数据是在线的。例如,在线上的直播课程中,教师和学生的数据都是实时在线传输的。在线数据才更具有研究和利用的价值。

2.1.2　大数据的体系构架

大数据技术改变了人们对于数据信息的处理模式,微博、电子邮件、新闻、视频各种数据形态都可以是其处理的目标。与信息采集、传输、存储和应用的相关数据技术都是大数据处理技术，它使用一系列非传统的工具，与大量的结构化、半结构化和非结构化数据进行处理。大数据技术的战略意义不在于掌握庞大的数据信息，而在于对这些有意义的数据进行专业化处理。换而言之，如果把大数据比作一种产业，那么这种产业实现盈利的关键在于提高对数据的"加工能力"，通过"加工"实现数据的"增值"。与传统海量数据的处理流程相类似，大数据的处理也包括获取与特定的应用相关的有用数据，并将数据聚合成便于存储、分析、查询的形式；分析数据的相关性，得出相关属性；采用合适的方式将数据分析的结果展示出来等过程。根据大数据从数据采集到实际应用的具体流程，可以将大数据技术架构分为数据来源层、数据采集层、数据预处理层、数据存储层、数据分析层等几个层次。大数据技术体系构架如图 2.4 所示。

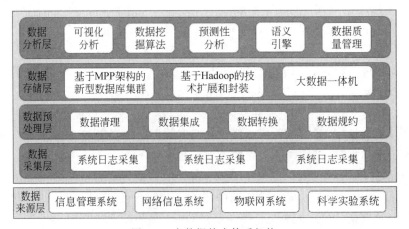

图 2.4　大数据技术体系架构

1. 大数据来源

　　大数据的来源广泛，产生主体（企业、人和机器）、来源行业（电信、金融、医疗、交通、地理、政务等）和存储形式（结构化和非结构化）的差异都可以带来不同的数据。大数据从信息来源类型上大体包含信息管理系统、网络信息系统、物联网系统、科学实验系统等。信息管理系统指企业内部使用的信息系统，包括办公自动化等。信息管理系统主要通过用户数据和系统二次加工的方式产生数据，其产生的大数大多数为结构化数据，通常存储在数据库中。网络信息系统是基于网络运行的信息系统。网络信息系统是大数据产生的重要方式，如电子商务系统、社交网络、社会媒体、搜索引擎等都是常见的网络信息系统。网络信息系统产生的大数据多为半结构化或非结构化的数据。物联网系统是新一代信息技术，其核心和基础仍然是互联网，是在互联网基础上的延伸和扩展的网络。物联网通过传感技术获取外界的物理、化学和生物等数据信息，并进行信息交换和通信。科学实验系统主要用于科学技术研究，可以由真实的实验产生数据，也可以通过模拟方式获取仿真数据。

2. 大数据采集

　　大数据的一个重要特点就是数据源多样化，包括数据库、文本、图片、视频、网页等各类结构化、非结构化及半结构化数据。数据仓库技术 ETL（Extract-Transform-Load）是数据从数据来源端经过提取（Extract）、转换（Transform）、加载（Load）到目的端，然后进行处理分析的过程。用户从数据源提取出所需的数据,经过数据清洗,最终按照预先定义好的数据模型,将数据加载到数据仓库中去,最后对数据仓库中的数据进行数据分析和处理。大数据的数据采集是在确定用户目标的基础上,以传感器数据、社交网络数据、移动互联网数据等方式,针对该范围内的所有结构化、半结构化和非结构化的数据进行采集。当前,大数据采集方式可分为系统日志采集、网络数据采集和数据库采集三类,如图 2.5 所示。

图 2.5 数据采集的分类

(1) 系统日志采集:企业在运营过程中每天都会产生大量的日志数据,这些数据包含了很多有价值的信息,这些数据的分析可以为企业的运营给予更好的指引。目前比较主流的系统日志采集工具包含 Hadoop 的 Chukwa、Cloudera 的 Flume、Facebook 的 Scribe 等。

(2) 网络数据采集:通过网络爬虫和一些网站平台提供的公共 API(如 Twitter 和新浪微博的 API)等方式从网站上获取数据,将非结构化和半结构化的网页数据从网页中提取出来,通过提取、清洗、转换等手段转化成结构化数据,并存储为统一的本地文件数据。

(3) 数据库采集:企业的数据库在帮助企业进行布局存储的同时也给数据采集提供便利。传统的关系数据库 MySQL 和 Oracle,以及 NoSQL 数据库 Redis 和 MongoDB 都常用于数据的采集。

3. 大数据预处理

大数据预处理指的是在进行数据分析之前,先对采集到的原始数据所进行的诸如清洗、填补、平滑、合并、规格化、一致性检验等一系列操作,旨在提高数据质量,为后期分析工作奠定基础。数据质量对数据的价值大小有直接影响,低质量数据将导致低质量的分析和挖掘结果。广义的数据质量涉及许多因素,如数据的准确性、完整性、一致性、时效性、可信性与可解释性等。数据预处理主要包括四部分:数据清理、数据集成、数据转换和数据规约,如图 2.6 所示。

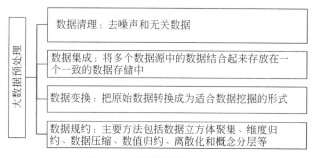

图 2.6 大数据预处理的内容

4. 大数据存储

大数据存储是指用存储器,以数据库的形式存储已采集数据,建立相应的数据库并进行管理和调用的过程。大数据存储针对复杂结构化、半结构化和非结构化数据,主要解决数据的可存储、可表示、可处理、可靠性以及有效传输等关键问题。大数据存储技术包含三种典型路线。

(1) 基于 MPP 架构的新型数据库集群,采用 Shared Nothing 架构,结合 MPP 架构的高效分布式计算模式,通过列存储、粗粒度索引等多项大数据处理技术,重点面向行业大数据所展开的数据存储方式。

(2) 基于 Hadoop 的技术扩展和封装,是针对传统关系型数据库难以处理的数据和场景,利用 Hadoop 开源优势及相关特性,衍生出相关大数据技术的过程。

(3) 大数据一体机,是一种专为大数据的分析处理而设计的软、硬件结合的产品。它由一组集成的服务器、存储设备、操作系统、数据库管理系统,以及为数据查询、处理、分析而预安装和优化的软件组成,具有良好的稳定性和纵向扩展性。

5. 大数据分析挖掘

大数据分析挖掘指从可视化分析、数据挖掘算法、预测性分析、语义引擎、数据质量管理等方面,对杂乱无章的数据进行萃取、提炼和分析的过程。大数据分析是大数据处理的关键,大量的数据本身并没有实际意义,只有针对特定的应用分析这些数据,使之转化成有用的结果,海量的数据才能发挥作用。大数据的价值产生自分析过程,一方面可以在海量的数据中提取事物的相关知识;另一方面是利用海量的数据,通过运算分析事物的相关性,进而预测事物的发展趋势。大数据分析的基本方法可归结为以下几类。

(1) 可视化分析:运用计算机图形学和图像处理技术,将数据换为图形或图像在屏幕上显示出来,并进行交互处理,是清晰并有效传达与沟通信息的分析手段。

(2) 数据挖掘算法:通过创建数据挖掘模型,对数据进行试探和计算的数据分析手段。利用数据挖掘进行数据分析常用的方法主要有分类、回归分析、聚类、关联规则、特征、变化和偏差分析、Web 页挖掘等,它们分别从不同的角度对数据进行挖掘。数据挖掘算法多种多样,且不同算法因基于不同的数据类型和格式,会呈现出不同的数据特点。

(3) 预测性分析:通过结合多种高级分析功能(特别是统计分析、预测建模、数据挖掘、文本分析、实体分析、优化、实时评分、机器学习等),达到预测不确定事件的目的。预测性分析帮助用户分析结构化和非结构化数据中的趋势、模式和关系,并运用这些趋势指标来预测事件发生的概率,为采取措施提供依据。

(4) 语义引擎:通过对网络中的资源对象进行语义上的标注,以及对用户查询表达进行语义上的处理,使自然语言具备语义上的逻辑关系,能够在网络环境下进行广泛、有效的语义推理和更加精准地实现用户检索。

(5) 数据质量管理:指对数据全生命周期的每个阶段(计划、获取、存储、共享、维护、应用、消亡等)中可能引发的各类数据质量问题,进行识别、度量、监控、预警等操作,以提高数据质量的一系列管理活动。

2.2 物联网

解放双手,让车辆自动行驶,将乘客安全地运送到目的地,无人驾驶技术改变了人们的出行方式;自动拉窗帘、自动扫地机器人、温度湿度自动调节等技术,使智能家居改变了人们的居住方式。这些技术都是典型的物联网应用。智能传感器使用视频、音频、光电等技术监控生产的每一个环节,保证自动化生产的安全进行,改变着人们的生产方式。物联网以一种全新的方式改变着人们生产、生活的各个方面。

2.2.1 物联网的概念和内涵

物联网(Internet of Things,IoT)是由各种设备、物理对象以及嵌入式传感器组成的网络,与制造商、运营商共享集成数据,与信息感知设备进行信息交换和通信。物联网是基于互联网的概念延伸和应用扩展,将互联网节点间的交流扩展到人-物或物-物之间的互连。在物联网范式中,设备将以不同形式连接到网络中,而各类技术,如射频识别(RFID)、无线传感器网络(WSN)等智能技术将被嵌入到各种应用中。具体来说,传感器、执行器、RFID和通信技术的集成是物联网的基础,物联网为各种嵌入式设备及智能传感器提供相关联的理论支撑,允许各类物理对象和设备进行协作和通信。

物联网应用被认为是未来科学技术的重要领域之一,并得到了众多行业的广泛关注。以服务业为例,当连接的设备能够相互通信并与供应商管理的库存系统、客户支持系统、商业智能应用程序和业务分析集成时,就可以充分实现物联网对企业的真正价值。从生产线和仓库到零售交付和商店货架,物联网通过提供物料和产品流实时可视性数据改变企业的业务流程。图2.7说明了物联网的总体概念,其中每个特定领域的应用程序都与域的服务进行交互,在每个域中,传感器和执行器直接相互通信。全面感知、信息传输、智能处理等技术构成了物联网系统的基石。

(1)全面感知:利用RFID、传感器和条形码随时随地获取物体信息,进而将信息和通信系统嵌入到各种应用环境,使得用户能够与现实世界进行远程交互。传感器实时采集的环境信息和电子设备的状态信息通过蓝牙、Wi-Fi、ZigBee等无线通信技术传输给物联网网关进行通信。

(2)信息传输:通过各种电信网络和因特网融合,对接收到的感知信息进行实时远程传送,实现信息的交互和共享。基于无线网络技术,包括有线传输、无线传输、交换、路由和网关技术等,可以实时获取对象信息。物联网创造了物理世界、虚拟世界、数字世界和社会间的数据和信息的互动。机器对机器(M2M)间的通信互连是物联网的关键技术之一,它代表了设备与设备、用户与设备之间的连接。

(3)智能处理:以云计算、边缘计算等智能计算为工具,使用针对性的行业应用程序对物联网中收集到的数据进行处理。如网络服务提供商可以即时处理千万级甚至十亿级的运算,对随时接收到的跨地域、跨行业、跨部门的海量数据和信息进行分析处理。

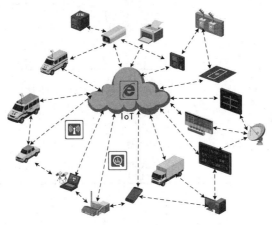

图 2.7 物联网模型

2.2.2 物联网的体系结构

物联网可以看作由众多依赖于传感、通信、网络和信息处理技术的连接设备组成的网络基础架构。为更加细化与丰富物联网元素构成的内涵,学者们构建了五层物联网架构。**对象层**设备(或**感知层**)通过智能传感器收集和处理信息。**抽象层**通过安全通道将对象层产生的数据传输到服务与管理层。**服务与管理层**根据地址和名称将服务提供者与请求者配对。**应用层**提供客户要求的服务,如向要求该数据的客户提供温度和空气湿度的测量值。**业务(管理)层**管理整个物联网系统的服务活动,还可以实现对底层框架的监视和管理。

图 2.8 物联网的应用场景

2.2.3 物联网的应用

典型的基于物联网的应用场景包含如图 2.8 所示的几个场景。

物联网技术在智能交通、智能医疗、智慧城市、智慧工厂、食品安全、智能电网、矿业生产和物流行业等诸多领域中都发挥着重要作用。物联网使物理对象能够交互和共享信息,并协调决策,从而能够"看到""听到""思考""执行"各项任务。物联网利用其无处不在的计算技术、智能传感技术、通信技术、互联网协议和应用程序等基础技术,将这些对象赋予"智能"。智能对象及其任务构成特定的应用程序(垂直市场),而无处不在的计算和分析服务则形成独立于应用程序域的服务(水平市场)。随着消费者或生产者的服务需求逐步变得多样化,制造业、服务业企业进行物联网的创新和转型变得越来越重要。

2.3 云计算

饱餐一顿的解决方案是找个饭店大吃一顿？为什么不自己做呢？因为麻烦或味道不好？吃的欲望是一种诉求；酒店提供的美食和就餐环境是一种反馈；酒店运营背后的场地、管理、厨师以及各种服务则体现的是一种资源。云计算为数据计算和存储提供一种网络化资源解决方案。用户将诉求提供到云平台，平台为诉求提供强大的算力和空间，并将运算结果作为反馈提供给用户，帮助用户解决在计算机上出现的运算问题。

2.3.1 云计算的概念和内涵

"云"是指一个独特的互联网环境，其设计的目的是为了提供远程的、可扩展和可测量的互联网资源。这个术语原来用于比喻互联网，意味着互联网在本质上是由网络构成的网络，用于对一组分散的互联网资源进行远程访问。作为远程提供给互联网资源的特殊环境，云具有有限的边界。通过互联网可以访问到许多单个的云。云计算是一种全新的、能快捷地自助使用远程计算资源的模式，计算资源所在地称为云端（也称为云基础设施），输入输出设备称为云终端。云终端就在人们触手可及的地方，而云端位于"远方"（与地理位置远近无关，需要通过网络才能到达），两者通过计算机网络连接在一起。云计算的可视化模型如图2.9所示。

图 2.9 云计算的可视化模型

1. 云计算的特征

云计算包含以下几个方面的特征。

（1）自助服务：消费者不需要或只需要云服务提供商的很少协助，就可以单方面按需获取并使用云端的计算资源。

（2）广泛的网络访问：消费者可以随时随地使用任何云终端设备接入网络并使用云端的计算资源。

（3）资源池化：云端计算资源需要被池化，以便通过多租户形式共享给多个消费者，只有池化才能根据消费者的需求动态分配或再分配各种物理的和虚拟的资源。

（4）快速弹性：消费者能方便、快捷地按需获取和释放计算资源，也就是说，需要时能快速获取资源从而扩展计算能力,不需要时能迅速释放资源以便降低计算能力,从而减少资源的使用费用。

(5)计费服务:消费者使用云端计算资源是要付费的,付费的计量方法有很多,比如根据某类资源(如存储、CPU、内存、网络带宽等)的使用量和时间长短来计费等。

2. 云计算的部署模型

云计算有 4 种部署模型,分别是私有云、社区云、公有云和混合云,这是根据云计算服务的消费者来源划分的。

(1)私有云:如果一个云端的所有消费者只来自一个特定的单位组织,那么就是私有云。云端资源只给一个单位组织内的用户使用,这是私有云的核心特征。私有云的云端部署有两种可能,其一可能部署于本单位内部(如机房),称为本地私有云;其二可能托管在其他地方(如阿里云端),称为托管私有云。

(2)社区云:如果一个云端的所有消费者来自两个或两个以上特定的单位组织,那么就是社区云。云端资源专门给几个固定单位内的用户使用,而这些单位对云端具有的相同的诉求(如安全要求、云端使命、规章制度、合规性要求等)。云端的所有权、日常管理和操作的主体可能是本社区内的一个或多个单位,也可能是社区外的第三方机构,还可能是两者的联合。社区云的云端有两种部署方法,即本地部署和托管部署。

(3)公有云:如果一个云端的所有消费者来自社会公众,那么就是公有云。云端资源开放给社会公众使用。云端的所有权、日常管理和操作的主体可以是一个商业组织、学术机构、政府部门或它们其中的几个联合。公有云的管理比私有云的管理要复杂,尤其是安全防范,要求更高。

(4)混合云:混合云由两个或两个以上不同类型的云组成,它们相互独立,但用标准的或专有的技术将它们组合起来,这些技术能实现云之间的数据和应用程序的平滑流转。

2.3.2 云计算的体系结构

云计算以共享资源池的动态伸缩形式,为用户降低了管理软件和硬件的成本,提供了高计算能力和高性能需求。云计算的服务模型包括:

(1)IaaS(Infrastructure as a Service,基础设施即服务):指把 IT 基础设施作为一种服务通过网络对外提供,并根据用户对资源的实际使用量或占用量进行计费的一种服务模式。

(2)SaaS(Software as a Service,软件即服务):通过网络进行程序提供的服务。

(3)PaaS(Platform as a Service,平台即服务):把服务器平台作为一种服务提供的商业模式。

图 2.10 描述了云计算架构图,也称为云堆栈架构。在云堆栈服务模型中,普通用户可以通过租用的方式来获得数据中心服务,利用网络从提供商获得服务。

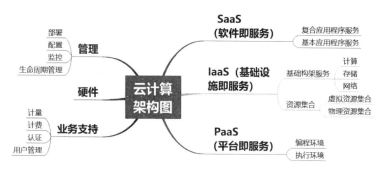

图 2.10 云计算架构图

2.4 边缘计算

> 八爪鱼在抓捕猎物时,能够快速地协调触手之间的动作,在困住猎物的同时保证各个触手之间不发生干涉。八爪鱼是如何实现快速反应的呢?八爪鱼自身百分之六十的神经细胞在触手上,触手之间相互合作快速抓捕猎物,这些触手总能完成众多复杂的举动,又不会互相妨碍。八爪鱼这种在执行端不经过大脑的处理机制与边缘计算不谋而合。边缘计算就是形成接入端的条件反射,将部分任务的处理放在数据接入端完成,实现快速反应机制。

2.4.1 边缘计算的概念和内涵

边缘计算是指在网络边缘执行计算的一种新型计算模型,采用网络、计算、存储、应用核心能力为一体的开放平台,就近提供最近端服务。与云计算模型不同的是,边缘计算中的终端设备与云计算中心的请求和响应是双向的,终端设备不仅向云计算中心发出请求,同时也能够完成云计算中心下发的计算任务。在边缘计算中,应用程序在边缘侧发起,产生更快的网络服务响应,满足行业在实时业务、应用智能、安全与隐私保护等方面的基本需求。边缘计算的快速反应机制得到了各行各业的极大关注,并在电力、交通、制造、智慧城市等多个行业展开了应用。

1. 边缘计算产生背景

云计算服务是一种集中式服务,具有很高的通用性,但暴露了以下几方面问题:

(1)难以保证实时性要求。

(2)云计算对网络环境过度依赖。

(3)云计算的资源成本较高。

(4)云计算难以保证数据隐私的安全性。

以上这些问题要求网络结构做出改变以适应新型应用领域的发展需求。边缘计算是新型网络运营服务的一种体现,它将网络业务"下沉"到更接近用户的无线接入网侧,以满足用户的需求。边缘计算可以让用户得到更好的网络服务体验,传输时延减小;网络拥塞被显著控制;更多的网络信息和网络拥塞控制功能可以开放给开发者。如图 2.11 所示,边缘计算与传统的数据中心相比较,传统的数据中心可以简单地理解为集中式的大数据处理平台,而边缘计算可以简单地理解为边缘式的大数据处理平台,即把传统的数据中心切割成各种小型数据中心后放置到网络的边缘,以期更靠近用户,为用户提供更快的服务和达到更好的网络性能。

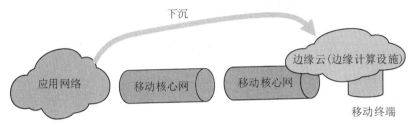

图 2.11　边缘计算基本概念

2. 边缘计算的特征

边缘计算在无线接入网络中接近移动用户的地方提供云计算功能,允许核心网络和最终用户之间的直接移动通信。在基站上部署边缘计算增强了计算能力,避免了信息及任务的传输瓶颈和系统故障。边缘计算有以下几个特征。

(1)内部部署:边缘计算平台可以独立于网络的其他部分运行,同时可以访问本地资源,这对 M2M 场景非常重要。边缘计算与其他网络隔离的特性也使其不易受到攻击。

(2)邻近性:由于部署在最近的位置,边缘计算在分析和实现大数据方面具有优势。它也有利于需要计算的设备,如 AR、视频分析等。

(3)低延迟:边缘计算服务部署在离用户设备最近的位置,将网络数据移动与核心网络隔离。因此,用户体验被认为是高质量的,具有超低延迟和高带宽。

(4)位置感知:边缘分布式设备利用低级别信号进行信息共享。边缘计算接收来自本地接入网边缘设备的信息,以发现设备的位置。

(5)网络上下文信息:提供网络信息和实时网络数据服务的应用程序可以通过在其业务模型中实现边缘计算而使企业和事件受益。对于实时信息的监测,可以通过应用程序预测无线蜂窝的拥塞和网络带宽需求状况。

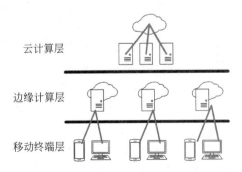

图 2.12　边缘计算的三层网络体系结构

2.4.2　边缘计算的体系结构

边缘网络位于云层和移动设备之间,云边协同的联合式网络结构一般可以分为移动终端层、边缘计算层和云计算层,如图 2.12 所示。边缘计算主要与云计算兼容,支持并提升终端设备的性能。

移动终端层由各种物联网设备(如传感器、RFID 标签、摄像头、智能手机等)组成,主要完成数据采集和上传功能。在终端层中,只考虑各种物联网设备的感知能力,而不考虑它们的计算能力。终端层的数十亿台物联网设备源源不断地收集各类数据,以事件源的形式作为应用服务的输入。

边缘计算层是由网络边缘节点构成的,广泛分布在终端设备与计算中心之间。它可以是智能终端设备本身,例如智能手环、智能摄像头等;也可以是部署在网络连接中的设备,例如网关、路由器等。

在云边计算的联合式服务中,云计算仍然是最强大的数据处理中心,边缘计算层的上传数据将在云计算中心进行永久性存储,边缘计算层无法处理的分析任务和综合全局信息的处理任务,仍然需要在云计算中来完成。除此之外,云计算还可以根据网络资源分布,动态调整边缘计算层的部署策略和算法。

2.5 智能传感器

现代工厂智能化系统的信息数据传递越来越依赖于智能传感器,随着传感器变得更加智能,它们可以更好地对其所检测的工作进行评估,并能按时完成工作任务。越来越多的智能技术被用在传感器上,网络技术也已经开始与传感器紧密结合,形成新一代的智能传感器。智能传感器的应用让生产线保持健康地运行,通过降低网络延迟,实现实时通信,提高设备的运行性能。

2.5.1 智能传感器的概念和内涵

智能传感器是带微处理器、兼有信息检测和信息处理功能的传感器。智能传感器因具有可靠性与稳定性好、感应精度高、自适应能力较强等优点,成为传感器的主要发展方向之一。智能传感器可根据给定的传统传感器的知识,通过软件计算自动补偿失真信号,并以最快的速度恢复被测信号,提高了传感器的应用灵活性。传统的传感器只是起到信息检测与传输的作用,而智能传感器还具备信息存储与记忆功能,能够进行数据存储。另外智能传感器自带的存储空间缓解了系统控制器的存储压力,大大提高了控制器性能。

区别于传统传感器,智能传感器内集成或安装了微控制器或微处理器,使其能够在现场对采集到的原始传感信息进行必要的处理,如信号放大、调理、A/D 转换等,最后转换成某种标准的数字格式,并通过现有的标准通信协议发送给用户,如图 2.13 所示。

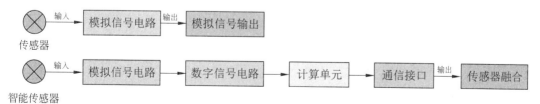

图 2.13 传统传感器与智能传感器

2.5.2　智能传感器的基本特征

传感器网络是由一定数量的传感器节点通过某种有线或无线通信协议连接而成的测控系统,这些节点由传感器、数据处理和通信等功能模块构成,安放在被测对象内部或附近,通常具有尺寸小、成本低、功耗低、多功能等特点。根据 EDC(Electronic Development Corporation)的定义,智能传感器应具备如下的特征:

(1) 可以根据输入信号值进行判断和制定决策。

(2) 可以通过软件控制做出多种决定。

(3) 可以与外部进行信息交换,有输入输出接口。

(4) 具有自检测、自修正和自保护功能。

2.5.3　智能传感器的应用

在人工智能、物联网等技术的推动下,当前智能传感器的应用已经在各个领域中崭露头角,发挥着巨大的作用。

(1) 航空航天领域:利用电磁波的传播与反馈,智能传感器通过对电磁波进行收集、处理、分析、预警行为的监测,能够对高标准的飞行活动提供助力,形成有效的反馈机制。它除了能够实时检测飞行数据,更能够保障飞行活动的安全性和隐私性,避免事故的发生。

(2) 汽车领域:对汽车的温度、耗油量、转速、发动机等原件加装智能传感器,可以加强对汽车数据的监测,保证安全驾驶。当前人工智能技术在无人驾驶、车联网方面的运用,迫切需要对环境进行学习与训练优化,而智能传感器能满足环境变量的构建,进而提升智能汽车的智能化程度。

2.6　数据存储及传输设备

信息化时代,大数据的快速发展,在推动相关行业快速发展的同时,也对数据的存储和传输设备提出了更高的要求。实现高效、准确、及时的数据传输,以及持久、安全、可靠的巨量数据存储,是人工智能技术发展面临的硬件基础问题。

2.6.1　数据存储设备

数据存储是将数据以一定的数据格式记录在存储介质上。数据存储对象包括数据流在加工过程中产生的临时文件或加工过程中需要查找的信息。按照结构化程度,当前的数据存储类型可以大致分为结构化数据、非结构化数据和半结构化数据。在信息化时代,伴随大数据、云计算等技术的快速发展,块存储、文件存储、对象存储支撑起多种数据类型的读取;海量数据的存储访问,需要扩展性、伸缩性极强的分布式存储架构来实现。

面对庞大的数据信息量,传统的数据信息存储架构已力不从心,取而代之的是存储网络技术。存储网络是一种全新的存储体系结构。它的主要优势是:超大存储容量、大数据传输率和高可用性。它支持网络协议和存储设备协议,采用面向网络的存储体系结构,提高存储自身的数据管理能力,把信息智能从服务器迁移到网络的各个设备中。存储网络技术主要包含直接附加存储、网络附加存储和存储区域网络。

直接附加存储(Direct Attached Storage,DAS):DAS 是最早期的网络存储设备,它以服务器为中心,不带有任何存储操作系统。存储设备通过主机总线直接连接到计算机,设备与计算机之间没有存储网络;存储方式是存储设备通过电缆或光纤通道直接连到服务器或客户端扩展接口;存储操作主要依附于服务器,故也称为服务器附加存储(Server Attached Storage,SAS)。在 DAS 中,通用服务器不但作为存储设备,同时还提供数据的输入、输出和应用程序的运行,故其本身只是硬件的堆叠。

网络附加存储(Network Attached Storage,NAS):NAS 是文件级的存储技术,包含许多硬盘驱动器,这些硬盘驱动器组织为逻辑的、冗余的存储容器。NAS 全面改进了以前低效的 DAS 存储方式,采用独立的服务器,单独为网络数据存储而开发一种文件服务器来连接所存储设备。基于 NAS 的数据存储不再是服务器的附属,而是作为网络节点存在于网络之中,由所有的网络用户共享。NAS 提供大量数据的存储空间,解决了大量数据的高速、安全存储问题。

存储区域网络(Storage Area Network,SAN):SAN 采用网状通道技术,通过交换机连接存储阵列和服务器主机,建立专用于数据存储的区域网络。SAN 通过专用的存储网络在一组计算机中提供文件块级的数据存储。SAN 能够合并多个存储设备,例如磁盘和磁盘阵列,使得它们能够通过计算机直接访问,就好像它们直接连接在计算机上一样。SAN 由于其基础是一个专用网络,因此扩展性很强,不管是在一个 SAN 系统中增加一定的存储空间,还是增加几台使用存储空间的服务器都非常方便。SAN 提供了一种与现有 LAN 连接的简易方法,并且具有较高的带宽。

2.6.2　数据传输设备

数据传输设备可分为有线和无线两大类。双绞线、同轴电缆和光纤是常用的三种有线传输媒体。卫星通信、无线通信、红外通信、激光通信以及微波通信的信息载体都属于无线传输媒体。

双绞线:由螺旋扭在一起的两根绝缘导线组成。线对扭在一起可以减少相互间的电磁干扰,双绞线最初用于电话通信中模拟信号的传输,也可用于数据信号的传输,是最常用的传输媒体。

同轴电缆:也像双绞线一样由一对导线组成,按"同轴"形式构成线对,最里层是内芯,外包一层绝缘材料,外面再加一层屏蔽层,最外面则是起保护作用的塑料外套。内芯和屏蔽层构成一对导体。

光纤:光纤是光导纤维的简称,外加保护层而构成,相对于金属来说,其重量轻、体积小。用光纤来传输电信号时,在发送端先要将其转换成光信号,而在接收端又要由光检波器还原成电信号。

　　无线传输媒体都不需要架设或铺埋电缆或光纤,而是通过大气传输,目前有三种技术:微波、红外线和激光。无线通信已广泛应用于电话领域,构成蜂窝式无线电话;便携式计算机的出现以及在军事、野外等特殊场合下移动式通信连网的需要,促进了数字化无线移动通信的发展。

习题 2

一、简答题

1. 简述物联网系统的基石。

2. 五层网路体系结构划分包含哪些层? 每一层的作用是什么?

3. 智能传感器的核心是什么?

二、思考题

1. 大数据、物联网、云计算、边缘计算、智能传感器、数据存储及传输设备和人工智能之间的关系是怎样的?

2. 分享生活中云计算与边缘计算的案例。

第3章

基础软硬件平台

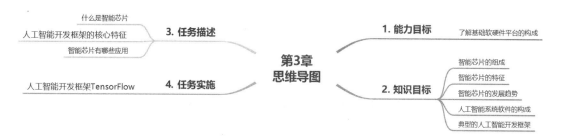

3.1 智能芯片

> 经过长期的发展和探索，近几年人工智能不断取得突破性进展，几乎逐渐涵盖了人类生产、生活的方方面面。人工智能的背后需要强大的计算能力作为支撑，因此提供核心运算能力的智能芯片成为实现人工智能的关键。

3.1.1 智能芯片的定义

1. 芯片的概念

芯片是半导体元件产品的统称，又称微电路、微芯片、集成电路，是指内含集成电路的硅片，体积很小，常常是计算机或其他电子设备的一部分。半导体是一类材料的总称，集成电路是用半导体材料制成的电路的大型集合，芯片是由不同种类型的集成电路或者单一类型集成电路形成的产品。

2. 人工智能芯片的定义

从广义上讲，只要能够运行人工智能算法的芯片都可以称为人工智能芯片，但是，通常意义上的人工智能芯片指的是，针对人工智能算法做了特殊加速设计的芯片。因此，人工智能芯片也称为 AI 加速器（人工智能加速器）或计算卡，即专门用于处理人工智能应用中的大量计算任务的模块。

3. 人工智能芯片与传统芯片的区别

传统的CPU(中央处理器)芯片不适合人工智能算法的执行。传统芯片计算指令遵循串行执行的方式,背负着指令调度、指令寄存、指令翻译、编码、运算核心和缓存等与人工智能算法无关的任务,运算能力是受限的。

GPU(图形处理器)芯片在传统CPU芯片的基础上做了简化,处理的数据类型单一,加入了更多的浮点运算单元,更加适合大量算术计算而少逻辑运算的场合。在进行AI运算时,在性能、功耗等很多方面远远优于CPU,所以才经常被拿来"兼职"处理AI运算,但功耗较大,且成本昂贵。

人工智能芯片的设计思想是基于算法的角度精简GPU架构,加入更多的运算单元,在应用场景和算法相对确定的基础上,使得硬件设计上更加专门化。传统芯片和人工智能芯片最大的不同在于:前者是为通用功能设计的架构,后者是为专用功能优化的架构。这一区别决定了即便是最高效的GPU,与人工智能芯片相比,在时延、性能、功耗、能效比等方面也是有差距的,因而研发人工智能芯片是必然趋势,也将带来更高的性能、更低的功耗。

3.1.2　智能芯片的分类

人工智能芯片分类一般有按技术架构分类、按功能分类、按应用场景分类三种分类方式,如图3.1所示。

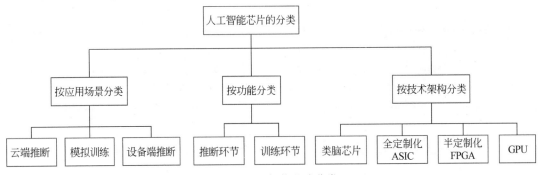

图 3.1　人工智能芯片分类

1. 按技术架构分类

智能芯片按照技术架构,可以分为通用芯片、半定制化芯片、全定制化芯片和类脑芯片。

(1) 通用芯片(GPU):GPU是单指令、多数据处理,主要处理图像领域的运算加速。GPU不能单独使用,它只是处理大数据计算时的能手,必须由CPU进行调用,下达指令才能工作。而CPU可单独作用,处理复杂的逻辑运算和不同的数据类型,但当需要处理大数据计算时,则可调用GPU进行并行计算。

(2) 半定制化芯片(FPGA):FPGA适用于多指令、单数据流的分析,这与GPU相反。FPGA是用硬件实现软件算法的,因此在实现复杂算法方面有一定的难度,缺点是价格比较高。与GPU不同,FPGA同时拥有硬件流水线并行和数据并行处理能力,适用于以硬件流水线方式处理一条数据,且整数运算性能更高,因此常用于深度学习算法中的推断阶段。将

FPGA 和 CPU 对比可以发现两个特点,一是 FPGA 不需要频繁访问内存进行存储、读取等操作,效率更高;二是 FPGA 没有读取指令操作,所以功耗更低。劣势是价格比较高、编程复杂、整体运算能力不是很高。

(3)全定制化芯片(ASIC):ASIC 是为实现特定场景应用要求而定制的专用 AI 芯片。除了不能扩展以外,它在功耗、可靠性、体积方面都有优势,尤其在高性能、低功耗的移动设备端。定制的特性有助于提高 ASIC 的性能功耗比,缺点是电路设计需要定制,开发周期相对长,功能难以扩展。但在功耗、可靠性、集成度等方面都有优势,尤其在要求高性能、低功耗的移动应用端体现明显。

(4)类脑芯片:类脑芯片架构是一款模拟人脑的神经网络模型的新型芯片编程架构,这一系统可以模拟人脑功能进行感知方式、行为方式和思维方式。真正的人工智能芯片未来的发展方向是类脑芯片。

2. 按功能分类

根据机器学习算法步骤,可分为训练(Training)和推断(Inference)两个环节。

(1)训练环节通常需要通过大量的数据输入,训练出一个复杂的深度神经网络模型。训练过程由于涉及海量的训练数据和复杂的深度神经网络结构,运算量巨大,需要庞大的计算规模,对于处理器的计算能力、精度、可扩展性等性能要求很高。

(2)推断环节是指利用训练好的模型,使用新的数据去"推断"出各种结论。这个环节的计算量相对训练环节少很多,但仍然会涉及大量的矩阵运算。在推断环节中,除了使用 CPU 或 GPU 进行运算外,FPGA 以及 ASIC 均能发挥重大作用。

3. 按应用场景分类

智能芯片按照用途可以分为三类,分别是模拟训练、云端推断、设备端推断,如图 3.2 所示。

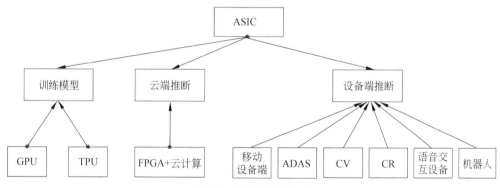

图 3.2 按应用场景分类

(1)模拟训练环节的芯片:这个过程要处理海量的数据和复杂的深度神经网络。

(2)云端推断的芯片:目前主流的 AI 应用需要通过云端提供服务,将采集到的数据传到云端服务器,在服务器的 CPU、GPU、TPU 处推断任务,然后再将处理结果返回终端。

(3)设备端推断的芯片:也可称为嵌入式设备的芯片,比如智能手机、智能安防摄像头、机器人等设备就是采用这类芯片。

3.1.3　智能芯片的组成

在人工智能处理方面,虽然 GPU 的表现通常比 CPU 更好,但并不完美。因此,芯片设计人员现在正在努力创建针对执行人工智能算法而优化的处理单元。这些单元有很多名称,例如 NPU、TPU 等,我们可以采用人工智能处理单元(AI PU)这个笼统的术语进行概述。虽然 AI PU 构成了芯片上人工智能系统(SoC)的大脑,但它也只是组成芯片的一系列复杂组件的一部分。下面将介绍 AI SoC,包括 AI PU 和一些与之配对的组件,以及它们如何协同工作。

1. AI PU

如上所述,AI PU 是执行 AI SoC 核心操作的神经处理单元或矩阵乘法引擎,需要指出的是,对于人工智能芯片制造商来说,这也是任何 AI SoC 从所有其他 AI SoC 中脱颖而出的关键。

2. 控制器

控制器通常基于 RISC-V(由加州大学伯克利分校设计)、ARM(由 ARM 公司设计)或自定义逻辑指令集架构(ISA),用于控制所有其他模块和外部处理器并与之通信。

3. SRAM

SRAM 是指用于存储模型或输出的本地存储器,尽管存储空间很小,但可以快速方便地获取数据或将数据放回去。在某些用例中,尤其是与边缘人工智能有关的情况下,处理速度至关重要。例如,当行人突然出现在路上时,自动驾驶汽车必须及时刹车。芯片中包含多少 SRAM 取决于成本与性能。更大的 SRAM 存储池将会增加前期成本。

4. I/O

I/O 模块用于将 SoC 连接到 SoC 之外的组件,例如外部处理器。这些接口对于 AI SoC 最大化其潜在性能和应用程序至关重要,否则会造成瓶颈。

5. 互连结构

互连结构是处理器(AI PU、控制器)和 SoC 上所有其他模块之间的连接。与 I/O 一样,互连结构对于提取 AI SoC 的所有性能至关重要。无论处理器有多快,都只在互连结构能够保持正常运行且不会造成阻碍整体性能延迟的情况下起作用。比如,如果城市道路上没有足够的车道,就会在上下班时段造成交通拥堵。

所有这些组件都是人工智能芯片的关键部分。虽然不同的芯片可能有额外的组件,或者对这些组件的投资有不同的优先级,但这些基本组件以共生的方式协同工作,以确保人工智能芯片能够快速有效地处理人工智能模型。不过,与 CPU 和 GPU 不同,AI SoC 的设计还远未成熟。这一部分的产业正在持续快速发展,人们将会看到 AI SoC 设计方面的进步。

3.1.4　智能芯片的特征

1. 新型计算范式

AI 计算既不脱离传统计算,也具有新的计算特质,包括处理的内容往往是非结构化数据,例如视频、图像及语音等。这类数据很难通过预编程的方法得到满意的结果。因此,需要通过新的计算方式来处理相应数据。

2. 大数据处理能力

人工智能的发展高度依赖海量的数据。满足高效能机器学习的数据处理要求,是 AI 芯片需要考虑的最重要因素。一个无法回避的现实是,运算单元与内存之间的性能差距越来越大,内存子系统成为芯片整体处理能力提高的瓶颈。人工智能工作负载大多是数据密集型,需要大量的存储和各层次存储器间的数据搬移,导致上述问题更加突出。为了弥补计算单元和存储器之间的差距,学术界和工业界正在两个方向上进行探索:一是富内存的处理单元,另一个方向是研究具备计算能力的新型存储器。

3. 数据精度

低精度设计是 AI 芯片的一个趋势,在针对推断的芯片中更加明显。对一些应用来说,降低精度的设计不仅加速了机器学习算法的训练和推断,甚至可能更符合神经形态计算的特征。已经证明,对于学习算法和神经网络的某些部分,使用尽可能低的精度就足以达到预期效果,同时可以节省大量内存,降低能量消耗。通过对数据上下文数据精度的分析和对精度的舍入误差敏感性,来动态地进行精度的设置和调整,将是 AI 芯片设计优化的必要策略。

4. 可重构能力

人工智能各领域的算法和应用还处在高速发展和快速迭代的阶段,考虑到芯片的研发成本和周期,针对特定应用、算法或场景的定制化设计很难适应变化。针对特定领域而不针对特定应用的设计,将是 AI 芯片设计的一个指导原则,具有可重构能力的 AI 芯片可以在更多应用中大显身手,并且可以通过重新配置,适应新的 AI 算法、架构和任务。

5. 软件工具

就像传统的 CPU 需要编译工具的支持,AI 芯片也需要软件工具链的支持,才能将不同的机器学习任务和神经网络转换为可以在 AI 芯片上高效执行的指令代码。基本处理、内存访问以及任务的正确分配和调度,将是工具链中需要重点考虑的因素。对 AI 芯片来说,构建一个集成化的流程,将 AI 模型的开发和训练、硬件无关和硬件相关的代码优化、自动化指令翻译等功能无缝地结合在一起,将是关键要求。

3.1.5　智能芯片的应用模式

1. 常规功能

(1) 训练与推理:人工智能本质上是使用人工神经网络对人脑进行的模拟,人工神经网络旨在替代人们大脑中的生物神经网络。神经网络由大量节点组成,可以调用这些节点以执行模型。这就是人工智能芯片发挥作用的地方。人工智能芯片尤其擅长处理这些人工神经网络,并且被设计为对它们做两件事:训练和推理。原始的神经网络最初是通过输入大量数据来开发和训练的。训练非常耗费计算资源,因此需要专注于训练的人工智能芯片,这些芯片旨在能够快速有效地处理这些数据。芯片功能越强大,网络学习的速度就越快。

一旦网络经过训练,它就需要为推理而设计的芯片,以便在现实世界中使用数据。可以将训练视为构建一个字典,而推理类似于查找单词并理解如何使用它们。这两者都是必要且共生的。值得注意的是,为训练而设计的芯片也可以进行推理,但是推理芯片无法进行训练。

(2)云计算与边缘计算:人们需要知道的人工智能芯片的另一方面是,它是为云计算用例还是边缘计算用例设计的?而对于这些用例,人们是需要采用推理芯片还是训练芯片?云计算的可访问性非常有用,因为它的功能可以完全在场外使用,不需要采用设备上的芯片来处理这些用例中的推理,从而可以节省功耗和成本。但是,在隐私和安全性方面存在弊端,因为数据存储在可能被黑客入侵或处理不当的云计算服务器上。对于推理用例,它的效率也可能较低,因为它不如边缘计算芯片那么专业。

2. 应用程序和芯片配对应用

(1)云计算+训练:这种配对的目的是开发用于推理的人工智能模型。这些模型最终被细化为特定用例的人工智能应用程序。这些芯片功能强大,运行成本高,其设计的目的是尽可能快地进行训练,例如,英特尔 Habana 的 Gaudi 芯片。人们每天接触到的需要大量训练的应用程序示例包括 Facebook 照片或 Google 翻译。

(2)云计算+推理:这种配对的目的是推理需要大量处理能力,以至无法在设备上进行推理。这是因为应用程序使用更大的模型并处理大量数据。例如,高通公司的 Cloud AI 100,这是用于大型云平台的人工智能芯片。

(3)边缘计算+推理:使用边缘计算设备的芯片进行推理可以消除任何与网络不稳定或延迟有关的问题,并且可以更好地保护所使用数据的私密性和安全性。使用上传大量数据(尤其是像图像或视频之类的视觉数据)所需的带宽并没有相关的成本,因此,只要平衡成本和能效,它就可以比云计算+推理更便宜、更高效,例如,英特尔 Movidius 和 Google 的 Coral TPU。其使用案例包括面部识别监控摄像头、用于行人和危险检测的车辆摄像头,以及语音助理的自然语言处理。

这些不同类型的芯片及其不同的实现、模型和用例,对于未来人工智能的发展至关重要。

3.1.6 智能芯片的发展现状

1. 国内现状

当前,我国人工智能芯片行业正处于起步阶段,主要原因是国内人工智能芯片行业起步较晚,整体销售市场正处于快速增长阶段前夕,传统芯片的应用场景逐渐被人工智能专用芯片所取代,市场对于人工智能芯片的需求将随着云、边缘计算、智慧型手机和物联网产品一同增长,并且在这期间,国内的许多企业纷纷发布了自己的专用 AI 芯片。由于我国特殊的环境和市场,国内 AI 芯片的发展同时也呈现出百花齐放、百家争鸣的态势,AI 芯片的应用领域也遍布股票交易、金融、商品推荐、安防、早教机器人以及无人驾驶等众多领域,催生了大量的人工智能芯片创业公司。

2. 国际现状

尽管国内 AI 芯片发展快速,但根据芯片技术结构分类来看,各种类的人工智能芯片领域几乎都能看到国外半导体巨头的影子。反观国内的人工智能芯片企业,由于它们大部分是新创公司,所以在人工智能芯片领域的渗透率较低。从应用领域分类来看,NVIDA 在全球云端训练芯片市场一家独大,目前 NVIDA 的 GPU＋CUDA 计算平台是最成熟的 AI 训练方案。此外还有第三方异构计算平台 OpenCL＋AMD GPU 以及云计算服务商自主研发加速芯片这两种方案。全球各芯片厂商基于不同方案,都推出了针对云端训练的人工智能芯片。全球云端推断芯片竞争格局方面,云端推断芯片百家争鸣,各有千秋。相比训练芯片,推断芯片考虑的因素更加综合,包括单位功耗算力、时延、成本等。

3.1.7 智能芯片的未来发展趋势

目前主流 AI 芯片的核心主要是利用 MAC(Multiplier and Accumulation,乘加计算)加速阵列来实现对 CNN(卷积神经网络)中最主要的卷积运算的加速。这一代 AI 芯片主要有如下问题。

(1) 深度学习计算所需数据量巨大,造成内存带宽成为整个系统的瓶颈,即所谓的 Memory Wall 问题。

(2) 与第一个问题相关,内存大量访问和 MAC 阵列的大量运算,造成 AI 芯片整体功耗的增加。

(3) 深度学习对算力要求很高,要提升算力,最好的方法是做硬件加速,但是同时深度学习算法的发展也是日新月异,新的算法可能在已经固化的硬件加速器上无法得到很好的支持,即性能和灵活度之间的平衡问题。

因此,我们可以预见,下一代 AI 芯片将有如下的几个发展趋势。

1. 更高效的大卷积解构/复用

在标准 SIMD 的基础上,CNN 由于其特殊的复用机制,可以进一步减少总线上的数据通信。而复用这一概念,在超大型神经网络中就显得格外重要。如何合理地分解、映射这些超大卷积到有效的硬件上,成了一个值得研究的方向。

2. 更低的推理计算/存储位宽

AI 芯片最大的演进方向之一可能就是神经网络参数/计算位宽的迅速减少——从 32 位浮点到 16 位定点、8 位定点,甚至是 4 位定点。在理论计算领域,2 位甚至 1 位参数位宽都已经逐渐进入实践领域。

3. 更多样的存储器定制设计

当计算部件不再成为神经网络加速器的设计瓶颈时,如何减少存储器的访问延时将会成为下一个研究方向。通常,离计算越近的存储器速度越快,每字节的成本也越高,同时容量也越受限,因此新型的存储结构也将应运而生。

4. 更稀疏的大规模向量实现

神经网络虽然大,但是,实际上有很多以零为输入的情况,此时稀疏计算可以高效地减少无用能效。来自哈佛大学的团队就该问题提出了优化的五级流水线结构,以达到减少无用功耗的目的。

5. 计算和存储一体化

计算和存储一体化(Process-in-Memory)技术,其要点是通过使用新型非易失性存储(如 ReRAM)器件,在存储阵列里面加上神经网络计算功能,从而省去数据搬移操作,即实现了计算存储一体化的神经网络处理,在功耗性能方面可以获得显著提升。现在的计算机,采用的都是冯·诺依曼架构。它的核心架构就是处理器和存储器是分开布局的,所以 CPU(中央处理器)和内存条没有集成在一起,只是在 CPU 中设置了容量极小的高速缓存。而类人脑架构是模仿人脑神经系统模型的结构,人脑中的神经元既是控制系统,同时又是存储系统。因此 CPU、内存条、总线、南北桥等,最终都必将集成在一起,形成类人脑的巨大芯片组。

3.2　人工智能系统软件

人工智能系统软件是管理智能硬件与软件资源的计算机程序,在作用上对应于人工智能操作系统(Artificial Intelligence Operating System,AIOS),上可支配应用,下可控制硬件,它控制着智能系统中硬件和应用软件之间的联系,也控制着智能设备的整个生态。人工智能操作系统的理论前身为 20 世纪 60 年代末由斯坦福大学提出的机器人操作系统。人工智能操作系统应具有通用计算机操作系统所具备的所有功能,并且包括语音识别、机器视觉、执行器系统和认知行为系统。

3.2.1　人工智能系统软件的特征

1. 并行计算

计算机系统处理指令集合的方式可以分为串行计算和并行计算。串行计算是指系统同一时刻只处理一个指令的算法,如图 3.3 所示。并行性是指两个或多个事件在同一时刻发生。所以并行计算相对于串行计算而言,是一种同一时刻可以执行多个指令的算法,如图 3.4 所示。

图 3.3　串行计算

并行计算是同时使用多种系统资源解决计算问题,提高计算机系统计算速度和处理能力的有效方法。其基本思想是,将求解问题分解为若干个部分,将系统一块较大的处理资源分为若干较小部分处理资源,使用每个小的系统计算处理单元解决每一小部分的问题,进而协同求解一个较大的问题。

并行计算可以分为时间上的并行和空间上的并行。时间并行是指流水线技术,例如食品工厂生产步骤可以分为清洗、加工、分割和包装。如果不采用流水线工作,一个食品只能等上一个加工完成之后才能开始制作,而采用时间并行方式可以在同一时间启动两个以上的操作,从而提高计算效率。空间并行是指多个计算单元能够协同处理同一个任务,即在一

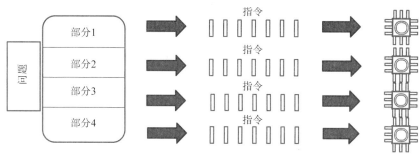

图 3.4　并行计算

段时间内,任务的不同部分在系统的不同计算单元同时运行。例如,小明需要耗费 3 小时打扫三间教室,而他求助了两个朋友,三个人一起打扫总共耗费 1 小时就完成打扫任务。

2. 学习、感知、认知能力

现在的人工智能系统软件处于感知智能到认知智能的发展阶段,智能系统软件具有较为成熟的感知能力和部分认知能力。

(1) 学习:不完全依赖代码编程的学习。人工智能系统软件学习的首要特征就是随时间学习的能力,并且不需要明确编程。与人类一样,人工智能学习算法通过探索与实践学习,而不是遵循一步步的指令。在后面的章节中将会具体了解到,人工智能学习方式可以分为监督学习、无监督学习以及强化学习,人工智能系统软件应该具备这三种学习方式,才能在使用的过程中适应各种不同类型的信息输入。

(2) 感知:解释周边世界。感知是指能够将接收到的自然界信息转换成自身能够处理的信息,并对转化后的信息产生响应,感知智能即人工智能系统通过"视觉""听觉""触觉"等感知能力与自然界进行交互。

(3) 认知:基于数据进行推理。认知是感知的内在,是对内容更深层次的理解,它们不专注于感知周围的世界,而是对世界进行抽象并基于抽象进行推理。

当前,人工智能系统软件的认知特征在严格意义上属于弱认知,以往的数据仅仅是系统学习训练的前验知识,想要人工智能系统具备强认知能力,需要智能系统软件有完备的知识定义和存储形式,才能让系统和人类一样有自己的思维语言知识结构,对世界有足够的认识,而且需要解决两个或多个智能主体之间的通信问题。认知智能强依赖于外源知识,这些外源知识是通信过程的"背景知识",无论是词的解释、常识还是领域知识等,都是智能系统主体之间共享的知识,不能从字面上解释。让知识在智能主题间流动起来才能创造价值,能够解决认知智能的问题。

3. 具有支持微型 MCU 和众多传感器的特性

微控制单元(Microcontroller Unit,MCU)也称为单片机,相当于芯片级的计算机。传感器和微控单元作为物联网的基础,与人工智能系统、机器人之间是相互影响促进的关系。传感器会产生大量的数据,庞大的数据量使人工智能系统的学习结果更加准确、更智能。智能系统生成的学习结果指导机器人更精确地执行任务,机器人行动的过程中又会触发传感器形成一个完整的良性循环。

人工智能系统软件与传感器的紧密结合能够使我们在未来的智能应用中自主做出以信

息为主导的决策。

4. 实时性

人工智能系统软件的实时性表现在通过系统本身强大的计算能力,将大量高维度的数据用最短时间来处理实现。人工智能系统软件未来必将会应用到越来越多的实际领域当中,如果没有以其超强算力为基础的实时计算能力,在面对日后愈加复杂的应用场景时将会很难落地实施。

3.2.2 人工智能系统软件的功能构成

人工智能系统软件应该具备传统计算机操作系统的典型功能,同时还应具备对智能功能的支撑。

1. 处理机管理功能

在传统的多道程序系统中,处理机的分配和运行都是以进程为基本单位,因而对处理机的管理可归结为对进程的管理;在引入了线程的 OS 中,也包含对线程的管理。处理机管理的主要功能是创建和撤销进程(线程),对各进程(线程)的运行进行协调,实现进程(线程)之间的信息交换,以及按照一定的算法把处理机分配给进程(线程)。

2. 存储器管理功能

存储器管理的主要任务是为多道程序的运行提供良好的环境,方便用户使用存储器,从而提高存储器的利用率以及能从逻辑上扩充内存。为此,存储器管理应具有内存分配、内存保护、地址映射和内存扩充等功能。

3. 设备管理功能

设备管理用于管理计算机系统中所有的外围设备,而设备管理的主要任务是:完成用户进程提出的输入/输出(Input/Output,I/O)请求,为用户进程分配其所需的 I/O 设备;提高 CPU 和 I/O 设备的利用率;提高 I/O 速度,方便用户使用 I/O 设备。为实现上述任务,设备管理应具有缓冲管理、设备分配和设备处理以及虚拟设备等功能。

4. 文件管理功能

在现代计算机管理中,总是把程序和数据以文件的形式存储在磁盘和磁带上,供所有的或指定的用户使用。为此,在操作系统中必须配置文件管理机制。文件管理的主要任务是对用户文件和系统文件进行管理,以方便用户使用,并保证文件的安全性。为此,文件管理应具有对文件存储空间的管理、目录管理、文件的读/写管理,以及文件的共享与保护等功能。

5. 语音识别功能

语音识别功能即与机器进行语音交流的能力。让机器明白你说什么,这是人们长期以来梦寐以求的事情。人工智能系统软件所需要的一般是大词汇量的、连续性的语音识别系统。语音识别系统应具备以下功能:

(1)将连续的讲话分解为词、音素等单位来理解语义。

(2)存储语音信息量大。语音模式不仅对不同的说话者不同,对同一说话者也是不同的。例如,一个说话者在随意说话和认真说话时的语音信息是不同的,一个人的说话方式随着时间变化也会变化。

(3)具备正确的识别率。说话者在讲话时不同的词听起来可能是相似的。这在英语和汉语中最常见。

(4)具备良好的抗噪能力。环境噪声和干扰对语音识别有严重影响,致使识别率低。

目前,国外的应用一直以苹果的 Siri 为龙头,而国内方面,科大讯飞、云知声、盛大、捷通华声、搜狗语音助手、紫冬口译、百度语音等系统都采用了最新的语音识别系统,市面上其他相关的产品也直接或间接嵌入了类似的技术。

6. 机器视觉功能

机器视觉功能就是利用机器代替人眼来做各种测量和外部场景的精准判断。机器视觉的优点包括以下几点:

(1)非接触测量,从而提高系统的可靠性和智能性。

(2)具有较宽的光谱响应范围。例如,对人眼看不见的红外光的测量,扩展了人眼的视觉范围。

(3)长时间稳定工作。

7. 认知功能

认知功能是指人工智能系统软件应具备提供机器的推理、认知的特性。认知是获取和处理知识的能力,它包含人脑用于推理、理解、解决问题、计划和决策的高层次概念。认知是对内容更深层次的理解,它不是专注于感知周围的世界,而是对世界进行抽象并基于抽象进行推理。

3.3 人工智能开发框架

随着计算机技术的发展和应用范围的不断延伸,作为计算机灵魂的软件系统,其规模也在不断扩大,结构越来越复杂,代码越来越冗长,从过去的几百行代码,到几万、几十万甚至几百万行代码的软件系统比比皆是。为了解决这些问题,在软件开发中,将基础的代码进行封装,以形成模块化的代码,并提供相应的应用程序编程接口(Application Programming Interface,API),开发者在软件开发过程中直接调用 API,不必再考虑太多的底层功能的操作,在此基础上进行后续的软件开发设计。这种在软件开发中对通用功能进行封装并且可重用的设计就是开发框架。

3.3.1 开发框架的作用

开发框架在软件开发的过程中起着不可或缺的作用,开发框架能够屏蔽掉底层烦琐的开发细节,给开发者提供简单的开发接口,在软件开发时只需调用框架就可以实现一定的功能。由于框架具有可复用特点,利用框架来实现软件开发的时候,不仅写起来容易,而且可读性很好,极大地降低了软件开发时的复杂度,提高了效率与质量。

人工智能软件比传统的计算机软件更加复杂,其复杂之处主要体现在比传统的计算机软件更具智能性,人工智能软件开发任务也变得更加困难。人工智能的智能化主要依靠算法来实现。由于人工智能算法的复杂性,在没有框架以前,人工智能软件的开发只针对非常专业的人,一般的软件开发人员要进行人工智能软件开发是一件望尘莫及的事,能够进行人工智能软件开发的人也是凤毛麟角。而框架的出现,为人工智能开发提供了智能单元,实现了对人工智能算法的封装、数据的调用以及计算资源的调度使用,提升了效率,极大地降低了人工智能系统开发的复杂性。

3.3.2　人工智能开发框架的核心特征

利用恰当的框架来快速构建模型,而无需编写数百行代码。一个良好的人工智能开发框架应该具有良好的性能并且易于开发人员理解和使用,以减少计算,提高人工智能软件开发效率。人工智能开发框架的核心特征有如下几点。

(1) 规范化:一个良好的开发框架应严格执行代码开发规范要求,便于使用者理解与掌握。

(2) 代码模块化:开发框架一般都有统一的代码风格,同一分层的不同类代码,具有相似的模板化结构,方便使用模板工具统一生成,减少大量重复代码的编写。

(3) 可重用性:开发人员可以不做修改或稍加改动,就可以在不同环境下重复使用功能模块。

(4) 封装性(高内聚):开发人员将各种需要的功能代码进行集成,调用时不需要考虑功能的实现细节,只需要关注功能的实现结果。

(5) 可维护性:成熟的开发框架对于二次开发或现有功能的维护来说,进行添加、修改或删除某一个功能时不会对整体框架产生不利影响。

3.3.3　典型的人工智能开发框架

框架的使用极大降低了人工智能系统开发的复杂性。业界主流的开发框架主要有以下几种。

1. TensorFlow

TensorFlow 由谷歌人工智能团队谷歌大脑(Google Brain)开发和维护,是谷歌针对第一代分布式机器学习的学习框架 DistBelief 总结经验教训而形成的,自 2015 年 11 月 9 日起,开放源代码。它还拥有强大、活跃的社区支持,使得质量得到了快速提升。TensorFlow 支持多种编程语言,包括 Python、C、C++、Go、R、Java 等。

TensorFlow 采用计算图实现算法编程和用于数值计算的框架。计算图用节点(node)和线(edge)的有向图来描述数学计算,其中节点在图中表示数学操作,也可表示数据的输入(input)和输出(output),线在图中表示节点间相互联系的多维数据数组,即张量(tensor)。TensorFlow 程序一般分为两个阶段,构建计算图阶段和执行计算图阶段。

TensorFlow 灵活的架构以及支持多种编程语言,可以在众多平台上进行部署,简化了真实场景应用学习难度。同时,其创建的大规模的人工智能应用场景也十分广泛,包括自然语言处理、图像识别、语音识别、智能机器人、知识图谱等场景,并取得了优异的成果。由于

Tensoflow 的每个计算流必须构建成图,没有符号循环,因此使一些计算变得困难。

2. Keras

Keras 由谷歌人工智能研究员 Francois Chollet 开发,并于 2015 年 3 月开源。Keras 是由 Python 编写而成的高级神经网络应用程序编程接口(API),以 TensorFlow、Theano 或 CNTK 作为后端运行,于 2017 年成为 TensorFlow 的高级别框架。Keras 支持多种编程语言,例如 Python、R 语言等,以及适用各个平台,例如 UNIX、Windows、Mac OS X 等。

Keras 的开发目的是支持快速实验,使用户在最短的时间内将想法变成实验结果。模块化的操作,使各个高级功能模块尽可能少地组装到一起,在用户需要时简单拼接就形成了一个新的模型,减少了用户阅读代码的时间,从而更加专注于实验,同时 Keras 又具备优秀的可扩展性,能够更加轻松地创建新的先进模块。

Keras 框架与 TensorFlow 一样使用数据流图进行数值计算,而且作为一个高级 API,为屏蔽作为后端的差异性而进行了层层封装,导致程序运行过于缓慢,而且用户很难学习到深度学习的内容。同时 Keras 运行会占用较大的 GPU 内存,容易导致 GPU 内存溢出(指应用系统中存在无法回收的内存或使用的内存过多,最终使得程序运行要用到的内存大于能提供的最大内存)。

3. Caffe

Caffe(Convolutional Architecture for Fast Feature Embedding)是一个清晰、高效的深度学习框架,由伯克利人工智能研究小组与伯克利视觉和学习中心开发。Caffe 最开始设计时的目标只针对图像,没有考虑文本、语音或时间序列的数据。

Caffe 一共有三个重要模块,分别为 Blob、Layer 和 Net。Blob 是 Caffe 中的数据操作基本单位,用来进行数据存储、数据交互和处理。Layer 是神经网络的核心,定义了许多层级结构,它将 Blob 视为输入输出。Net 是一系列 Layer 的集合,一个 Net 由多个 Layer 组合而成。

Caffe 的一大优势就是拥有大量训练好的经典模型,能够训练 state-of-the-art 的模型与大规模数据;其次 Caffe 底层是基于 C++ 的,可以在各种硬件环境编译并且具有良好的移植性。但是,与其他更新的深度学习框架相比,Caffe 确实不够灵活并且不适合非图像任务。

4. Torch

Torch 是一个高效的科学计算库,专注在 GPU 上计算的机器学习算法,2002 年发布了初版,在图像和视频领域应用广泛,由于 Facebook 开源了 Torch 的深度学习模块才被熟知。Torch 支持多种操作系统,例如 Windows、Linux 等,其目标是在保证使用方式简单的基础上,最大化算法的灵活性和速度,包含大量机器学习、深度学习、图像处理、语言处理等方面的库。Torch 是由 Lua 语言编写完成的。Lua 语言类似于 C 语言,支持类和面向对象,并且具有较高的运算效率,要使用 Torch 框架,必须先掌握 Lua 语言,这就限制了 Torch 的进一步发展。

5. PyTorch

PyTorch 广泛应用在图像处理领域,由 Facebook 人工智能研究院(FAIR)开发与维护,是 Facebook 在 Torch 基础上用 Python 重新开发的,于 2017 年 1 月发布。虽然其社区不如

TensorFlow 那么庞大,但依然确保了 PyTorch 的持续开发和更新,并且近几年开始变得非常流行。PyTorch 主要支持 Python、Java、C++ 等编程语言。

PyTorch 专注于快速原型设计和研究的灵活性,相比 Torch 框架,PyTorch 不仅仅是提供了一个新的 Python 接口,而是对张量上的全部模块进行重构,新增自动求导功能,同时又继承了 Torch 框架灵活、动态的编程环境和友好的开发界面。相比于 TensorFlow,PyTorch 采用动态图机制,具有更快的计算速度,并且简洁直观,底层代码也更容易看懂。

6. Theano

Theano 诞生于 2008 年,由蒙特利尔大学 Lisa Lab 团队开发并维护,是一个高性能的符号计算及深度学习库。Theano 核心是一个数学表达式的编译器,专门为处理大规模神经网络训练的计算而设计。Theano 是第一个有较大影响力的 Python 深度学习框架,并且是一个完全基于 Python 的符号计算库。Theano 派生出了很多基于它的深度学习库,包括一系列上层封装,例如 Keras、Lasagne 等。Theano 计算稳定性很好,可以精准地计算输出值很小的函数,但是在调试时输出的错误信息难以看懂,在 CPU 上的执行性能比较差。

7. CNTK

CNTK(Computational Network Toolkit)是微软研究院开源的深度学习框架,目前发展成一个通用的、跨平台的深度学习系统,在语音识别领域的使用尤其广泛。它把神经网络描述成一个有向图的结构来进行运算操作,叶子节点代表输入或者网络参数,其他节点代表各种矩阵运算。

CNTK 非常灵活,并且允许分布式训练。它与 Caffe 一样,也是基于 C++ 并且是跨平台的,大部分情况下,部署非常简单,支持 Linux、Mac OS X 和 Windows 系统,但目前不支持 ARM 架构,限制了在移动设备上的部署。

习题 3

一、简答题

1. 简述传统芯片与人工智能芯片的区别。
2. 智能芯片按技术架构和功能如何分类?
3. 简述智能芯片与应用程序的配对方式。
4. 简述智能芯片的特征。
5. 简述串行计算与并行计算的概念以及区别。

二、思考题

类脑芯片作为人工智能芯片未来发展的重要研究方向之一,你觉得在其今后的发展道路上会遇到哪些困难? 研发人员能否研制出突破冯·诺依曼架构瓶颈的类脑芯片?

第4章

关键通用技术

4.1 机器学习

> 过去几十年,海量的数据被生成、收集、存储、传输、处理,如何充分高效地利用这些数据是人工智能时代迫切需要解决的关键问题。作为数据处理利用的有效工具,机器学习受到了人们的广泛关注和研究。
>
> 机器学习被广泛应用于计算机科学、计算机视觉、自然语言处理、通信工程、信号处理、芯片设计等诸多领域,机器学习同时还为医工融合等许多交叉学科提供了重要的技术支撑,形成了智能医学、智能教育、智能交通、智能司法、智能商务等。

4.1.1 机器学习的定义

与任何其他概念一样,从不同的角度可以对机器学习进行不同的定义,现有的机器学习定义包括如下一些。

NVIDIA:最基本的机器学习是使用算法解析数据,从中学习,然后对世界上的一些事情做出决定或是预测。

斯坦福大学:机器学习是一门不需要明确编程就能让计算机运行的科学。

麦肯锡公司:机器学习基于算法,可以从数据中进行学习而不依赖于基于规则的编程。

华盛顿大学:机器学习算法可以通过例子从中挑选出执行最重要任务的方法。

卡内基·梅隆大学：机器学习领域旨在回答这样一个问题：我们如何创建能够根据经验自动改进的计算机系统，以及管理所有学习过程的基本法则是什么？

综上所述，本书给出机器学习的定义为：机器学习是指计算机利用已知数据构建适当模型，并利用此模型对新的情境给出判断。

机器学习的基本目标是在已有数据的基础上进行泛化，对从未"见过"的数据给出合理解释。机器学习流程如图 4.1 所示。

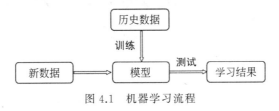

图 4.1　机器学习流程

4.1.2　为什么提出机器学习

人类的学习按逻辑顺序可分为三个阶段：输入、整合和输出。如在英语学习过程中，在入门时需要积累一定的词汇量，这是输入阶段；之后必须学习语法，学习一些约定俗成的习惯用语，才能知道如何把单词组合成地道的句子，这便是整合阶段；最终，有词汇量作基石，又有了语法规律作为架构，就能在特定场合用英文来表达自己的想法，这是输出阶段。因此，人类的学习是一个人根据过往经验，对一类问题形成某种认识或总结出一定的规律，然后利用这些认识或规律对新问题做出判断的过程。

尽管人类拥有很强的学习能力，但个体的寿命和精力是有限的，而计算机只需进行软件和硬件升级，就能克服人类的寿命和精力的限制。因此，让计算机具有学习能力便形成了机器学习。

图 4.2 给出了机器学习的示意图。首先，原始数据经过处理和加工后，形成信息；其次，信息之间经过相互联系，形成一定的知识结构；最后，计算机通过学习现有的知识结构，形成自我判断能力，即完成机器学习。

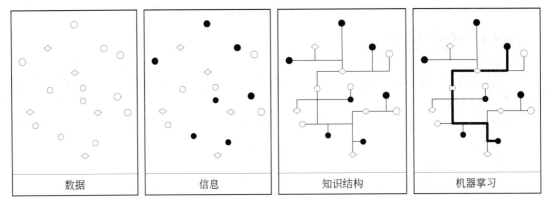

图 4.2　机器学习示意图

4.1.3 机器学习的分类

机器学习有多种不同的分类,主要包括基于学习方式的分类、基于学习策略的分类、基于学习目标的分类和基于学习算法的分类。

1. 基于学习方式的分类

基于学习方式的分类如下。

(1) 监督学习:所有数据均具有标签,利用这些数据及其标签进行学习以获得模型的机器学习,称为监督学习。

可解决的问题:分类(类别预测)和回归(数值预测)。

(2) 半监督学习:部分数据具有标签,同时利用有标签数据和无标签数据进行学习来获得模型的机器学习,称为半监督学习。半监督学习能够在保持较高准确率的同时,减少人力使用。半监督学习已经成为模式识别和机器学习领域研究的热点问题。

可解决的问题:分类(类别预测)、回归(数值预测)和数据归纳。

(3) 无监督学习:所有数据均没有标签,通过对数据的结构和数值进行归纳分析来获得模型的机器学习,称为无监督学习。

可解决的问题:聚类(簇分群)。

2. 基于学习策略的分类

基于学习策略的分类如下。

(1) 模拟人脑的机器学习:模拟人脑的机器学习是让机器模拟人脑的宏观心理级学习过程或微观生理级学习过程进行学习,主要包括符号学习和连接学习。

* 符号学习是指模拟人脑宏观心理级学习过程,以认知心理学原理为基础,以符号数据为输入,以符号运算为方法,用推理过程图或状态空间中进行搜索,学习的目标为概念或规则等。符号学习的典型方法有记忆学习、示例学习、演绎学习、类比学习、解释学习等。

* 连接学习是指模拟人脑的微观生理级学习过程,以脑和神经科学原理为基础,以人工神经网络为函数结构模型,以数值数据为输入,以数值运算为方法,用迭代的方式在系数向量空间中进行搜索,学习的目标为函数。典型的连接学习有权值修正学习、拓扑结构学习。

(2) 直接采用数学方法的机器学习:直接采用数学方法的机器学习即统计机器学习,是基于对数据的初步认识以及学习目的的分析,选择合适的数学模型,拟定超参数(超参数就是在开始学习过程之前设置值的参数,而不是通过训练得到的参数数据),并输入样本数据,依据一定的策略,运用合适的学习算法对模型进行训练,最后运用训练好的模型对数据进行分析预测。

3. 基于学习目标的分类

基于学习目标的分类如下。

(1) 概念学习:以学习的目标和结果为概念,为了获得概念的学习。典型的概念学习为示例学习。

（2）规则学习：以学习的目标和结果为规则，为了获得规则的学习。典型的规则学习为决策树学习。

（3）函数学习：以学习的目标和结果为函数，为了获得函数的学习。典型的函数学习为神经网络学习。

（4）类别学习：以学习的目标和结果为对象类，为了获得类别的学习。典型的类别学习为聚类分析。

（5）贝叶斯网络学习：以学习的目标和结果是贝叶斯网络，为了获得贝叶斯网络的一种学习。贝叶斯网络学习又可分为结构学习和多数学习。

4. 基于学习算法的分类

基于学习算法的分类如下。

（1）传统机器学习：适用于结构化数据，常用于需要进行预测的场景（预测类别型结果、数值型结果），如信用风险检测、销售预测、用户画像、商品推荐等。

（2）深度学习：适用于非结构化数据（图像、语音等），常用于识别类场景，如图像识别、语音识别，语音合成，语义识别等。

（3）强化学习：适用于需要探索和优化的场景，不一定需要结构化的数据，对于模拟环境的准确度有较强要求，能够根据环境中参数的变化自动给出最优选择，如制造业某种设备运行时参数自动调控、智能温控、智能污水处理、智能交通信号灯、AlphaGo 等。

4.1.4 机器学习的实现过程

机器学习过程主要包括数据分析处理和模型创建，且该过程是一个不断完善、循环往复的过程，直到生成一个较为成熟、能够落地应用的模型。图 4.3 给出了机器学习的实现过程示意图。下面对机器学习实现过程的主要环节进行介绍。

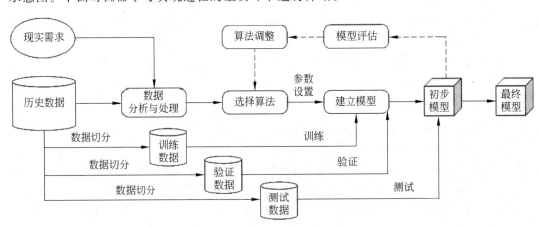

图 4.3　机器学习实现过程示意图

1. 数据分析与处理

（1）数据收集：数据收集对机器学习来说至关重要，因为所收集数据的质量和数量将直接决定预测模型是否能够达到预期效果。

对于一个具体领域问题,通常可以使用一些具有代表性的公开数据集。这些公开数据集在数据过拟合、数据偏差、数值缺失等问题上会进行比较好的处理,数据分析和处理的结果也更容易得到大家认可。如果没有公开数据集,则需要收集原始数据,然后对原始数据进行加工和整理。

(2)数据预处理与特征工程:收集到的数据或多或少都会存在数据缺失、分布不均衡、存在异常数据、混有无关紧要的数据等诸多数据不规范的问题。因此,需要对收集到的数据进行加工处理,包括处理缺失值、处理偏离值、数据规范化、数据的转换等,这些处理统称为数据预处理。

经过数据预处理得到规范数据,还需要对其进行特征提取、数据降维等处理,以获得数据的本质属性,降低运算复杂度,该过程称为特征工程。

数据预处理和特征工程是机器学习的基础必备步骤。

(3)数据切分:在进行机器学习之前,需要对数据集的数据进行切分,分成独立的三部分:训练集、验证集和测试集。其中,训练集用来估计模型,验证集用来调整模型参数以得到最优模型,测试集则用来检验模型的性能。

典型的数据切分是,训练集的数据占总数据的50%,而其他各占25%,三部分都是随机提取的数据。另外,当模型不需要很多调整,只追求模型的拟合,或训练集本身就是训练集+验证集时,训练集和测试集的数据比例一般为7:3。在深度学习中,由于训练神经网络需要的数据量大,一般把更多的数据分给训练集,而相应减少验证集和测试集的数据量。

2. 模型实现

(1)算法选择:数据处理好后,首先分析判断训练数据有无标签,是分类问题还是回归问题等,然后选择合适的机器学习算法进行模型训练。

实际选择时,通常会考虑尝试不同的算法,比较对应的输出结果,从而选择最优算法。此外,在算法选择时还会考虑数据集的大小,若是数据集样本较少,通常会选择朴素贝叶斯等一些轻量级的算法,否则会选择支持向量机等一些重量级算法。

(2)模型建立:算法确定后,根据设定好的参数生成训练模型,并对模型进行调优。可以采用交叉验证、观察损失曲线、测试结果曲线等分析原因,调节相应参数。此外,还可以进行多模型融合,以提高模型性能。

(3)模型评估:模型建立后,需要对模型性能进行评估,客观地评价模型的预测能力。根据分类、回归、排序等不同问题选择不同的评价指标,主要有正确率、精确率、召回率、混淆矩阵、平方根误差等。

4.1.5 机器学习的常用算法

本节以分类任务为例,介绍其中常用的机器学习算法。

1. 朴素贝叶斯算法

贝叶斯方法是以贝叶斯原理为基础,使用概率统计的知识对数据集进行分类。由于其坚实的数学基础,贝叶斯分类方法的误判率很低。贝叶斯方法能够同时结合先验概率和后验概率,既避免了只使用先验概率的主观偏见,也避免了单独使用样本信息的过拟合现象。

贝叶斯分类算法在数据集较大时表现出较高的准确率,同时算法本身也比较简单。

朴素贝叶斯算法(Naive Bayesian Algorithm)是在贝叶斯方法的基础上进行了相应的简化,即假定给定目标值时属性之间相互条件独立。也就是说,没有哪个属性变量对于决策结果来说占有着较大的比重,也没有哪个属性变量对于决策结果占有着较小的比重。虽然这个简化方式在一定程度上降低了贝叶斯分类算法的分类效果,但是在实际的应用场景中,极大地简化了贝叶斯方法的复杂性。

朴素贝叶斯分类先通过已给定的训练集,以特征相互独立作为前提假设,学习从输入到输出的联合概率分布,再基于学习到的模型,求出使得后验概率最大的输出。

设有数据集 $D=\{d_1,d_2,\cdots,d_n\}$,对应样本 $d_1,d_2,\cdots,d_n$ 的特征集为 $X=\{x_1,x_2,\cdots,x_d\}$,类变量为 $Y=\{y_1,y_2,\cdots,y_m\}$,即 D 可以分为 y_m 类别。其中 $x_1,x_2,\cdots,x_d$ 相互独立且随机,则 Y 的先验概率为 $P_{prior}=P(Y)$,Y 的后验概率为 $P_{post}=P(Y|X)$,根据朴素贝叶斯算法,后验概率 $P_{post}=P(Y|X)$ 可以由先验概率 $P_{prior}=P(Y)$、$P(X)$、类条件概率 $P(X|Y)$ 计算出:

$$P(Y\mid X)=\frac{P(Y)P(X\mid Y)}{P(X)} \tag{4-1}$$

朴素贝叶斯算法基于各特征之间相互独立,在给定类别为 y 的情况下,上式可以进一步表示为:

$$P(X\mid Y=y)=\prod_{i=1}^{d}P(x_i\mid Y=y) \tag{4-2}$$

由以上两式可以计算出后验概率为:

$$P_{post}=P(Y\mid X)=\frac{P(Y)\prod\limits_{i=1}^{d}P(x_i\mid Y)}{P(X)} \tag{4-3}$$

由于 $P(X)$ 的大小是固定不变的,因此在比较后验概率时,只需比较上式的分子部分即可。因此,一个样本数据属于类别 y_i 的朴素贝叶斯计算表达式为:

$$P(y_i\mid x_1,x_2,\cdots,x_d)=\frac{P(y_i)\prod\limits_{j=1}^{d}P(x_j\mid y_i)}{\prod\limits_{j=1}^{d}P(x_j)} \tag{4-4}$$

朴素贝叶斯算法过程如下。

(1) 准备阶段:该阶段为朴素贝叶斯分类做必要的准备。首先根据具体情况确定特征属性,并对特征属性进行划分;然后对一部分待分类项进行人工划分以确定训练样本。此阶段的输入是所有的待分类项,输出是特征属性和训练样本。分类器的质量很大程度上依赖于特征属性及其划分的训练样本质量。

(2) 分类器训练阶段:计算每个类别在训练样本中的出现频率以及每个特征属性划分对每个类别的条件概率估计。此阶段的输入是特征属性和训练样本,输出是分类器。

(3) 应用阶段:使用分类器对待分类项进行分类,其输入是分类器和待分类项,输出是待分类项与类别的映射关系。

朴素贝叶斯算法的主要优点如下。

(1) 朴素贝叶斯模型有稳定的分类效率。

（2）对小规模的数据表现很好，能处理多分类任务，适合增量式训练，尤其是数据量超出内存时，可以一批批地去增量训练。

（3）对缺失数据不太敏感，算法比较简单。

朴素贝叶斯算法的主要缺点如下。

（1）理论上，朴素贝叶斯模型与其他分类方法相比，具有最小的误差率，但实际上并非总是如此。因为朴素贝叶斯模型在给定输出类别的情况下，假设属性之间是相互独立的，这个假设在实际应用中往往是不成立的。在属性个数比较多或属性之间相关性较大时，分类效果不好，而在属性相关性较小时，朴素贝叶斯算法性能良好。因此，有半朴素贝叶斯等算法，通过考虑部分关联性，进行适度改进。

（2）需要知道先验概率，且先验概率很多时候取决于假设，假设的模型可以有很多种，因此某些时候会由于假设的先验模型的原因导致预测效果不佳。

（3）由于通过先验和数据来决定后验概率，进而决定分类，所以分类决策存在一定的错误率。

（4）对输入数据的表达形式很敏感。

2. 决策树

顾名思义，决策树就是一棵树，包含一个根节点、若干个子节点和若干个叶节点。叶节点对应于决策结果，其他每个节点对应于一个属性测试；每个节点包含的样本集合根据属性测试的结果被划分到子节点中；根节点包含样本全集，从根节点到每个叶节点的路径对应了一个判定测试序列。图 4.4 是以二元分类为例的决策树，给出了天气对户外打羽毛球影响的决策过程。

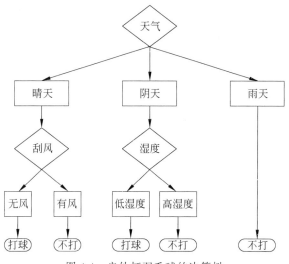

图 4.4　户外打羽毛球的决策树

决策树的决策过程如下。

（1）特征选择：特征选择是指从多个特征中选择一个特征作为当前节点的分裂标准，如何选择特征有不同的量化评估方法，从而衍生出不同的决策树。常用的特征选择算法有 ID3（通过信息增益选择特征）、C4.5（通过信息增益比选择特征）、CART（通过基尼（Gini）指数选择特征)等。

(2) 决策树的生成：根据选择的特征评估标准，从上至下递归地生成子节点，直到数据集不可分，则决策树停止生长。这个过程实际上就是使用满足划分准则的特征，不断地将数据集划分成纯度更高、不确定性更小的子集的过程。

(3) 决策树的裁剪：决策树容易过拟合，一般需要剪枝来缩小树结构规模，缓解过拟合。

下面会以 CART 特征选择算法为例介绍决策树的节点分裂。

CART 特征选择算法使用基尼系数进行特征选择，基尼系数代表了模型的不纯度，基尼系数越小，则不纯度越低，特征越好。

在具体分类问题中，假设有 K 个类别，第 K 个类别的概率为 p_k，则基尼系数表达式为：

$$\text{Gini}(p) = \sum_{k=1}^{K} p_k (1 - p_k) = 1 - \sum_{k=1}^{K} p_k^2 \tag{4-5}$$

如果是二类分类问题，计算则会更加简单，如果属于第一个样本输出的概率是 p，则基尼系数的表达式为：

$$\text{Gini}(p) = 2p(1 - p) \tag{4-6}$$

对于给定样本 D，假设有 K 个类别，第 K 个类别数量为 C_k，则样本 D 的基尼系数表达式为：

$$\text{Gini}(D) = 1 - \sum_{k=1}^{K} \left(\frac{|C_k|}{|D|} \right)^2 \tag{4-7}$$

特别地，对于样本 D，如果根据特征 A 的某个值 a，把 D 分为 D_1 和 D_2 两部分，则在特征 A 的条件下，D 的基尼系数表达式为：

$$\text{Gini}(D, A) = \frac{|D_1|}{D} \text{Gini}(D_1) + \frac{|D_2|}{D} \text{Gini}(D_2) \tag{4-8}$$

决策树的优点如下。

(1) 具有可读性，如果给定一个模型，根据所产生的决策树很容易推理出相应的逻辑表达。

(2) 分类速度快，在相对短的时间内，能够对大型数据源做出可行且效果良好的分类。

决策树的缺点是，对未知的测试数据不具有很好的分类、泛化能力，即可能发生过拟合现象。

3. 支持向量机

支持向量机(Support Vector Machine，SVM)是一种监督学习模型，主要用于分类和回归分析。

支持向量机的概念可以通过一个简单的例子来解释。如图 4.5 所示，其中的数据分为两个类别，以圆形和三角形标识，即此时数据有 x 和 y 两个特征。如果现在想要一个分类器，给定一对 (x, y) 坐标，输出仅限于圆形或三角形。支持向量机会接收这些数据点，并输出一个超平面(在二维图中，就是一条线)，将两类分割开来，这条线就是判定边界。二维空间下 SVM 的工作原理如图 4.5 所示。

在两种数据间可以有无数条超平面进行分割，最佳的超平面是哪条呢？对于 SVM 来说，最大化两个类别边距的那个超平面，就是超平面对每个类别最近的元素距离最远的，即

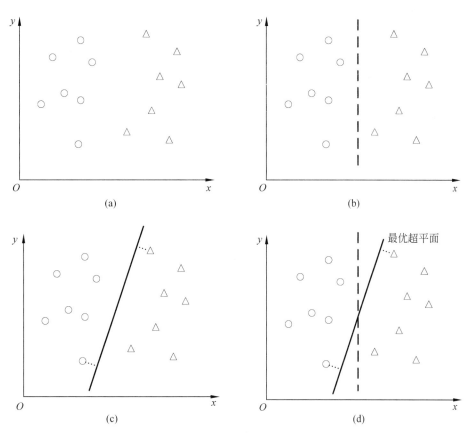

图 4.5 二维空间支持向量机的工作原理

为最佳的分割边界。

支持向量机是一个二元分类器。例如,给出猫咪和小狗的图片数据集,SVM 只能区分"它是猫"和"它不是猫",而不能给出"它是猫"和"它是狗"。如果需要分出多个类别,则需要多次应用 SVM。

对于图 4.6(a)所示情况,不能通过一条直线超平面对问题进行划分,此时需要引入 z 轴对数据进行划分,即三维空间支持向量机,如图 4.6(b)所示,可轻松地找到合适的超平面对数据进行划分。

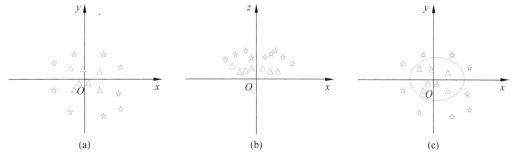

图 4.6 三维空间支持向量机的工作原理

现实应用场景很少是二维线性问题,在二维空间中找不到超平面(二维空间的超平面就是一条直线)进行划分。此时,需要增加一个维度,到三维空间寻找超平面;如果三维空间找不到超平面,就到四维空间寻找超平面。理论上,在 n 维空间中,总能找到超平面来分割数据。但是,随着数据量急剧膨胀,处理速度会大幅降低。

除了执行线性分类之外,SVM 还可以使用内核技巧,有效地执行非线性分类,将其输入隐式映射到高维特征空间,称为核函数或内核。核函数具有将低维数据转化成高维数据的作用,它将不可分离的问题转换成可分离的问题。在原始输入空间中查看超平面时,它看起来像一个圆圈,如图 4.6(c)所示。

SVM 中用到的核函数有线性核函数、多项式核函数以及高斯核函数。

线性核函数的表达式为:

$$k(x_i, x_j) = x_i^\mathrm{T} x_j \tag{4-9}$$

多项式核函数的表达式为:

$$k(x_i, x_j) = (x_i^\mathrm{T} x_j)^d \tag{4-10}$$

其中 $d \geq 1$,d 为多项式的次数。

高斯核函数的表达式为:

$$k(x_i, x_j) = \exp\left(-\frac{\| x_i - x_j \|^2}{2\sigma^2}\right) \tag{4-11}$$

其中 $\sigma > 0$ 为高斯核的宽度。

需要注意的是:

(1) 当训练数据线性可分时,一般用线性核函数,直接实现可分;

(2) 当训练数据不可分时,需要使用核技巧,将训练数据映射到另一个高维空间,使其在高维空间中可线性划分。

但是,若样本 n 和特征 m 很大时,且特征 $m \gg n$ 时,需要用线性核函数。因为高斯核函数映射后空间维数更高、更复杂,容易过拟合,此时使用高斯核函数的弊大于利,选择使用线性核会更好;若样本 n 一般大小,特征 m 较小,此时进行高斯核函数映射后,不仅能够将原训练数据在高维空间中实现线性划分,而且计算消耗也不会有很大,利大于弊,适合用高斯核函数;若样本 n 很大,但特征 m 较小,同样难以避免计算复杂的问题,因此应更多地考虑线性核函数。

4.2 人工神经网络与深度学习

神经网络最重要的用途是分类,为了让读者对分类有个直观的认识,我们打个比喻来引出本节内容。神经网络就像一个刚开始学习识别东西的小孩子,作为一个大人(监督者),要时时刻刻去教他。第一天,他看见一只京巴狗,你告诉他这是狗;第二天他看见一只波斯猫,他开心地说:"这是狗",你纠正他:"这是猫";第三天,他看见一只蝴蝶犬,他又迷惑了,你告诉他:"这是狗"……直到有一天,他可以分清任何一只猫或者狗。其实神经网络最初得名,就是其在模拟人的大脑,把每一个节点当作一个神经元,这些"神经元"组成的网络就是神经网络。

4.2.1 人工神经网络基本概念及改进

1. 分类器

能自动对输入的东西进行分类的机器,就称为分类器。分类器的输入是一个数值向量,称为特征(向量)。如果输入是猫狗照片,假如每一张照片都是 320×240 像素的红绿蓝三通道彩色照片,那么分类器的输入就是一个长度为 320×240×3＝230 400 的向量。分类器的输出也是数值,例如,输出 0 表示图片中是狗,输出 1 表示是猫。分类器的目标就是让正确分类的比例尽可能高。一般我们首先需要收集一些样本,人为地标记上正确的分类结果,然后用这些标记好的数据训练分类器,训练好的分类器就可以在新的特征向量上工作。

2. 神经元

假设分类器的输入是通过某种途径获得的两个值,输出是 0 和 1,比如分别代表猫和狗。现在有一些样本,如图 4.7 所示。

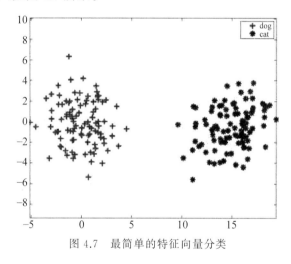

图 4.7 最简单的特征向量分类

把这两组特征向量分开的最简单方法,当然是在两组数据中间画一条竖直线,直线左边是狗,右边是猫,分类就完成了。以后有了新的向量,凡是落在直线左边的都是狗,落在右边的都是猫。

一条直线把平面一分为二,一个平面把三维空间一分为二,一个 $n-1$ 维超平面把 n 维空间一分为二,两边分属不同的两类,这种分类器就称为神经元。

很多教材讲到神经元概念的时候,往往引用生物神经元的图片,标注树突、突触、细胞体和轴突部位名称,进而与人工神经网络关联。我们认为,目前的人工神经网络除了部分名词借鉴了生物学神经网络之外,跟生物学神经网络已经没有任何关系。引用生物神经元反而给初学者增加无谓的神秘感和困惑,这里我们尽量用通俗易懂的语言给读者解释抽象的概念。

现在回忆一下小学应用题:有一只水桶,从外往里灌水需要 10 分钟,从里往外排水要 15 分钟,现在把进出水龙头全开,求多长时间可以把水桶灌满?

神经元模型可以等价为一只有多根进水管和一根出水管的水桶。注意,这两种水管的高度是不一样的。只有当进水管灌入了足够多的水(信号),使得水位上升到足够高(阈值,又称为临界值,是指一个效应能够产生的最低值或最高值)时,出水管才会流出水来(激发),而流出的水会流进下一只水桶(传输)。此时,水桶里水位突然下降,要等待一段时间才能再次流向下一个水桶(不应期),如图4.8所示。

1号水桶把水流入2号桶中,灌满水的2号桶又将水流向3号桶……把这个场景扩大到成千上万个神经元,就是人工神经网络(Artificial Neural Network,ANN)。进水管和出水管相当于神经元的输入和输出,数值向量就像是水,在不同神经元之间传导,每一个神经元只有满足了某种条件才会发射信号到下一层的神经元。

其实,神经元模型比水桶还要简单,只需一组数字就能构建出一个神经元。比如,3个输入、1个输出的神经元模型,如图4.9所示。

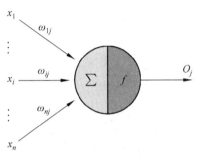

图4.8　神经元模型可以比作有进出水管的水桶　　　　图4.9　神经元模型

数据的输入可表示为:$x_1,\cdots,x_i,\cdots,x_n$。

每个输入的权重可表示为:$\omega_{1j},\cdots,\omega_{ij},\cdots,\omega_{nj}$。

神经元激发后的输出可表示为:O_j。

这样,一个虚拟神经元就构建好了。

3. 权重

那么权重又是什么呢?

我们来看一个函数:$y=\omega x+b$,输入值x乘以ω,再加一个常数b,得到输出值y,ω即是权重。假设考试成绩90分,权重是60%,每个少数民族学生+10分。那么,期末成绩(y)=考试成绩(x)×权重(60%)+偏置(10分加分)。这就是人工神经网络里每个小圆圈在做的事情。权重是层与层神经元之间的,阈值是神经元内的,两者都需要设定初始值,而后通过训练网络,对权重和阈值进行修正,最终达到局部最优。

4. 偏置

偏置(Offset)是神经元的额外输入,其输入的值总是1,并有自己的连接权重。这确保即使当所有输入为0时,神经元中也存在一个激活函数。读者可以思考一下:为什么要引入偏置呢?

为解决这个问题,我们先来构建一个由4个神经元构成的简易神经网络,如图4.10所示。

这个神经网络由两层神经元构成。左边是输入层,神经元的个数就是输入数据的个数;右边是输出层,神经元的个数就是输出数据的个数。两层之间呈二分图的拓扑结构,每条边

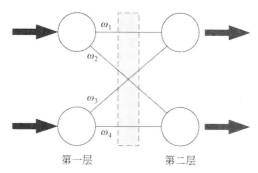

图 4.10　4 个神经元构成的神经网络

上有一个权值 ω。

而每个神经元都做什么呢？结合刚学过的知识可知：输入层接收输入数据；而输出层对输入层数据进行加权求和，而这个"权"便是输出神经元与输入神经元的边权。

如将 ω_1 和 ω_4 设为 0，ω_2 和 ω_3 设为 1，那么输入 2、3，则输出 3、2。这样我们可以构建一个用于交换输入数据的神经网络。由于计算使用的数据都是输入层的，因此这个过程也称为前反馈，采用这种单向多层结构的网络称为前馈神经网络。

单纯的加权求和并不能解决所有的拟合问题，比如拟合逻辑与运算（AND）时，神经网络的不足便显现出来了（读者可以画个简易神经网络来尝试一下）。

另外，上述类型的神经网络用来拟合线性函数还是易如反掌的，比如 $f(a,b,c)=1.7a+0.31b-0.59c$，我们想构建一个神经网络，使得输入 a、b、c，输出 $f(a,b,c)$。显然，只需要构建输入层 3 个神经元，输出层 1 个神经元，三个权重分别设为 1.7、0.31、-0.59 就行了。

但是，如果 $f(a,b,c)=1.7a+0.31b-0.59c-2$ 呢？

我们发现，这个常数"-2"怎么解决呢？以至于我们的神经网络无法拟合。于是，我们可以做如下改进，如图 4.11 所示。

图 4.11 中最底下的神经元就是偏置量，俗称截距。这个神经元无须输入，而且恒输出 1，于是更改 ω_5 和 ω_6 就能修改偏置量加在下一层神经元上的值了，这个不好解决的常数也变得可以解决了。

改进之后的神经网络又面临更多新问题，如函数 $f(x,y)=x^2+\ln(y)-1$，也无法用这个网络拟合。于是，神经网络的概念进入"寒冬"期，甚至有一个广为流传的说法："The biggest issue with this paper is that it relies on neural networks."（这篇论文最大的问题就是它使用了神经网络）。神经网络受到了空前的冷落。

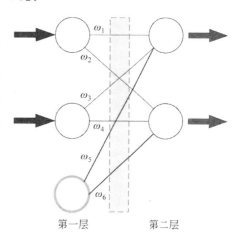

图 4.11　神经网络的改进 1——增加偏置量

但是，学者们仍笔耕不辍地研究神经网络算法，并做出了两个简单但巨大的改进。

5. 激活函数（迁移函数）

学者们考虑，一个神经元接收到信息之后，只会简单地加权求和，然后输出给下一个神经元吗？它是不是可以多做点什么？

改进之后，神经元的输入仍为权重和加偏置，输出则是激活函数计算得出的激活值。

激活函数是用来加入非线性因素的，解决线性模型所不能解决的问题。它把值压缩到一个更小范围，例如，一个 Sigmoid 激活函数的值区间为 $[0,1]$。在神经元接收到加权求和的值 x 之后，神经元的输出 $y=A(x)$，其中 $A(x)$ 是该神经元的激活函数。这就是每个神经元对信息的处理，得到的输出值 y 再进入下一层进行加权求和，或在输出层输出。深度学习中有很多激活函数，其中 ReLU、SeLU、TanH 比 Sigmoid 更为常用。

6. 隐含层

我们继续考虑，输入数据直接传到输出层吗？单凭输出层的激活函数处理信息，是不是力量有点单薄？于是我们引入隐含层，如图 4.12 所示。

隐含层的层数和每层神经元的个数都是超参数，需要我们在训练和执行网络之前就已经设计好。

这样的网络，每相邻两层之间依旧是二分图的拓扑结构，只是层数变多了。这样的模型，最先在 1986 年由 Paul Smolensky 提出，当时的名字称为"簧风琴"。后来人们发现这个模型与统计物理学中的玻尔兹曼机非常相似，于是命名为受限玻尔兹曼机。而这个"限"，指的是全连接二分图（上一层所有神经元，与下一层除偏置量外的所有神经元都是全连接的）。

这时我们发现，不需要借助外力，四种逻辑运算符（AND、OR、XOR、NAND）已经可以拟合，同时任何非线性函数的拟合效果也非常完美。

如果增加网络层数，深度学习模型中最简单的 DNN（深度神经网络）就诞生了，如图 4.13 所示。

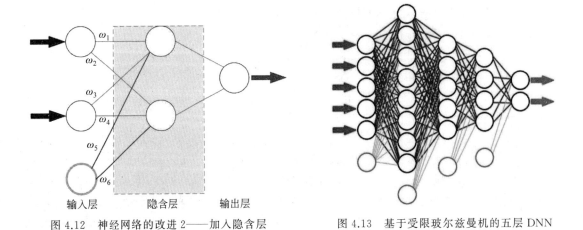

图 4.12 神经网络的改进 2——加入隐含层　　　图 4.13 基于受限玻尔兹曼机的五层 DNN

以上我们在学习神经网络基本概念的同时，也了解了神经网络的演变过程。超过三层的神经网络就是深度神经网络，但这些网络的结构不尽相同，下面我们逐一介绍。

4.2.2　人工神经网络基本结构

1. 卷积神经网络

卷积神经网络(Convolutional Neural Network,CNN)是一类包含卷积计算且具有深度结构的前馈神经网络(Feedforward Neural Networks),是深度学习(Deep Learning)的代表算法之一。

用卷积、池化操作代替加权求和,是卷积神经网络对全连接网络的一个改进(卷积、卷积核、池化的概念稍后会介绍)。由于权值共享,降低了参数数量,缩小了解空间,有利于提取泛化特征,有效缓解了过拟合。在卷积神经网络的卷积层中,一个神经元只与部分邻层神经元连接。在 CNN 的一个卷积层中,通常包含若干个特征平面(Feature Map),每个特征平面由一些矩形排列的神经元组成,同一特征平面的神经元共享权值,这里共享的权值就是卷积核。卷积核一般以随机小数矩阵的形式初始化,在网络的训练过程中,卷积核将学习得到合理的权值。共享权值(卷积核)带来的直接好处是减少网络各层之间的连接,同时又降低了过拟合的风险。

卷积神经网络由三部分构成。第一部分是输入层,第二部分由 n 个卷积层和池化层的组合组成,第三部分由一个全连接的多层分类器构成,如图 4.14 所示。

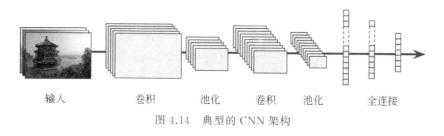

输入　　　　卷积　　　池化　　　卷积　　　池化　　　　全连接

图 4.14　典型的 CNN 架构

卷积神经网络还有很多种实现方式,如最早期的 LeNet,后来的 AlexNet、GoogLeNet、ResNet 等。目前,卷积神经网络已被成功地大量用于检测、分割、物体识别以及图像识别等领域。

2. 循环神经网络

循环神经网络(Recurrent Neural Network,RNN)的主要用途是处理和预测序列数据。在之前介绍的全连接神经网络或卷积神经网络模型中,网络结构都是从输入层到隐含层再到输出层,层与层之间是全连接或部分连接的,但每层之间的节点是无连接的。考虑这样一个问题,如果要预测句子的下一个单词是什么,一般需要用到当前单词以及前面的单词,因为句子中前后单词并不是独立的。

比如,当前词是"很",前一个词是"天空",那么下一个词很大概率是"蓝"。循环神经网络的来源就是为了刻画一个序列中的当前输出与之前信息的关系。从网络结构上,循环神经网络会记忆之前的信息,并利用之前的信息影响后面节点的输出。也就是说,循环神经网络的隐藏层之间的节点是有连接的,隐藏层的输入不仅包括输入层的输出,还包括上一个时刻隐藏层的输出,如图 4.15 所示。

循环神经网络在自然语言处理(Natural Language Processing,NLP),如语音识别、语言建模、机器翻译等领域有应用,也用于各类时间序列预报。

3. 深度信念网络

深度信念网络(Deep Belief Network,DBN)由多个受限玻尔兹曼机(Restricted Boltzmann Machines,RBM)层组成,一个典型的神经网络类型如图 4.16 所示。

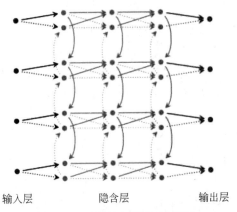

图 4.15 五层双向 RNN 示意图

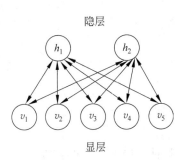

图 4.16 RBM 的结构

RBM 只有两层神经元,一层称为显层,由显元(Visible Units)组成,用于输入训练数据。另一层称为隐层(Hidden Layer),由隐元(Hidden Units)组成,用作特征检测器(Feature Detectors)。图 4.16 中较上层的神经元组成隐层,较下层的神经元组成显层。每一层都可以用一个向量来表示,每一维表示一个神经元。注意,这两层间是对称(双向)连接。网络被“限制”为一个显层和一个隐层,层间存在连接,但层内的单元间不存在连接。

RBM 是 DBN 的组成元件。事实上,每个 RBM 都可以单独用作聚类器。

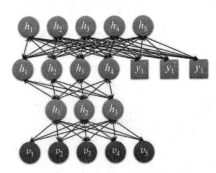

图 4.17 训练好的 DBN

DBN 是由多层 RBM 组成的一个神经网络,它既可以看作是一个生成模型,也可以当作判别模型,如图 4.17 所示。

DBN 可以通过利用带标签数据来对判别性能做调整。这里,一个标签集将附加到顶层(图 4.17 中的 y_1),通过一个自下向上的、学习到的识别权值来获得一个网络的分类面。这相比前向神经网络来说,训练是要快的,而且收敛的时间也少。

通常,DBN 对一维数据的建模比较有效,例如语音。

4. 生成对抗网络

生成对抗网络(Generative Adversarial Networks,GAN)的目标在于生成,我们传统的网络结构往往都是判别模型,即判断一个样本的真实性。而生成模型能够根据所提供的样本生成类似的新样本,注意这些样本是由计算机学习而来的。

GAN 一般由两个网络组成,即生成模型网络和判别模型网络。

生成模型 G 捕捉样本数据的分布,用服从某一分布(均匀分布,高斯分布等)的噪声 z 生成一个类似真实训练数据的样本,追求效果是越像真实样本越好;判别模型 D 是一个二分类器,估计一个样本来自于训练数据(而非生成数据)的概率,如果样本来自于真实的训练数据,D 输出大概率,否则,D 输出小概率。

打个比方,生成网络 G 好比假币制造团伙,专门制造假币,判别网络 D 好比警察,专门检测使用的货币是真币还是假币。G 的目标是想方设法生成与真币一样的货币,使得 D 判别不出来;D 的目标是想方设法检测出来 G 生成的假币。随着时间的流逝,经过精心的监管,这两个对手彼此竞争,互相推动,成功地改善了彼此,如图 4.18 所示。

以上非常简单地介绍了四种神经网络架构:CNN、RNN、DBN、GAN。CNN 是神经网络中应用非常广泛的一种网络,如今几乎所有的深度学习的经典模型中都能找到 CNN 的身影,它成功解决了参数过多的问题,并且达到了全连接神经网络实现不了的效果。接下来,我们展开介绍 CNN,读者在学习过程中可以结合第 11 章中的相关示例同步学习。

4.2.3 卷积神经网络

为了理解卷积神经网络(CNN),下面用简明的语言和直观的图像,带领读者入门 CNN。

先提一个小问题:当一辆汽车从你身边疾驰而过时,你是通过哪些信息知道那是一辆汽车的? 它的颜色、材质、速度、发动机的声响,还是什么?

当看到图 4.19 时,你会第一时间反应过来这是一辆汽车。

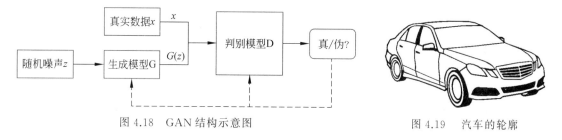

图 4.18 GAN 结构示意图　　　　　　图 4.19 汽车的轮廓

这是因为人类对目标的识别过程为:读取图片→提取特征→图片分类,如图 4.20 所示。

图 4.20 人类对目标的识别过程

其实,CNN 的工作原理也是这样。CNN 做的就是这样三件事：读取图片、提取特征和图片分类。下面逐一来看各步骤的细节。

1. 读取图片

一张汽车图片,人类看到的是图 4.21 所示的样子;而在计算机的眼里,它是图 4.22 所示的样子。

图 4.21　人看到的汽车

225	204	48	38	176	...	197	221	140	41	3
49	197	22	248	170	...	44	50	73	187	247
243	176	205	190	16	...	180	143	195	167	96
83	149	121	6	198	...	205	171	191	153	152
40	213	241	120	78	...	13	15	250	213	70
137	36	202	244	28	...	170	37	161	8	56
225	244	206	78	44	...	92	217	215	195	25
156	72	147	81	250	...	132	65	212	246	19
90	111	65	225	164	...	222	228	3	31	251
...										
192	34	213	255	79	...	5	183	47	138	116
143	82	16	120	113	...	166	250	96	180	195
24	43	178	235	13	...	102	142	210	63	241
182	128	58	45	60	...	131	123	228	69	19
219	94	30	251	160	...	234	8	88	116	148
123	39	176	200	26	...	144	134	235	69	59
139	151	226	90	154	...	110	15	86	98	139
217	155	183	139	66	...	105	191	165	154	61

图 4.22　计算机看到的汽车

这些数字是哪里来的？因为图片是由一个又一个的像素点构成的。当把图片无限放大,就能看到这些像素点,如图 4.23 所示(图片分矢量图和位图,大部分图片属于位图,即点阵图。打个比方：在木板上铺一层沙子,用木棍在上面勾画出图案,离远看,就是图案,走近看,看到的是一粒一粒沙子,这就是位图的特点)。而每个像素点都是由一个 0~255 的数字组成(当然任何数据在计算机内部都是以二进制形式存放的,这里为了便于表述,暂以十进制形式给读者讲解)。

所以,第一步的工作是将图 4.21 所示的汽车图片,转换成图 4.22 所示的一行行数字。

具体的转换工作,不用我们费心来做。目前在 Python 中很多第三方库,诸如 PIL(Python Imaging Library)、Matplotlib(Python 的 2D 绘图库)等,都可以通过调用包中的函数实现这种转换。

图 4.23　由像素组成的汽车

2. 提取特征

在 CNN 中,完成特征提取工作的机制称为卷积。卷积的目的是将局部像素进行线性组合,以挖掘局部像素点之间的关系。卷积在每次工作时,都会用到"过滤器",即卷积核,如图 4.24 所示。

卷积核的作用是寻找图片的特征。卷积核会在图片上从头到尾"滑过"一遍,如图 4.25 所示。每滑到一个地方,就将该地方的图像特征提取出来。

0	1	1
1	0	1
1	0	0

图 4.24　卷积核　　　　　　　　图 4.25　卷积核滑过图片

卷积操作具体的步骤如下:
- 在图像的某个位置上覆盖卷积核。
- 将卷积核中的值与图像中的对应像素的值相乘。
- 把上面的乘积加起来,得到的和就是输出图像中目标像素的值。
- 对图像的所有位置重复此操作。

为了简化问题,像素值仅用 0 和 1 来表示。当过滤器在矩形框中缓慢滑过时,用过滤器中的每一个值与矩形框中的对应值相乘、再相加,如图 4.26 所示。

结果"2"就是从第一个方框中提取出的特征。每次将卷积核向右、向下移动一格,提取出的特征如图 4.27 所示。

再从人类的视角重新审视一遍特征提取过程,如图 4.28 所示。

虽然图片模糊了,但是图片中的主要特征已经被卷积核全部提取出来了,当然单凭这么

$1×0+1×1+0×1+0×1+1×0+1×1+0×1+0×0+1×0=2$

$1_{×0}$	$1_{×1}$	$0_{×1}$	1	0
$0_{×1}$	$1_{×0}$	$1_{×1}$	0	1
$0_{×1}$	$0_{×0}$	$1_{×0}$	1	1
1	0	1	1	0
0	1	1	0	1

2		

图 4.26　卷积过程

1	1	0	1	0
0	1	1	0	1
0	0	1	1	1
1	0	0	1	0
0	1	1	0	1

0	0	1
1	0	1
1	0	0

←经过卷积提取的特征→

2	2	4
4	2	3
2	4	3

图 4.27　特征提取过程

0	1	1
1	0	1
1	0	0

←经过卷积核提取特征→

图 4.28　从人类的视角审视特征提取过程

一张模糊的图,还不足以对它做出判断。下面再换几个卷积核试试,如图 4.29 所示。

←不同卷积核提取不同特征→

图 4.29　不同卷积核的特征提取

从图 4.29 可以看出,采用不同的卷积核,能够提取出不同的图片特征。卷积核也称边缘检测算子,用于边缘检测的卷积核有 Roberts、Prewitt 和索伯算子(Sobel Operator)。在粗精度下,索伯算子是最常用的边缘检测算子,已广泛应用了几十年。索伯算子由两个 3×3 的卷积核构成,分别用于计算中心像素邻域的灰度加权差,分为垂直方向和水平方向的索伯滤波器 G_x 和 G_y,如图 4.30 所示。索伯算子的值是如何确定的呢? 它不是经验数值,而是经过严格数学推导得出的。读者只需知道卷积核中的数值就可以,不需要费心去设置。

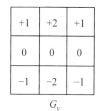

图 4.30 索伯边缘检测算子

需要用户设置的是如下 4 个参数。

- 设置卷积核的大小(用字母 F 表示):本例中,卷积核大小是 3×3,即 $F = 3$。当然,还可以设置成 5×5 或其他。但需要注意的是,卷积核越大,得到的图像细节就越少,最终得到的特征图的尺寸也越小。

- 设置卷积核滑动的步幅数(用字母 S 表示):本例中,卷积核滑动的步幅是 1,即卷积核每次向右或向下滑动一个像素单位。当然,也可以将步幅设置为 2 或其他,但通常情况下,使用 $S = 1$ 或 $S = 2$。

- 设置卷积核的个数(用字母 K 表示):本例中展示了 4 种卷积核,所以可以理解为 $K = 4$。当然,也可以设置任意个数的卷积核。

再次强调,不用在意卷积核中的数值,那是算法自己学习来的,不需要设置,只需要把卷积核的 F、S、K、P 这 4 个参数设置好就可以了,P 将在下面介绍。

卷积核是包含"宽、高、深"3 个维度的,这个"深度"等于卷积核的个数。

实际上,在 CNN 中,所有图片都包含"宽、高、深"3 个维度。

本例中输入的图片——汽车,它也包含 3 个维度,只不过,它的深度是 1,所以在图片中没有明显地体现出来。

- 设置是否补零(用字母 P 表示):何为"补零"? 在上面的例子中,采用了 3×3 大小的卷积核直接在原始图片滑过。从结果中可以看到,最终得到的特征图片比原始图片小了一圈,原因是,卷积核把原始图片中每 $3 \times 3 = 9$ 个像素点提取为 1 个像素点。所以,当过滤器遍历整个图片后,得到的特征图片会比原始图片更小。

当然,也可以得到一个与原始图片大小一样的特征图,这就需要采用"在原始图片外围补零"的方法。当在原始图片外围补上一圈零后,得到的特征图大小和原始图一样,都是 5×5。

池化(Pooling)操作也称为下采样(Subsampling),其作用是过滤冗余特征,减少训练参数。

图像中的相邻像素倾向于具有相似的值,因此卷积层相邻的输出像素通常也具有相似的值。这意味着,卷积层输出中包含的大部分信息都是冗余的。如果我们使用边缘检测滤波器并在某个位置找到强边缘,那么也可能会在距离这个像素一个偏移的位置找到相对较强的边缘。但它们都一样是边缘,我们并没有找到任何新东西。

池化层解决了这个问题。这个网络层所做的就是通过减小输入的大小来降低输出值的数量。池化一般通过简单的最大池化(Max-pooling)、均值池化(Mean-pooling)和随机池化(Stochastic-pooling)操作完成,如图 4.31 所示。

图 4.31　最大池化

3. 图片分类

经过前面若干次卷积+池化后,来到全连接层。其实在卷积和池化之间还有个激励层。所谓激励,是对卷积层的输出结果做一次非线性映射。

当来到了全连接层之后,可以理解为一个简单的多分类神经网络,通过 SoftMax 函数(它将多个神经元的输出映射到(0,1)区间内,可以看成是概率来理解,从而进行多分类)得到最终的输出,实现图片分类。通常,全连接层在卷积神经网络尾部,也就是跟传统的神经网络神经元的连接方式是一样的。下面以 LeNet-5 为例把前面讲过的知识进行整合。

4. 根据 LeNet-5 理解 CNN 训练过程

LeNet-5 是 Yann LeCun(CNN 之父,纽约大学终身教授,与 Geoffrey Hinton、YoshuaBengio 并称为"深度学习三巨头",他的名字被音译成很多版本的中文名:杨立昆、杨乐春、燕乐存、扬·勒丘恩等,被戏称是一个可能拥有最多中文名的男人)在 1998 年设计的用于识别手写数字的卷积神经网络,当年美国大多数银行就是用它来识别支票上面的手写数字的,它是早期卷积神经网络中最有代表性的实验系统之一。

虽然 LeNet-5 是一个较简单的卷积神经网络,但是它包含了深度学习的基本模块:卷积层、池化层、全连接层,如图 4.32 所示。

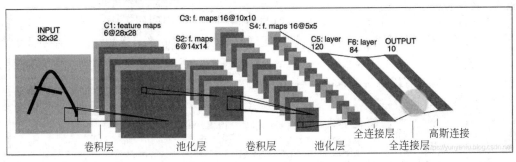

图 4.32　LeNet-5 网络结构

该结构的输入是 32×32 的手写字体图片,这些手写字体包含数字 0~9,也就是相当于 10 个类别的图片。

输出也就是分类结果,是 0~9 的一个数。

这是一个多分类问题,共有 10 个类,因此神经网络的最后输出层个数是 10。LeNet-5 不加输入一共是七层:2 个卷积层、2 个下抽样层(池化层)、3 个全连接层。下面逐层分析。

(1) 数据输入层:输入图像的尺寸统一归一化为 32×32 像素的手写体图片。传统上,不将输入层视为网络层次结构之一。

(2) LeNet-5 第一层:卷积层 C1(Convolutions)。对输入图像进行第一次卷积运算(使用 6 个大小为 5×5 的卷积核),得到 6 个 C1 特征平面。32×32 像素的手写体图片通过一个 5×5 的卷积核运算,卷积核滑动的步幅数为 1,因此卷积结束时可以得到 28×28 的特征平面,即每个特征平面有 28×28 个神经元。

现在我们计算一下该层总共有多少个连接,有多少个待训练的权值。

首先每个卷积核是 5×5 的,每个特征平面有 28×28 个神经元(每个神经元对应一个偏置值),总共有 6 个特征平面,因此连接数为 $(5\times5+1)\times28\times28\times6=122\,304$。

由于每个特征平面的神经元共用一套权值,而每套权值取决于卷积核的大小,因此权值数为 $(5\times5+1)\times6=156$ 个。

本层有 122 304 个连接,但我们只需要训练 156 个参数,这主要是通过权值共享实现的。

(3) LeNet-5 第二层:池化层 S2(Subsampling)。池化层又称为下采样层,目的是压缩数据,降低数据维度。

这里对 2×2 采样的选择框进行压缩,如何压缩呢?通过选择框的数据求和,取平均值,乘以一个权值,然后再加上一个偏置值,组成一个新的图片。每个特征平面采样的权值和偏置值都是一样的,因此每个特征平面对应的采样层只有两个待训练的参数。如图 4.33 中 4×4 的图片经过采样后还剩 2×2,直接压缩了 4 倍,也就是 C1 中的特征图使用 2×2 选择框进行池化,原来是 28×28,采样后就是 14×14,总共有 6 张采样平面。池化层 S2 是对 C1 中的 2×2 区域内的像素求和,乘以一个权值系数,再加上一个偏置,然后将这个结果再做一次映射。于是每个池化核有两个训练参数,所以共有 $2\times6=12$ 个训练参数,有 $5\times14\times14\times6=5880$ 个连接,神经元数量为 $14\times14\times6=1176$ 个。

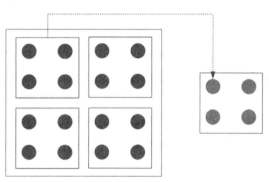

图 4.33 池化层 S2 采用 2×2 的选择框进行压缩

本层具有激活函数(即 Sigmond 函数),而卷积层没有激活函数。

(4) LeNet-5 第三层:卷积层 C3。这一层也是卷积层,与 C1 不同的是,这一层有 16 个特征平面,C3 的每个节点与 S2 的多个图相连。这种不对称的组合连接方式,有利于提取多种组合特征。该层有 1516 个训练参数,共有 151 600 条连接。

(5) LeNet-5 第四层:池化层 S4。S4 是一个池化层(下采样层)。C3 层的 16 个 10×10 的特征平面,分别以 2×2 为单位进行下抽样,得到 16 个 5×5 的图。本层有 $5\times5\times5\times16=2000$ 条连接,连接的方式与 S2 层类似。

(6) LeNet-5 第五层：卷积层 C5。C5 层是一个卷积层。由于 S4 层的 16 个图的大小为 5×5，与卷积核的大小相同，所以卷积后形成的图的大小为 1×1。本层有 48 120 个参数，同样有 48 120 条连接。

(7) LeNet-5 第六层：全连接层 F6。F6 层有 84 个节点，对应于一个 7×12 的比特图，-1 表示白色，1 表示黑色，这样每个符号的比特图就对应于一个编码。该层的训练参数和连接数是 10 164，字符的标准图如图 4.34 所示。

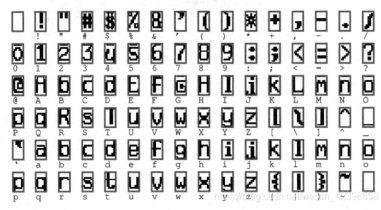

图 4.34　字符的标准图

这里每个字符的标准图的像素都是 $12\times7=84$，这就解释了为什么 F6 层的神经元为 84 个，因为它要把所有像素点与标准的进行比较后再判断，因此从这里也可以看出，LeNet-5 不仅仅可以训练手写体数字，也可以识别其他字符，取决于参数的选择和网络的设计。例如，它可以识别可打印的 ASCII 码。

(8) LeNet-5 第七层：OUTPUT 层。OUTPUT 层也是全连接层，共有 10 个节点，分别代表数字 0~9，如果节点 i 的输出值为 0，则 LeNet-5 网络识别的结果是数字 i。

此外，在模型训练过程中，还存在参数调优的问题。这里的参数包括各层神经元之间的连接权重以及偏置等。在人工神经网络模型提出几十年后，才有研究者提出了反向传播算法，用于解决深层参数的训练问题，读者可以参阅相关参考书。

以上是 LeNet-5 的卷积神经网络的完整结构，共约有 60 840 个训练参数，340 908 条连接。在图像处理方面，与一般神经网络相比，卷积网络有如下优点：

- 输入图像和网络的拓扑结构能很好地吻合。
- 特征提取和模式分类同时进行，并同时在训练中产生。
- 权重共享可以减少网络的训练参数，使神经网络结构变得更简单，适应性更强。

卷积网络在本质上是一种从输入到输出的映射，它能够学习大量的输入与输出之间的映射关系，而不需要任何输入和输出之间的精确数学表达式。通过对 LeNet-5 的网络结构的分析，可以直观地了解一个卷积神经网络的构建方法，可以为分析、构建更复杂、更多层的卷积神经网络做准备。

引爆深度学习在计算机视觉领域应用热潮的 AlexNet，就是对 LeNet-5 网络的扩展和改进，而后来的 GoogLeNet、VGG、ResNet、DenseNet 等深度模型在基本结构上都属于卷积神经网络，只是在网络层数、卷积层结构、非线性激活函数、连接方式、损失函数、优化方法等方面有了新的发展。

4.2.4　深度学习

深度学习(Deep Learning,DL)是机器学习(Machine Learning,ML)领域中一个新的研究方向,它被引入机器学习,使其更接近于最初的目标——人工智能。

对于深度学习这四个字,我们可以一分为二去理解:"学习"就是认知的过程,是从未知到已知的探索和思考;"深度"就是前面讲过的在卷积神经网络中,从输入层到输出层所经历的层数,即隐藏层的层数,层数越多,深度也越深。所以,越是复杂的问题,需要深度的层数越多。当然,除了层数多外,每层的神经元数目也要多。例如,AlphaGo 的策略网络是13层,每一层的神经元数量为192个。

一句话,深度学习就是用多层的分析和计算手段来得到结果的一种方法。

这样看来,典型的深度学习模型就是很深层的神经网络。显然,对神经网络模型,提高容量的一个简单办法是增加隐藏层的数目。隐藏层数目越多,相应的神经元连接权、阈值等参数就会越多。模型复杂度也可通过单纯增加隐藏层神经元的数目来实现,单隐藏层的多层前馈网络已具有很强大的学习能力;但从增加模型复杂度的角度来看,增加隐藏层的数目显然比增加隐藏层神经元的数目更有效,因为增加隐藏层数不仅增加了拥有激活函数的神经元数目,还增加了激活函数嵌套的层数。然而,多隐藏层神经网络难以直接使用经典算法(例如标准 BP 算法,BP 算法是由学习过程由信号的正向传播与误差的反向传播两个过程组成。由于多层前馈网络的训练经常采用误差反向传播算法,人们也常把将多层前馈网络直接称为 BP 网络)进行训练,因为误差在多隐藏层内逆传播时,往往会"发散"而不能收敛到稳定状态。

在深度学习中,一般通过误差反向传播算法来进行参数学习。采用手工来计算梯度再编写代码实现的方式非常低效,并且容易出错。此外,深度学习模型需要的计算机资源比较多,一般需要在 CPU 和 GPU 之间不断进行切换,开发难度也比较大。因此,一些支持自动梯度计算、无缝 CPV 和 GPU 切换等功能的深度学习工具应运而生。比较有代表性的工具包括 TensorFlow、Theano、Caffe、PyTorch 和 Keras 等。

事实上,在很长时间里,由于基础设施技术的限制,深度学习的进展并不大。GPU(Graphics Processing Unit,图形处理器)的出现让人看到了曙光,另外,由于有以杰弗里·辛顿为代表的一批大师级人物数十年的知识积累,造就了深度学习的蓬勃发展。击败李世石的 AlphaGo 就是深度学习的一个很好示例。Google 的 TensorFlow 是开源深度学习系统的一个比较好的实现,支持 CNN、RNN 和 LSTM 算法,是目前在图像识别、自然语言处理方面最流行的深度神经网络模型。

深度学习的这种强大能力是有代价的,深度学习模型需要学习的权重数量非常巨大。回顾一下前面举例的简单模型 $y=\omega x+b$,这个模型只有两个权重需要学习。而用于处理图像标签应用的深度学习模型,则可能有上百万个权重。因此,深度学习需要更大的数据集、更强的计算能力以及更多的训练实践。深度学习与前一节介绍的传统机器学习各有其适用的情形。在下列几种情形中,深度学习是一个不错的选择。

(1)应用的数据格式是非结构化的。图像、音频和书面语言都是深度学习的理想处理对象。采用简单模型来学习这些数据也不是不可能,但通常需要非常复杂的预处理过程。

(2)有大量的可用数据,或有办法获得更多数据。通常,模型越复杂,训练所需的数据就越多。

（3）有足够强的计算能力或充足的时间。深度学习模型在训练和评估过程中都需要更多的计算量。

而在以下的情形中，应当选择参数较少的传统模型。

（1）应用的数据是结构化的。如果输入看起来更像是数据库记录，那么通常可以直接应用简单模型。

（2）想要一个描述性的模型。使用简单模型，能够看到最终学习到的具体函数，因而可以直接检查不同的输入对输出的影响。这样做，能让开发者更方便地了解应用在真实世界中的工作情况。但在深度学习模型中，特定输入与最终输出之间隔着绵长曲折的神经连接，使得我们很难对模型做出描述或解释。

4.2.5　人工神经网络的未来

随着人工神经网络的发展，无论是自身进一步发展还是与其他科技成果的合作都在不停地进行着。其中，人工神经网络与大数据和人工智能的结合有着很好的发展前景。大数据作为近年新兴的热门研究领域，能够与人工神经网络进行很好合作。一方面，大量的、多元的且变化迅速的数据更适合用人工神经网络进行处理。人工神经网络的优点（如有针对性、可整合、捕捉能力强等）有利于大数据实现价值转化。另一方面，数据量保证了神经网络有充足的训练样本，因此训练更大规模的人工神经网络将得以实现。随着硬件水平的提升，两者发展的速度都是十分可观的。相辅相成的特性会让两者的结合带来接连不断的新精彩。

就目前来看，人工神经网络研究的主要精力将倾向于深度学习和深层人工神经网络。当下我们见到的人工神经网络大都属于生物神经的简化形式，这些属于浅层神经网络，它们的产生原理相近，通过对人工智能领域最新的研究成果和趋势进行分析，基于人工神经网络的人工智能方法具有更加广阔的研究前景。其中，对人工神经网络的结构和神经元节点的特性进行改进，是人工智能领域实现再一次跨越式发展的突破口之一。

人工神经网络、人工智能和大数据领域三者之间的关系是紧密的，是相互联系、相互促进的，人工神经网络与人工智能都是受生物活动启发的，可观的数据量将为其进一步发展提供强有力的推进。随着硬件水平的发展，人工神经网络将会与更多技术产生合作，为技术发展注入更多活力。

4.3　知识图谱

当你看见下面这一串文本会联想到什么？

Cristiano Ronaldo dos Santos Aveiro

估计绝大多数中国人不明白上面的文本代表什么意思。没关系，我们看看其对应的中文：克里斯蒂亚诺·罗纳尔多·多斯·桑托斯·阿韦罗，这下大部分人都知道了，这是一个人的名字。但还是有一部分人不知道这个人具体是谁。图 4.35(a)是关于他的某张图片。

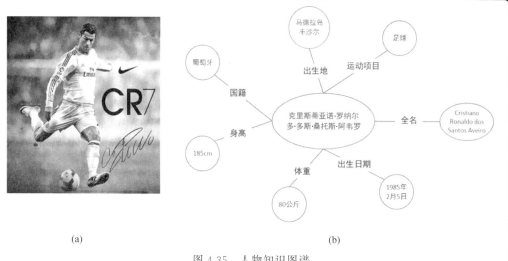

(a)   (b)

图 4.35　人物知识图谱

　　从这张图片我们又得到了额外信息,他是一位足球运动员。对足球不熟悉的可能还是对他没有什么印象。

　　如果再加上当初的广告词:"清扬男士,激发无限力量。去赢!去征服尽显实力!"。这下应该许多人都知道他是谁了。

　　之所以举这样一个例子,是因为计算机一直面临着这样的困境:无法获取网络文本的语义信息。尽管近些年人工智能得到了长足的发展,在某些任务上取得了超越人类的成绩,但离拥有两三岁小孩的智力这一目标还有一段距离。这个距离的背后,很大一部分原因是机器缺少知识。如同这个例子,机器看到文本的反应和我们看到 C 罗葡萄牙语原名的反应别无二致。为了让机器能够理解文本背后的含义,需要对可描述的事物(实体)进行建模,填充它的属性,拓展它和其他事物的联系,也就是构建机器的先验知识。就 C 罗这个例子来说,当我们围绕这个实体进行相应的扩展后,就可以得到如图 4.35(b)所示的知识图。

　　机器拥有了这样的先验知识后,当它再次看到 Cristiano Ronaldo dos Santos Aveiro 时,它就会"想":"这是一个名为 Cristiano Ronaldo dos Santos Aveiro 的葡萄牙足球运动员。"这和我们人类在看到熟悉的事物,会做一些联想和推理是很类似的。图 4.35(b)所示的知识图,即是知识图谱的类似组织形式。

4.3.1　知识图谱的提出与定义

　　通过上面这个例子,读者应该对知识图谱有了一个初步的印象,其本质是为了表示知识。

　　1989 年,万维网出现,为知识的获取提供了极大便利。2006 年,Tim Berners-Lee 提出链接数据的概念,希望建立起数据之间的链接,从而形成一张巨大的数据网。谷歌公司为了利用网络多源数据构建的知识库来增强语义搜索,提升搜索引擎返回的答案质量和用户查询的效率,于 2012 年 5 月 16 日首先发布了知识图谱,这也标志着知识图谱的正式诞生。

　　知识图谱的目的是提高搜索引擎的能力,改善用户的搜索质量和搜索体验。随着人工智能的技术发展和应用,知识图谱作为关键技术之一,已被广泛应用于智能搜索、智能问答、个性化推荐、内容分发等领域。现在的知识图谱已被用来泛指各种大规模的知识库。谷歌、百度和搜狗等公司为了改进搜索质量,纷纷构建自己的知识图谱,分别称为知识图谱、知心和知立方。

　　目前,知识图谱还没有一个标准的定义。简单地说,知识图谱是由一些相互连接的实体及其属性构成的。

　　也可将知识图谱看作一个图,图中的顶点表示实体或概念,而图中的边则表示属性或关系。图 4.36 是一个典型的知识图谱。

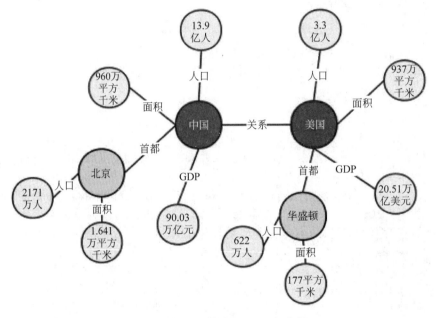

图 4.36　知识图谱示例(2018 年数据)

　　(1) 实体:具有可区别性且独立存在的某种事物,例如中国、美国等,又如某个人、某个城市、某种植物、某种商品等。实体是知识图谱中最基本的元素,不同的实体间存在不同的关系。

　　(2) 概念(语义类):由具有同种特性的实体构成的集合,如国家、民族、书籍、计算机等。概念主要用于表示集合、类别、对象类型、事物的种类等。

　　(3) 内容:通常作为实体和语义类的名字、描述、解释等,可以用文本、图像、音视频等来表达。

　　(4) 属性:描述资源之间的关系,即知识图谱中的关系。例如,城市的属性包括面积、人口、所在国家、地理位置等。属性值主要是指对象指定属性的值,例如,面积是多少平方千米等。

　　(5) 关系:把图的顶点(实体、语义类、属性值)映射到布尔值的函数。

4.3.2 知识表示

知识表示是基于知识的人工智能应用中的核心部分,我们从三个层次介绍各种知识的表示方法:首先简要介绍人工智能和知识工程中的经典的知识表示理论,包括语义网络、框架、脚本等,接着介绍语义网中的知识表示方法,最后介绍知识图谱中的知识表示方法。

1. 经典的知识表示理论

知识图谱的概念并不新,它背后的思想可以追溯到 20 世纪五六十年代所提出的一种知识表示形式,即语义网络(Semantic Network)。

语义网络是一个通过语义关系而连接的概念网络,它把知识表示为相互连接的节点和边的模式,其中,节点表示实体、事件、值等,边表示对象之间的语义关系。也就是说,语义网络其实是一种用有向图表示的知识系统,节点代表的是概念,而边表示这些概念之间的语义关系。语义网络中最基本的语义单元称为语义基元,可以用三元组形式表示:<节点1,关系,节点2>。例如,$<E_1,R,E_2>$,其中,E_1、E_2 分别表示两个节点,R 表示 E_1 和 E_2 之间的某种语义联系,其对应的基本语义网络为 $E_1 \xrightarrow{R} E_2$。比如,通过语义网络,可以把"珊瑚是一种动物"表示为如图 4.37 的形式。

可以按照元素个数把关系分为一元关系、二元关系和多元关系。一元关系可以用一元谓词 $P(x)$ 表示,P 可以表示实体/概念的性质、属性等,例如,"鸟有翅膀""鱼能游泳"可以分别表示为有翅膀(鸟)和能游泳(鱼)。二元关系可用二元谓词 $P(x,y)$ 表示,其中,x 与 y 为实体,P 为实体之间的关系。例如,"北京是中国的首都",可以表示为首都(中国,北京)。一元关系和二元关系可以方便地用语义网络进行表示,但是,如何表示多元关系呢?例如,"2008 年,奥运会在北京举办"包含了举办地和举办时间两个二元关系。语义网络在表示多元关系时,是把多元关系转化为多个二元关系的组合,然后利用合取把这种多元关系表示出来。例如,对于上述的事件信息,可以设计一个"奥运举办事件"节点,表示举办地和举办时间,如图 4.38 所示。

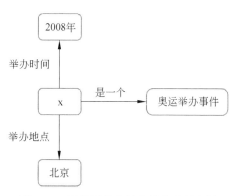

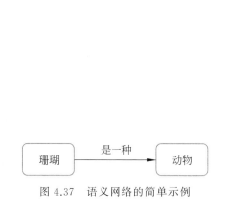

图 4.37 语义网络的简单示例　　　　　图 4.38 语义网络表示多元关系示意图

知识框架表示法是人工智能学者明斯基在 1975 年提出来的。所谓知识框架法,就是通过模仿人类认识世界的模式,将现实世界中的事物,根据具体的情况,抽象成一定的框架,在框架中定义了这个事物应该或可能具有属性，也称为槽(slot)。

如图 4.39 所示，通过框架表示法来表示“计算机主机”，它总共有十余个属性，也就是槽，包括“CPU 型号”“内存”等。“联想主机”是“计算机主机”这个概念的一个示例，分别对各个属性的值进行了填充。

框架名

槽

槽值

计算机主机	
产品型号	联想（Lenovo)小新出色版 12000 i7-14 寸象牙白
操作系统	中文正版 Windows8.1 操作系统
处理器	
CPU 型号	智能英特尔酷睿 Broadwell 双核处理器 CPU 类型 i7-5557U
CPU 速度	3.1GHz
屏幕规格	14.0"
存储	
内存	4G DDR3L
硬盘	500G Hybrid 硬盘（内置 8G SSD 高速缓存）显卡 集成显卡
显示芯片	
显示容量	
网卡	intel 1*1 AC 无线局域网卡
光驱	无

图 4.39　框架表示法示例

框架表示法的优点在于其强大的结构表达能力和接近人类的思维过程。其缺点在于，面对现实世界的复杂性和多样性，框架体系设计的难度太大；而且，不同框架系统之间的框架很难对齐，难以建立一个统一的标准；此外，基于框架体系的思想，很难实现知识体系的自动化构建。

脚本是一种与框架类似的知识表示方法，由一组槽组成，用来表示特定领域内一些时间的发生序列，类似于电影剧本。脚本表示的知识有明确的时间或因果顺序，必须是前一个动作完成后才会触发下一个动作。与框架相比，脚本用来描述一个过程而非静态知识。

下面我们用脚本来表示去餐厅吃饭这一事件。

(1) 进入条件：①顾客饿了，需要进餐；②顾客有足够的钱。

(2) 角色：顾客、服务员、厨师、老板。

(3) 道具：食品、桌子、菜单、账单、钱。

(4) 场景：

- 场景 1，进入：①顾客进入餐厅；②寻找桌子；③在桌子旁坐下。
- 场景 2，点菜：①服务员给顾客菜单；②顾客点菜；③顾客把菜单还给服务员；④顾客等待服务员送菜。
- 场景 3，等待：①服务员告诉厨师顾客所点的菜；②厨师做菜，顾客等待。
- 场景 4，吃饭：①厨师把做好的菜送给服务员；②服务员把菜送给顾客；③顾客吃菜。
- 场景 5，离开：①服务员拿来账单；②顾客付钱给服务员；③顾客离开餐厅。

(5) 结果：①顾客吃了饭，不饿了；②顾客花了钱；③老板赚了钱；④餐厅食品少了。

脚本表示法的优点是，在非常狭小的领域内，脚本表示却可以更细致地刻画出步骤和时序关系,适合于表达预先构思好的特定知识或顺序性动作及事件,如故事情节理解、智能对话系统等。其缺点是,相对于框架表示法,脚本表示法的表达能力更受约束,表示范围更窄,不具备对于对象基本属性的描述能力,也难以描述复杂事件发展的可能方向。

综上所述,经典的知识表示理论中的语义网络、框架和脚本都属于基于槽的表示方法,区别是,槽是否具有层次、时序、控制关系。

2. 语义网中的知识表示方法

首先要说的是,这里的语义网与上面的语义网络是完全不同的概念,这一点请读者注意。语义网的概念来源于互联网,人们期望互联网能够更有效地组织信息,使得互联网中丰富的资源得到充分利用,而不是像现在这样,互联网中的信息仅仅通过薄弱的结构组织起来。因此,语义网也称为 Web 3.0。语义网最初是由万维网联盟(W3C)发起的,万维网的创始人 Tim Berners-Lee 期望语义网可以更加有效地组织和检索信息,从而使计算机能够利用互联网丰富的资源完成智能化应用任务。

在语义网中,如何实现知识的表示呢? 目前,语义网中存在三种知识描述体系,包括 XML、RDF 和 OWL,它们定义了互联网中知识表示的形式。

(1) XML。XML 全称是可扩展标记语言(eXtensible Markup Language),是最早的语义网络标记语言。XML 是从网页标签式语言向语义表达语言的一次飞跃。XML 源于 HTML(HyperText Markup Language,即超文本标记语言。通过标签将网络上的文档格式统一,使分散的 Internet 资源连接为一个逻辑整体),与 HTML 相比,XML 的可扩展性更强,结构性也更强。在语义网络中,XML 标签不再只是网页格式的标志,而是含有自己的语义。

图 4.40 展示了传统万维网中 HTML 文档的表示,与语义网概念下 XML 格式文档表示的对比。可以看出,在语义网中,标签不再只是网页格式的标志,而是含有自己的语义。例如,通过标签"中文名",计算机就可以知道它的值表示的就是人物的中文姓名这一属性。除了属性的语义表示外,语义网的强大远远不止如此,在标签"球星"下包含了多个属性值,这与框架的表示形式类似,可以看成是球星概念应具有的属性。与框架不同的是,语义网的表示更加灵活。

```
<html>
<dt>中文名: 克里斯蒂亚诺·罗纳尔多</dt>
<dt>外文名: Cristiano Ronaldo</dt>
<dt>国籍: 葡萄牙</dt>
<dt>身高: 185 cm</dt>
<dt>体重: 80公斤</dt>
<dt>出生地: 葡萄牙马德拉群岛丰沙尔</dt>
<dt>出生日期: 1985年2月5日</dt>
<dt>效力球队: 尤文图斯足球俱乐部</dt>
<dt>场上位置: 前锋</dt>
<dt>球衣号码: 7号</dt>
</html>
```

```
<球星>
<中文名>克里斯蒂亚诺·罗纳尔多</中文名>
<外文名>Cristiano Ronaldo</外文名>
<国籍>葡萄牙</国籍>
<身高>185cm</身高>
<体重>80公斤</体重>
<出生地>葡萄牙马德拉群岛丰沙尔</出生地>
<出生日期>1985年2月5日</出生日期>
<效力球队>尤文图斯足球俱乐部</效力球队>
<场上位置>前锋</场上位置>
<球衣号码>7号</球衣号码>
</球星>
```

图 4.40 HTML 和 XML 的对比

(2) RDF。XML 表示方法的优势在于其灵活性,在一个系统中,系统设计者完全可以灵活地设计所需要的元素和属性的标签,通过分享各个标签的含义,系统使用者也可以管理和利用这些标签系统。这一特性使得 XML 比 HTML 具有更强大的表达能力,但其通用性也受到了严重的限制。在一些情况下,例如系统的设计团队离职,或系统设计者没有提供足够详细的 XML 解释文档,那么一些自定义、个性化标签的语义便难以知晓,这对系统的使用与更新都带来了一定的麻烦。

在此背景下,W3C 又提出了资源描述框架(Resource Description Framework,RDF)。RDF 假定任何复杂的语义都可以通过若干三元组的组合来表达,并定义这种三元组的形式为"对象-属性-值"或"主语-谓词-宾语"。其中,需要公开或通用的资源,都会绑定一个可识别的通用资源表示符(Universal Resource Identifier,URI)。

以下是使用 RDF 三元组表示的实例:

```
<http://dbpedia.org/resource/Max_Planck><http://xmlns.com/foaf/0.1/name>"Max
Planck"%en.
<http://dbpedia.org/resource/Max_Planck><http://xmlns.com/foaf/0.1/surname>"
Planck"%en.
```

上面两个三元组都具有"对象-属性-值"的结构。其中,＜http://dbpedia.org/resource/Max_Planck＞直接定位到人物对象 Max_Planck,＜http://xmlns.com/foaf/0.1/name＞和＜http://xmlns.com/foaf/0.1/surname＞则是属性(姓名和姓氏)在网络中公认共享的属性描述(如上述,两个三元组描述了 Max_Planck 的"姓名"和"姓氏"的英文表示)。

因此,可以用如下三元组表示马克斯·普朗克的基本信息:

```
<马克斯·普朗克,国籍,德国>
<马克斯·普朗克,专业,物理学家>
<物理学家,父类,科学家>
<科学家,父类,人>
<丹麦基尔,位置,德国>
<丹麦基尔,类型,城市>
```

有时候需要表示的参数超过两个,三元组不便直接表示这种情况,可以通过 RDF 定义的一组二元谓词(指该谓词有两个论元)来表示。下面通过具有三个论元的谓词:出生(X, Y, Z)为例来说明这种情况,出生(X, Y, Z)表示如下多元关系句子:马克斯·普朗克 1858年出生在丹麦基尔。

上面介绍了 RDF 的知识表示方式。知识表示后,需要存取相关知识。RDF 也有自己的查询语言,研究者为 RDF 开发了一套类似于 SQL 语句中的 SELECT-FROM-WHERE 的查询方式,SPARQL 是这种查询方式的一种实现。

(3) OWL。由于 RDF 局限于二元谓词,RDF 也存在一些缺陷。有时候我们需要更具"表达力"的知识表示,例如,对于"每个人都只有一个精确的年龄",RDF 就难以表示。为了解决 RDF 的这种局限性,W3C 又提出了网络本体语言(Web Ontology Language,OWL)作为语义网的领域本体表示工具。

OWL 是 RDF 的改进版。OWL 在 RDF 的基础上定义了自己独有的语法,主要包括头部和主体两部分。

- 头部:OWL 描述一个本体时,会预先确定一系列的命名空间,包括 xmlns:owl、xmlns:rdf、xmlns:rdfs、xmlns:xsd 等,并使用这些命名空间中预定义的标签来形成本体的头部,例如,物理学家本体可用以下的头部开始其表示:

```
<owl:Ontologyrdf:about="">
    <rdfs:comment>一个本体的例子</rdfs:comment>
    <rdfs:label>物理学家本体</rdfs:label>
</owl:Ontology>
```

其中,<owl:Ontologyrdf:about="">表示本模块描述当前本体。

- 主体:OWL 的主体是用来描述本体的类别、实例、属性之间相互关联的部分,它是 OWL 的核心。如上例,物理学家本体的主体部分可以包含且不限于包含以下主体:

```
<owl:Classrdf:ID="物理学家">
    <rdfs:subClassOfrdf:resource="科学家"/>
    <rdfs:labelxml:lang="en">physicist</rdfs:label>
    <rdfs:labelxml:lang="zh">物理学家</rdfs:label>
    ...
</owl:Class>
</owl:Class>
<owl:ObjectPropertyrdf:ID="国籍">
    <rdfs:domainrdf:resource="人物"/>
    <rdfs:rangerdf:resource="xsd:string"/>
    ...
</owl:ObjectProperty>
```

如上述例子所示,OWL 的主体部分包括了类别关系和属性关系,类别关系描述了本体的类别所属,为了记录方便,OWL 只需记录直接父类(如 rdfs:subClassOf 表示"物理学家"类别是"科学家"类别的一个子类),通过后续的查找或推理可以追溯到根类别。owl:ObjectProperty 表示对象类型属性,rdfs:domain 和 rdfs:range 分别表示该属性的定义域和值域。此外,类似于 sub-Class 标签,OWL 的 subProperty 可用来记录属性间的从属关系。

总之,OWL 也是基于三元组的方式来描述知识,比 RDF、OWL 更为规范,功能更强。

3. 知识图谱中的知识表示方法

总体来说,知识图谱中的知识表示方法,就是以本体为核心、以 RDF 的三元组模式为基础框架,但更多地体现实体、类别、属性、关系等多颗粒度、多层次的语义关系。

狭义知识图谱可以看作知识库的图结构表示。除了 Google 知识图谱之外,Freebase、YAGO 等具有图结构的三元组知识库也是一种狭义的知识图谱。实际上,正如本节前面描述的那样,知识用统一的三元组形式表示,不论是对人类操作的便捷性,还是对计算机计算的高效性,都有非常大的优势。

另一方面,知识图谱也可以看作语义网的工程实现,知识图谱不太专注于对知识框架的定义,例如,Freebase 等都没有对类别和属性关系进行额外的描述和定义,而是专注于如何以工程的方式从文本中自动提取,或依靠众包的方式获取并组建广泛的具有平铺结构的知识实例,最后再要求使用它的方式具有容错、模糊匹配等机制。这种对格式以及内容的宽泛定义,可以看作狭义的知识图谱与语义网的主要区别。另一方面,知识图谱放宽了对三元组中各项的值的要求,并不局限于实体,也可以是数值、文字等其他类型的数据。除此之外,语义网表示与知识图谱表示之间并没有明显的区别。现有的网络知识图谱,大多也使用 RDF 等语义网的表示方式来对知识进行表示,如图 4.41 所示。

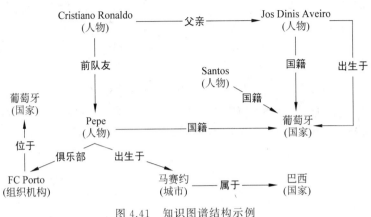

图 4.41　知识图谱结构示例

4.3.3　知识图谱的构建流程

前面介绍了知识图谱的基本概念和知识图谱的核心内容,即知识表示。接下来我们学习知识图谱的构建流程。

如图 4.42 所示,知识图谱构建从最原始的数据(包括结构化、半结构化、非结构化数据)出发,采用一系列自动或半自动的技术手段,从原始数据库和第三方数据库中提取知识事实,并将其存入知识库的数据层和模式层,这一过程包含知识提取、知识表示、知识融合、知识推理四个过程,每一次更新迭代均包含这四个阶段。

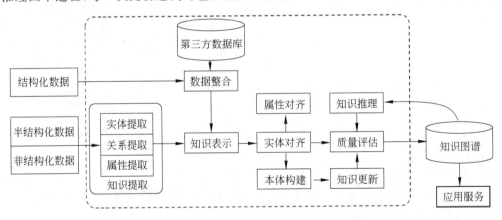

图 4.42　知识图谱的技术架构

1. 知识图谱的总体构建思路

按照数据的结构化程度,原始数据可以分为结构化数据、半结构化数据和非结构化数据。根据数据的不同结构化形式,采用不同的方法,将数据转换为三元组的形式,然后对三元组的数据进行知识融合,主要是实体对齐,以及与数据模型进行融合,经过融合后,会形成标准的知识表示。为了发现新知识,可以依据一定的推理规则,产生隐含的知识,所有形成的知识经过一定的质量评估,最终进入知识图谱,依据知识图谱这个数据平台,可以实现语义搜索、智能问答、系统推荐等一些应用服务。

2. 知识提取

原始数据分为结构化数据、半结构化数据和非结构化数据，根据不同的数据类型，采用不同的方法进行处理。

（1）结构化数据处理。结构化数据，通常是关系型数据库的数据，其数据结构清晰。要把关系型数据库中的数据转换为 RDF 数据，普遍采用的是 D2R 技术（D2R 是一个非常流行的工具，其作用是把关系型数据库发布为链接数据（Linked Data））。D2R 主要包括 D2R Server、D2RQ Engine 和 D2RRQ Mapping 语言。

D2R Server 是一个 HTTP 服务器，其主要功能提供对 RDF 数据的查询访问接口，以供上层的 RDF 浏览器、SPARQL 查询客户端以及传统的 HTML 浏览器调用。D2RQ Engine 的主要功能是使用一个可定制的 D2RQ Mapping 文件，将关系型数据库中的数据换成 RDF 格式。D2RQ Engine 并没有将关系型数据库发布成真实的 RDF 数据，而是使用 D2RQ Mapping 文件，将其映射成虚拟的 RDF 格式。该文件的作用是在访问关系型数据时，将 RDF 数据的查询语言 SPARQL 转换为 RDF 数据的查询语言 SQL，并将 SQL 查询结果转换为 RDF 三元组或 SPARQL 查询结果。D2RQ Engine 是建立在 Jena（Jena 是一个创建语义 Web 应用的 Java 平台，它提供了基于 RDF、SPARQL 等的编程环境）的接口之上。D2RQ Mapping 语言的主要功能是定义将关系型数据转换成 RDF 格式的映射规则。

（2）半结构化数据。半结构化数据主要是指那些具有一定的数据结构，但需要进一步提取整理的数据。比如百科中的数据、网页中的数据等。对于这类数据，主要采用包装器的方式进行处理。

包装器是一个能够将数据从 HTML 网页中提取出来，并且将它们还原为结构化的数据的软件程序。网页数据输入到包装器中，通过包装器的处理，输出成我们需要的信息。

对于一般的有规律的页面，可以使用正则表达式的方式，编写 XPath 和 CSS 选择器表达式来提取网页中的元素。但这样的通用性很差，因此也可以通过包装器归纳这种基于有监督学习的方法，自动地从标注好的训练样例集合中学习数据提取规则，用于从其他相同标记或相同网页模板提取目标数据。

（3）非结构化数据处理。对于非结构化的文本数据，我们提取的知识包括实体、关系、属性。对应的研究问题就有三个，一是实体提取，也称为命名实体识别，此处的实体包括概念、人物、组织、地名、时间等；二是关系提取，也就是实体和实体之间的关系，是文本中的重要知识，需要采用一定的技术手段将关系信息提取出来；三是属性提取，也就是实体的属性信息，与关系比较类似，关系反映的是实体的外部联系，属性体现的是实体的内部特征。

对于非结构化数据的提取问题，研究的人比较多，针对具体的语料环境，采取的技术也不尽相同。举个例子，比如关系提取，有的人采用深度学习的方法，将两个实体、它们的关系以及出处的句子作为训练数据，训练出一个模型，然后对测试数据进行关系提取，测试数据需要提供两个实体及其出处的句子，模型在训练得到的已知关系中查找，得出测试数据中两个实体之间的关系。这是一种关系提取的方法。还有人用句法依存特征来获取关系，这种方法认为，实体和实体之间的关系可以组成主谓宾结构，在一个句子中，找出主谓关系和动宾关系，其中的谓词和动词如果是一个词，那么这个词就是一个关系。比如，"C 罗踢进一球",主谓关系是"C罗踢",动宾关系是"踢球",那么就认为"踢"是一个关系。

当然,还有其他很多方法,可以在一定程度上实现实体提取、关系提取和属性提取,效果可能会有差异,这需要在实践中测试和完善。

3. 知识融合

知识融合,简单地理解,就是将多个知识库中的知识进行整合,形成一个知识库的过程。在这个过程中,主要需要解决的问题就是实体对齐。不同的知识库,收集知识的侧重点不同,对于同一个实体,有的知识库可能侧重于其本身某个方面的描述,有的知识库可能侧重于描述实体与其他实体的关系,知识融合的目的就是将不同知识库对实体的描述进行整合,从而获得实体的完整描述。

比如,对于历史人物曹操的描述,在百度百科、互动百科、维基百科等不同的知识库中,描述有一些差别,对于曹操所属的时代,百度百科说是东汉,互动百科说是东汉末年,维基百科说是东汉末期;对于曹操的主要成就,百度百科说是"实行屯田制,安抚流民消灭群雄,统一北方,奠定曹魏政权的基础,开创建安文学,提倡薄葬",互动百科说是"统一北方",维基百科说是"统一了东汉帝国核心地区"。

由此可以看出,不同的知识库对于同一个实体的描述,还是有一些差异,所属时代的描述差别在于年代的具体程度,主要成就的差别在于成就的范围不同,等等。通过知识融合,可以将不同知识库中的知识进行互补融合,形成全面、准确、完整的实体描述。在知识融合过程中,主要涉及的工作就是实体对齐,也包括关系对齐、属性对齐,可以通过相似度计算、聚合、聚类等技术来实现。

4. 数据模型构建

数据模型就是知识图谱的数据组织框架,不同的知识图谱,会采用不同的数据模型。对于行业知识图谱来说,行业术语、行业数据都相对比较清晰,可以采用自顶向下的方式来构建知识图谱,也就是先确定知识图谱的数据模型,然后,根据数据模型约定的框架,再补充数据,完成知识图谱的构建。数据模型的构建,一般都会找一个基础的参考模型,这个参考模型,可以参照行业的相关数据标准,整合标准中对数据的要求,慢慢形成一个基础的数据模型,再根据实际收集的数据情况来完善数据模型。也可以从公共知识图谱数据模型中提取,将与行业有关的数据模型从公共知识图谱数据模型中提取出来,然后结合行业知识进行完善。

5. 知识推理

知识推理就是根据已有的数据模型和数据,依据推理规则,获取新的知识或结论,新的知识或结论应该是满足语义的。知识推理依据描述逻辑系统来实现。描述逻辑(Description Logic)是基于对象的知识表示的形式化,也称为概念表示语言或术语逻辑,是一阶谓词逻辑的一个可判定子集。

描述逻辑涉及的内容也比较多。举几个例子,比如实体的分类包含关系,一个电脑椅是椅子,椅子是家具,可以说,一个电脑椅是家具。常识规则的推理,一个男人的孩子是A,一个女人的孩子是A,可以知道,这个男人和女人是配偶。

通过推理发现新的知识,应用比较多,说明知识图谱时也经常会不自觉地应用推理。比如,几年前比较受人关注的王宝强离婚案,为什么会聘用张起淮为律师?通过知识图谱可以很清楚地知道,王宝强和冯小刚关系比较密切,冯小刚聘用张起淮为律师顾问,所以王宝强很容易和张起淮建立关系,这也可以看作是知识推理的范畴。当然,更确切地说,应该是规则的范畴。推理更强调的是固有的逻辑,规则一般是与业务相关的自定义逻辑,但推理和规则都是通过逻辑准则,获取新的知识或发现,在这里先不做区分。

6. 质量评估

质量评估,就是对最后的结果数据进行评估,将合格的数据放入知识图谱中。质量评估的方法,根据所构建的知识图谱的不同,对数据要求的差异而有所差别。总体目的是要获得合乎要求的知识图谱数据,要求的标准根据具体情况确定。比如,对于公共领域的知识图谱,知识的获取采用了众包的方法,对于同一个知识点,可能会由很多人来完成。如果这个知识点只有一个答案,可以采用的一种策略是,将多人的标注结果进行比较,取投票多的结果作为最终的结果。当然,这是不严谨的,因为真理往往掌握在少数人的手里,特别是针对一些行业的知识图谱,表现尤为突出。行业内的一条知识,可能只有行业专家能够给出正确的答案,如果让大众投票来决定,可能会得到一条错误的知识。所以,针对行业知识图谱,可能会采用不同于公共知识图谱的策略进行知识的质量评估。

以上将知识图谱的构建过程大体做了一个描述。知识图谱的构建是一个复杂的系统工程,涉及的知识和技术都很多。接下来我们了解知识图谱在诸多领域的技术应用。

4.3.4 知识图谱的应用服务

伴随着人工智能热潮,知识图谱已经在智能搜索、自动问答、推荐、决策支持等各个相关领域得到了广泛应用。

1. 智能搜索

在智能搜索方面,基于知识图谱的搜索引擎,内部存储了大量的实体以及实体之间的关系,可以根据用户查询准确地返回答案。如图 4.43 所示,在百度搜索引擎中输入查询关键词"拜登",搜索引擎不仅返回最相关的网页,还会显示更加丰富和具体的信息,如出生时间、身高、财富状况、配偶、孩子和教育等,甚至包括一些相关的政治人物,例如唐纳德·特朗普等。这些准确信息的提供大大缩小了用户查找信息的范围,使人们能够快速获取信息。

图 4.43 百度搜索引擎智能搜索样例

用户意图理解是智能搜索的核心步骤,它也广泛使用知识图谱。如图 4.44 所示,用户输入查询"李娜运动员",如果搜索引擎只使用关键词匹配的方法,则根本不知道用户到底希望找哪个"李娜",会返回所有包含"李娜"的网页,但知识图谱可以识别查询词中的实体和属性,可以将"李娜"和"运动员"进行关联,得出用户想要搜索的是网球运动员李娜。

图 4.44　百度搜索引擎用户意图理解样例

2. 自动问答

在自动问答方面,可以利用知识图谱中的实体及其关系进行推理而得到答案,如图 4.45 所示,在搜索引擎中输入"C 罗是哪里人",返回结果"葡萄牙马德拉群岛丰沙尔"。其过程是首先找到实体"C 罗",然后在连接该实体的所有关系中匹配"哪里人"的语义(即"国籍"),最后确定答案。

图 4.45　百度搜索引擎自动问答样例

3. 推荐

在推荐方面,可以利用知识图谱中实体(商品)的关系(类别)向用户推荐相关的产品,如图 4.46 所示,当用户在百度中搜索"金刚川"时,在搜索结果的右侧可以看到同类型影视作品的推荐。这是根据这些电影在知识图谱中的类型标签进行推荐的。

图 4.46　百度搜索引擎推荐样例

4. 决策支持

知识图谱能够把领域内的复杂知识通过知识提取、数据挖掘、语义匹配、语义计算、知识推理等过程精确地描述出来,并且可以描述知识的演化过程和发展规律,从而为研究和决策提供准确、可追踪、可解释、可推理的知识数据。例如,通过对数据的一致性检验,识别银行交易中的欺诈行为。

除上述列举的典型应用之外,在垂直领域中,如金融、医疗、电商、司法和教育等行业,各自领域的知识图谱也都有重要应用。例如,天眼查(天眼查是一款手机应用软件,主要提供专业的企业信息查询、企业关系挖掘服务)可以从网络中挖掘企业和企业家之间的关系。如图 4.47 所示,我们可以看到跟许家印相关的所有企业的信息情况。在未来的研究当中,知识图谱作为一种知识管理和应用的新思路,其应用将不仅局限于搜索引擎,在各种智能系统中它都将具有更加广泛的应用。

图 4.47　知识图谱应用于查询企业关系

4.4　类脑智能计算

虽然计算机又被称为"电脑",并在计算能力上超过了人脑,而现有的人工智能和大数据等技术更是让"电脑"如虎添翼,越来越智能化,但事实上,无论是我们家里的台式机还是笔记本电脑,甚至我们手里的手机,其结构跟人类的大脑并不类似。这种"不类似",不仅仅是因为人类大脑为"碳基",而计算机是"硅基"(人类大脑是由碳为主要成分的有机物组成,而计算机的芯片存储器等半导体元件都是硅制成的,这就是"碳基"与"硅基"),计算机和人类大脑最根本的区别在于组成架构以及处理信息的方式都有所不同。那么,如果让计算机的组成架构与信息处理方式模拟人脑,会出现什么情况呢? 这便是现在计算机领域的一个前沿研究方向——类脑计算机了。

4.4.1　类脑计算的内涵

1. 传统计算机的瓶颈

1946 年首台计算机 ENIAC 研制成功,实际上它是一个以近 1.8 万个电子管作为开关的大型开关电路系统。同年,冯·诺依曼(John von Neumann)提出存储和计算分离的存储程序结构,1952 年采用这种体系结构的计算机 EDVAC 问世,它只用了 2300 个电子管,性能却比 ENIAC 高十倍。

当下绝大多数计算机遵循的都是冯·诺依曼体系结构,如图 4.48 所示。计算机由输入设备(键盘、触控屏、话筒、摄像头等)、输出设备(显示器、音响等)、计算单元(CPU、GPU)、控制单元(主板、电源控件等)和记忆存储单元(RAM、硬盘等)组成。这种简单明了的体系结构自 1945 年由冯·诺依曼提出后,经过了时间的考验,如今我们还在广泛使用这一体系结构。随着计算机性能的不断提高,人们发现了这一体系结构也会存在很多问题,诸如"冯·诺依曼瓶颈"。它主要存在于冯·诺依曼体系结构中计算、控制单元与记忆存储单元之间的工作协作模式上。计算与控制单元从记忆存储单元中读取数据的速度,远低于它们处理数据的速度,从而导致延迟。在处理海量数据时,这种延迟更加明显。这好比我们在没有课程学习的情况下参加某课程的开卷考试,如果考试范围很大,需要查看大量资料。在没有预习的情况下,我们脑子再灵活,书写速度再快,也会因为查资料浪费大量时间,导致做不完题目。

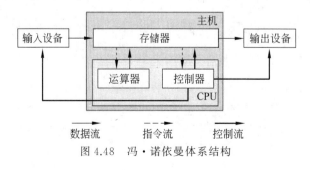

图 4.48　冯·诺依曼体系结构

除此之外,计算机处理信息的方式是离散的。我们都知道计算机使用的是二进制,这是因为 1 和 0 刚好对应电路的"开""关"两个状态。表示"开""关"状态的元件称为"逻辑门"。计算机通过对多个逻辑门的组合,能处理更复杂的逻辑计算。因此计算机特别擅长数字计算与逻辑表示,但在面对一些混沌信息处理领域时,计算机的瓶颈也显露无遗。基于上述两个原因,以目前人类技术的进步,还无法完全解决读取速度过低的问题。同时,预测处理器运算速度迅速翻倍的"摩尔定律"也已经失效,这意味着计算机计算处理单元速度的提升也已经触及天花板了。

2. 人脑带来的启发

相比而言,人类的大脑在思考过程中,基本不会受到"数据读取"带来的延迟。这一方面是因为人类大脑的结构是由海量神经元与突触连接构成的神经网络系统,这一系统并不遵循冯·诺依曼体系结构,也因此没有所谓的冯·诺依曼瓶颈。此外,神经元作为人类大脑的基础功能单元,大致相当于传统计算机的逻辑门。但它们的判断逻辑并不是简单的 0 和 1,而是存在一个连续非离散的信息处理区间。在区间内根据受到不同程度的刺激,对应地产生强度不同的电信号;而且神经元并不像逻辑门那样一成不变,会生长变化,以及对经常出现的刺激信号做出更快的反应。正是因为人脑这些独特的机制,使得我们在绝大多数的思考时间里,并不是在做"非黑即白"的是非判断题,而是可以通过具有模糊性与连续性的运作机制,对某个范围内的信息进行整体处理。例如,计算机在处理图片时,会将其拆分成单个的像素点,处理文字时也会根据预设的处理程序,将其拆成单独字词。而我们在查看图片时,几乎在看到画面或文字的同时,就能感受到整张图片的含义,阅读大段文字也不需要逐字理解。

冯·诺依曼体系结构的基本特征为内存与计算单元分离,优点是软件可编程,即同一硬件平台可以通过存储不同软件来执行不同功能;缺点是存储单元与计算单元之间的通信延迟成为性能瓶颈,造成所谓的"内存墙"问题。相比之下,生物神经网络的基本特征是"存储与计算合二为一":神经元既有计算功能,又有存储功能。这就从根本上去除了冯·诺依曼体系架构的"内存墙"问题,因此,类脑计算替代经典计算机,也是计算技术发展的刚性需要。

人脑是更为高效的智能平台,这个问题冯·诺依曼本人也认真思考过。可惜的是,在 1956 年人工智能先驱们举行夏季研讨时,冯·诺依曼已经因为脑癌住进医院,并于 1957 年去世。根据冯·诺依曼未完成的西列曼演讲整理而成的《计算机与人脑》一书于 1958 年出版,其中超过一半的篇幅是讨论神经元、神经脉冲、神经网络以及人脑的信息处理机制。

类脑计算机采用脉冲神经网络替代经典计算机的冯·诺依曼体系结构,采用微纳光电器件模拟生物神经元和突触的信息处理特性。或者说,类脑计算机是按照生物神经网络采用神经形态器件构建的新型计算机,更准确地应该称之为"类脑机"或"仿脑机"。

3. 类脑计算的内涵

类脑计算,狭义上是指仿真、模拟和借鉴大脑生理结构和信息处理过程的装置、模型和方法,其目标是制造类脑计算机和类脑智能。更广义地说,部分利用大脑神经的工作原理与机制,或受其启发的计算,也可称为类脑计算。其中,起源于 20 世纪 40 年代、兴盛于 20 世纪 80 年代的人工神经网络(Artificial Neural Networks),可被广义上地看作早期的类脑计算尝试,即用节点的激励函数来模拟神经元,用节点间的连接权重来模拟记忆。但在其发展过程中,人工神经网络后续重要理论与算法的突破,包括近年来推动人工神经网络复兴的深度学习,主要得益于统计与优化等数学工具而发展壮大,与类脑计算的仿真目的以及真实的大脑神经系统相距甚远。目前,我们所说的人工智能主要依赖冯·诺依曼体系结构,器件载体为晶体管,训练学习方式为人工编程,技术路线历经了符号主义、连接主义、行为主义以及机器学习的统计主义等。

类脑计算则直接用软件和硬件去模仿大脑生物神经系统的结构与工作原理来进行计算。与人工智能不同,类脑计算采取的是仿真主义路线,在结构层次上是模仿大脑而非冯·诺依曼体系结构,在器件层次上是用逼近大脑的神经形态器件来替代晶体管,在智能层次上是主要靠自主学习训练而不是人工编程来达到超越大脑的目的。

4.4.2 类脑计算研究的三个领域

类脑计算的研究大致可以分为神经科学的研究——特别是大脑信息处理基本原理的研究、类脑计算器件(硬件)的研究和类脑学习与处理算法(软件)的研究 3 个方面。

1. 神经科学的研究

在神经科学领域,过去几十年间,特别是过去 10 年左右的时间,取得了非常快速的发展。现在对于大脑的工作原理已经积累了丰富的知识,这为类脑计算的发展提供了重要的生物学基础。人脑是一个由近千亿个神经元通过数百万亿个接触位点(突触)所构成的复杂网络。感觉、运动、认知等各种脑功能的实现,其物质基础都是信息在这一巨大网络当中的有序传递与处理。通过几代神经科学家的努力,目前对于单个神经元的结构与功能已经有较多了解。但对于功能相对简单的神经元如何通过网络组织起来,形成我们现在所知的最为高效的信息处理系统,还有很多问题尚待解决。脑网络在微观水平上表现为神经突触所构成的连接;以及单个神经元之间所构成的连接;在宏观水平上则表现为由脑区和亚区所构成的连接。在不同尺度的脑网络上所进行的信息处理既存在重要差别,又相互紧密联系,是一个统一的整体。目前神经科学的研究热点就主要集中在上述各层面解析脑网络的结构上,观察脑网络的活动,最终阐明脑网络的功能,即信息存储、传递与处理的机制。要实现这一目标,需要突破的关键技术是对于脑网络结构的精确与快速测定,脑网络活动的大规模检测与调控,以及对于这些海量数据的高效分析,此外也亟需在实验数据的约束下,创建适当的模型和理论,形成对脑信息处理的完整认识。

2. 类脑计算器件的研究

类脑计算硬件可分为神经形态器件、神经网络芯片和类脑传感器。

(1) 神经形态器件。开发与神经网络算法相匹配的神经网络硬件系统是一个全新的领域。现阶段,模拟生物神经元的行为与构建生物神经元是主要研究方向。实现仿生的电子器件称为神经形态器件。

硅基神经形态器件,特别是基于 SRAM 和 DRAM 的存储器,表现出较高的功耗,且在断电后信息全部丢失。因此,研究人员将目光投向了新型的固态存储器。

惠普实现了由蔡少堂(Leon Chua)提出的忆阻器器件。该忆阻器器件使用二氧化钛(TiO_2)作为阻变层,他提出了一种基于金属/氧化物界面电势垒的改变和复原的物理模型,并首先提出利用忆阻器来模拟突触,展示了通过调制突触前、后神经元的脉冲宽度和频率,实现触发时差依赖可塑性(STDP)学习法则。与之前的硅基突触相比,忆阻器突触可以更好地控制功耗,更简单地调制前后神经元的触发时差,减少突触集成面积和设计限制,为学习法则提供更多的自由度,并可以对同一个或不同的神经元实施不同的学习法则。

国内在神经形态器件的研究方面也取得了长足的进步。特别在新型固态存储器的研究领域,取得了可喜的科研成果。北京大学利用过渡金属氧化物忆阻器展示了STDP学习法则,在硬件上首次实现了异源性突触可塑性。清华大学系统研制和开发了多款用于模拟突触的忆阻器器件,并发现氧化钽(TaO_x)材料具有极佳的可靠性。

(2)神经网络芯片。神经网络芯片大致可以分为人工神经网络芯片、脉冲神经网络芯片、视觉处理芯片和类脑芯片工艺器件。人工神经网络芯片预计将在近期取得较广泛的实际应用进展;脉冲神经网络芯片尚处于探索性应用阶段;视觉处理芯片则专门用于完成图像和视频处理任务。

国际上脉冲神经网络芯片主要以IBM的TrueNorth(真北)为代表。它美国空军研究实验室与IBM公司合作研发的一款机器学习性能号称超过了目前任何其他硬件模型的人工智能超级计算机,其数据处理能力已经相当于包含6400万个神经细胞和160亿个神经突触的类脑功能。TrueNorth由4块芯片板组成,每块芯片板装载16个芯片,构成一个64芯片阵列,能安装到标准的4U服务器中,如图4.49所示。

图4.49 TrueNorth神经网络芯片

TrueNorth与传统芯片最大的不同在于,传统计算机的处理器需要时钟来充当"人体心脏"功能,而TrueNorth不需这样的时钟,其各个交错的神经网络平行操作,如果某一个芯片不能正常工作,阵列中的其他芯片不会受到影响。

IBM称,64芯片的TrueNorth系统还有低能耗优势,它的每个芯片耗能只相当于10W的灯泡。这意味着,该高端系统未来甚至可用于手机和自动驾驶汽车,"让智能手机像超级计算机一样强大"。

国内代表性的工作是中科院计算技术研究所发布的能运行深度神经网络来实现人工智能算法的处理器硬件架构——寒武纪神经网络处理器。寒武纪1号命名为DianNao,它包含一个处理器核,主频为0.98GHz,峰值性能达每秒4520亿次神经网络基本运算(如加法、乘法等),65mm工艺下的功耗为0.485W,其面积为3.02mm²。在若干代表性神经网络上的实验结果表明,DianNao的平均性能超过主流CPU的100倍,面积和功耗仅为CPU的1/30~1/5,效能提升达三个数量级;DianNao的平均性能与主流通用图形处理器(NVIDIA K20M)相当,但面积和功耗仅为后者的百分之一量级。

在处理器命名上还有个小插曲。寒武纪神经网络处理器这个课题是个中法合作项目,最初在发起时,中方研究人员都觉得这些与电子元器件相关的东西,得起个英文名字。与CPU、GPU相对,那么神经网络处理器就应该称为NNP(Neural Network Processor)。但团队中的法方学者却说,不如起个中文名字,这样成果拿到国外的时候外国人就会觉得这是外文,很神秘、很"洋气"。于是第一代的芯片名字就变成了DianNao,开了汉语拼音命名的先河,之后课题组又先后推出了 DaDianNao(大电脑,属于第二代,功能增强)、PuDianNao(普电脑,属于第三代,通用型机器学习芯片)、ShiDianNao(视电脑,图像识别处理器)、DianNaoYu(电脑语,神经网络指令集)等。

(3) 类脑传感器。类脑传感器主要包括类脑视听嗅觉传感器、脑机接口技术等。传统视觉传感器基于周期性的视频帧,帧频越高,视频质量越好,但视频码流所需的带宽也就越大。类脑视觉传感器可以实现对高速移动物体的跟踪,而其所需的码流带宽比传统的高速摄像头低得多,时间分辨率可达微秒级。动态视觉传感器的低带宽使其在机器人视觉领域具有天然优势,已应用于自主行走车辆与自主飞行器中,IBM 的 TrueNorth 团队正在致力于将 TrueNorth 芯片用于动态视觉传感器的后端处理。类脑耳蜗是基于类似原理的类脑听觉传感器,可以用于声音识别与定位。类脑嗅觉传感器是基于动物嗅觉系统仿真的类脑嗅觉系统,例如,欧盟 NEUROCHEM 项目研发的嗅觉传感器,前端是基于导电聚合物的大规模传感器阵列,后端是基于 x86 处理器的脉冲神经网络软件模型,可以仿真昆虫嗅觉中枢或脊椎动物嗅觉中枢来进行气味识别。

3. 类脑学习与处理算法的研究

能够大大降低能耗或是加快速度的类脑的处理器,对于实现更高水平的智能无疑会有很大的帮助,但要真正实现类人水平的通用人工智能,除了需要这样的硬件基础外,关键还需要理解生物脑对于信息所做的计算,即类脑的学习及处理算法。

与传统的人工神经网络(ANN)相比,类脑计算采用生物大脑所采用的脉冲神经网络,以异步、事件驱动的方式进行工作,更易于在硬件上实现分布式计算与信息存储,能实时处理多感官跨模态等非精确、非结构化数据。

脉冲神经网络的训练与学习算法可以划分为非监督学习算法、监督学习算法、强化学习算法和演化算法。

(1) 类脑计算的非监督学习算法是神经科学家通过生物体电生理实验所发现的学习规则,具有很强的生物学依据。简单地说,如果输出神经元 A 的脉冲总是发生在输入神经元 B 的脉冲之前的较短时间窗口内,这就意味着 A 与 B 之间存在相关联的触发,它们之间的突触就会被增强,神经元之间的连接权重增大;反之,如果输出神经元 A 的脉冲总是发生在输入神经元 B 的脉冲之后的较短时间窗口内,它们之间的突触就会被减弱。

(2) 类脑计算的监督学习算法则基于人工神经网络中常用的反向传播训练算法的思想,从之前所犯的错误中进行迭代学习和优化,这种基于反向传播的监督学习算法没有生物学依据。

(3) 类脑计算的强化学习算法指的是在与外界环境的交互过程中,基于奖赏与惩罚来选择性能较好的参数配置。

(4) 类脑计算的演化算法的主要思想是保持一个"种群",基于自然选择原理(选择、交叉与变异)来选出最优的参数配置。

4.4.3　未来与展望

1. 类脑计算发展需软硬结合同步推进

类脑计算革命已经展开,世界各国的脑计划陆续出台、稳步推进,以期占领类脑计算的制高点。同时,随着脑成像、生物传感、人机交互以及大数据等新技术不断涌现,对脑科学与类脑研究的紧迫性愈发明显。当前,类脑计算领域方兴未艾,软硬件各细分领域的技术路线均有待论证,我国若要实现类脑计算领域的内生式发展,不仅要在基础元器件和芯片实现突破,也要在体系结构、基础软件、智能理论与算法等方面同步推进。

2. 类脑芯片有望孕育大量商业机会

从现状来看,全球主要国家投入了大量的资金和人力,希望通过脑研究在类脑芯片领域取得领先。根据 Gartner 分析报告,类脑芯片最快将于 2023 年成熟,能效有望比当前芯片高 2~3 个数量级,2024 年将达到 65 亿美元市场规模。但与冯·诺依曼体系结构的 CPU、GPU、ASIC 芯片相比,目前的类脑芯片相对处于概念阶段,大规模的商业化应用有待推进,尚未形成事实的产业标准,蕴藏着大量发展机会。

3. 融合创新是推进类脑计算发展的关键

类脑智能是高度交叉融合的研究领域,与数学、计算机、信息学、生物学、医学、生物医学工程等多学科关系密切,这些领域新方向和新技术的产生,都有望推动类脑计算的发展。因此,类脑计算的发展需要整合国家、区域相关研究力量和资源,加强资源开放共享,注重融合创新,培养复合型人才科研团队,进一步推动相关新技术、新方法的研究。

4.5 量子智能计算

奥地利著名物理学家薛定谔于 1935 年提出的一个思想实验:将一只猫关在装有少量镭和氰化物的密闭容器里。镭存在发生衰变的概率,如果镭发生衰变,会触发机关打碎装有氰化物的瓶子,猫就会死;如果镭不发生衰变,猫就能存活。

根据经典物理学,在盒子里必将发生这两个结果之一,而外部观测者只有打开盒子才能知道里面的结果。根据量子力学理论,由于放射性的镭处于衰变和没有衰变两种状态的叠加,猫就理应处于死猫和活猫的叠加状态。这只既死又活的猫就是所谓的"薛定谔的猫"。

此实验成功地从宏观尺度阐述了微观尺度的量子叠加原理的问题,巧妙地把微观物质在观测后,是粒子还是波的存在形式与宏观的猫联系起来,以此求证观测介入时量子的存在形式。

4.5.1 量子计算概述

1. 什么是量子

量子(Quantum)是现代物理的重要概念。一个物理量如果存在最小的不可分割的基本单位,则这个物理量是量子化的,并把最小单位称为量子。量子一词来自拉丁语 quantus,意为"有多少",代表相当数量的某物质,它最早是由德国物理学家普朗克于 1900 年提出的。他假设黑体辐射中的辐射能量是不连续的,只能取能量基本单位的整数倍,从而很好地解释了黑体辐射的实验现象。

我们再用更通俗的语言解释一下。首先,物质是由什么构成的? 物质的本质是什么? 这是自古以来人类思考的问题。很简单的思路:把一个物质不断地"切",一直微观化到不能再"切"为止。于是科学家就不停地切切切,切着切着,大块的"物质"切到了某种非常小尺度的"粒子"以后,发生了怪异的现象:宏观世界中的力学原理(比如牛顿三定律)和狭义相对论都不适用于微观世界中的粒子了。科学家们困惑了很长一段时间,同时也做了大量的研究工作。终于有一些科学家看穿了这些不守规矩的粒子,他们宣布:这种不按经典力学行事的微小粒子,已经不是"物质"而是"能量",它们于是有了一个新的名称,这就是"量子"。就这样人们知道,物质不断切下去,会变成一份一份的能量。

因此我们说,量子并不指代具体的某种物质或粒子,在物理学中它可指物质分割到最小的一个单位。量子是量子力学的研究对象,比如"光子"便是光的最小单元,量子更多的体现"量子化"的概念,而不是具体的物质。

在量子物理中最重要的两个概念,一是"量子化",二是"不同量子态的叠加性"。所谓量子化,指的是物理量是离散的,例如,一个电子的自旋只能朝上或朝下,没有其他状态。不同量子态的叠加性可以这样理解:当我们把电子的自旋朝向比作硬币的正反面,经典地来看,一枚硬币的状态只需要用正面和反面就可以描述;而在量子的世界里,我们看到的是相当于一枚快速旋转中的硬币,即看到的既是正面,又是背面,也就是"硬币"(某个物理量)是可以同时处于正面和反面的叠加状态的。这就是量子力学最基本的原理,也是与经典力学最大的区别,称为态叠加原理。薛定谔的猫就是从宏观尺度阐述微观尺度的态叠加原理的实验描述。

2. 什么是量子计算

量子计算是通过控制光子、原子和小分子的各种状态,利用其与现有物理世界逻辑迥然不同的"量子物理学"来控制和运算信息。量子世界中所呈现出的运动状态和可能性,是完全不同于我们现在对固有世界的认知,所以也造成了很多人对量子计算投来不信任的目光。

为了正确理解量子计算,首先我们得在量子世界中了解两个状态:纠缠态和叠加态。所谓纠缠态,就两个量子比特之间呈现一定的相关性,即其中一个是 A,那么另外一个与它处于纠缠态的比特就是 B;所谓叠加态,即这两个量子比特,都有可能既是 A,也是 B,也就是两种不同的属性叠加在一个量子比特上。注意:不是所有的量子计算都必须量子纠缠,量子纠缠是量子计算的非必要条件。

要了解抽象的物理现象,还是摆脱不了用简单的比喻:经典计算机中的一个比特是"开关",只有开和关两个状态(1 和 0),而量子比特是"旋钮",就像收音机上的调频旋钮那样,有无穷多个状态,如图 4.50 所示。

而当 n 个量子比特进入到计算过程中,它们各自的叠加态会带来 n 个不同的排列组合状态,这样一个处于叠加态中的量子系统,给我们带来的是:这 2^n 个基本状态的线性叠加。具体而言,对于 n 个量子比特的量子计算机,一次操作就可以同时改变 2^n 个系数,相当于对 n 个比特的经典计算机进行 2^n 次操作。

图 4.50 量子比特是"旋钮"

但想要实现量子计算并不容易,长期以来,量子计算仅存在于理论中。因为在量子力学中,测量是一个独特的操作。不测量的时候,系统是做连续演化的,我们可以预测系统的状态。而在测量时,系统可能会发生突变,我们可能也会失去预测能力。由此导致的结果是,量子计算机很早就出现在了科学家们的构想里,甚至经历了整个 20 世纪末到新世纪初的计算机行业爆发成长时期,却直到最近两年才逐渐出现可验证、可实操、可商用的量子计算机。

尽管如此,构建可被使用的量子计算往往需要非常特定的算法。目前人们只设计出针对少数特定问题的算法,而对于大多数的问题,量子计算机还没有表现出明显的优势,因此,现阶段描述量子计算的更准确说法是:量子计算有非常大的潜力,并且这样的潜力优势正在越来越明朗化。

3. 量子计算的发展历程

量子计算的原始概念可以追溯至 20 世纪 70 年代,那时经典计算机行业刚刚进入腾飞阶段,如图 4.51 所示。

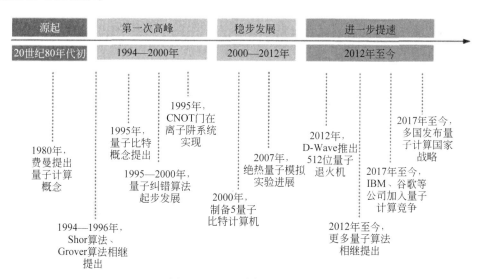

图 4.51 量子计算发展简史

1970 年斯蒂文·威斯纳(Steven Wiesner)就设想,认为量子信息处理是解决密码逻辑的一种较好方式,这是量子计算最早的火花。

在 1982 年发表的一篇论述使用计算机模拟量子系统的论文中,诺贝尔奖得主、理论物理学家费曼认为,在经典计算机上模拟量子力学需要指数级的硬件投入,而他给出的建议则是,使用量子计算机。

1994 年,贝尔实验室的休尔发布了一篇论文,一下子让量子计算的概念大放异彩。在这篇论文中,他展示了量子算法分解一个 1000 位的质因数所需要的时间,传统计算机大约需要 10 万万兆年的时间,而量子计算机只需要 20 分钟就可以做到。这样的对比,让量子计算的概念迅速传播开来。

1998 年,英国牛津大学的研究人员宣布他们在量子计算领域获得了突破性进展,可以实现两个量子比特来进行信息的运算。到了 2017 年,IBM 证明了用 50 个量子比特来进行计算是可行的。在这 20 年的时间内,量子比特的数目提升了 25 倍,略慢于经典计算机中的摩尔定律。

图 4.52 《科技创新》纪念邮票——"墨子号"量子科学实验卫星

2016 年 8 月 16 日 1 时 40 分,在酒泉卫星发射中心,长征二号丁运载火箭发射升空,中国发射出了全球首颗设计用于进行量子科学实验的卫星:量子科学实验卫星"墨子号"! 2017 年,"墨子号"实现了从北京到维也纳 7600 千米的量子保密的通信。为此,还发行了《科技创新》纪念邮票,如图 4.52 所示。

在 2018 年,Google 展示了 72 个量子比特的信息处理能力。在 2018 年 8 月,Rigetti Computing 公司宣布计划推出 128 个量子比特芯片。

2018 年 10 月,IBM 和德国慕尼黑工业大学的研究团队在《科学》杂志上发表了一篇论文,使用实际运行中的量子计算机,首次验证了量子计算在处理一些问题时的巨大优势。

4.5.2　人工智能携手量子计算

1. 为何人工智能和量子计算走到一起

2012 年,谷歌宣布成立量子人工智能实验室(Quantum Artificial Intelligence Lab)。普通大众看到两个名词放在一起,还会有点纳闷,其实,在此之前的 2000 年,已有人在设想量子和人工智能结合。比如,可以构建量子神经网络,从信息论角度指出量子和经典信息的等价可学习性,从根本上认定了两者结合的可行性。但为什么近几年大家才发现两者"高调地在一起"呢?

细细想来,在现在摩尔定律逐渐陷入瓶颈关头,包括光子计算、类脑计算等各种非冯·诺依曼机的计算途径开始大力发展,尤其是量子计算,在理论上已被论证了具有加速运算的各种优势。回想人工智能的发展历程,每一次的发展高峰都得益于计算机硬件的突破,如 20 世纪 60 年代的晶体管计算机编程,2000 年以来的 GPU 运算;而同时,此前的两次回落也都因为计算机硬件瓶颈的限制,毕竟人工智能程序涉及极高的计算复杂度和数据处理量。现在人工智能若想要保持旺盛冲劲,必须克服摩尔定律限制,结合最前沿的计算机计算途径和硬件性能去突破。量子计算的很多算法可以把人工智能程序涉及的计算复杂度变为多项式级,从根本上提升运算效率,这无疑是非常有吸引力的。

此外,目前从各国推出的量子计算白皮书以及各商业公司的量子计算研究组网站上看,都表示希望量子计算能够应用在优化问题、生物医学、化学材料、图像处理、金融分析等领域。对于人工智能,说到它的应用场景,罗列出来,不外乎也是优化问题、生物医学、化学材料、图像处理、金融分析等。量子计算和人工智能都希望能够助力各民生行业,志同道合,因此两者的结合是必然的。

2. 量子人工智能技术

量子人工智能这一交叉学科领域已被确立,但真正产生有用的技术要考虑很多细节。20世纪五六十年代刚开始研究人工智能时,人们觉得可以在20年内实现人工智能像人一样有自主意识和感知,但结果失望了。到现在为止,即使AlphaGo能够实现运算复杂度非常高的围棋竞技,仍然属于弱人工智能的范畴,即在特定规则下的程序化运算。人们觉得小孩都懂的情感和行动能力,AI却难以做到,而人们觉得非常高深的高等代数几何、高超棋艺,用AI反而有方法可以实现。这样想来,其实让人们做自己擅长的事,让AI发挥自己的擅长,又能方便人们生活的技能就很好了。因此,量子计算目前涉及的是弱人工智能的各种具体任务。

神经网络是实现人工智能的一类重要技术方法,但是神经网络在量子体系中的实现却并不容易。神经网络模型中的激活函数是一个跃迁式的非线性函数,而直接构建量子演化空间是线性的,这是矛盾的。因此,目前有人提出量子逻辑门线路,使用量子旋转门和受控非门来构建神经网络。随着神经元的增多,要求的量子门的数量也大幅增长。另外一种思路是,不去实现神经网络激活函数及完整的神经网络,而是实现如Hopfield神经网络(Hopfield神经网络是一种递归神经网络,由约翰·霍普菲尔德在1982年发明)中重要的"联想记忆"功能,这通过专用量子计算容易实现,而且便于带来实际的应用。

从技术层面看,机器学习根据是否有标注的训练样本,分为无监督机器学习和有监督机器学习,两者都可以通过量子算法进行改进。如K-means是一个常用的无监督机器学习方法,量子算法利用希尔伯特完备线性空间,对量子态的操作即相当于线性空间中的向量操作,利用多个量子态叠加原理的天然并行操作优势来提高效率。最近邻算法属于有监督算法,可以用量子态的概率幅表示经典向量,并通过比较量子态间距来实现量子最近邻算法。还有用于数据降维的主成分分析PCA(无监督型)、用于数据分类的支持向量机SVM(有监督型)等常见的技术,都有了量子算法版本,如图4.53所示。

深度学习也值得一提,它是指采用多层神经网络解决更复杂、更高维的实际问题,是目前机器学习领域里比较难也比较热的研究方向。2016年,量子深度学习的概念被首次提出,通过量子采样实现受限玻尔兹曼机的梯度估计,加速深度网络训练。目前更多量子深度学习的研究也在快速迭代更新。实际上,目前量子算法对机器学习的跟进是特别及时的,比如生成对抗网络GAN算法近年才推出,很快就有了量子QGAN算法,并进行了实验演示。有若干综述对量子人工智能各种技术方法做了全面介绍,可以方便初学者快速入门。

在人工智能的最初研究阶段,大多数研究都与搜索技术有着密切联系,这主要是由于诸多人工智能问题能够简化为搜索,比如信息检索、定理证明、计划、调度等,同时相比于人类,计算机往往能够将这些任务以更快速度加以完成。而Grover算法表明,在这项工作的完成

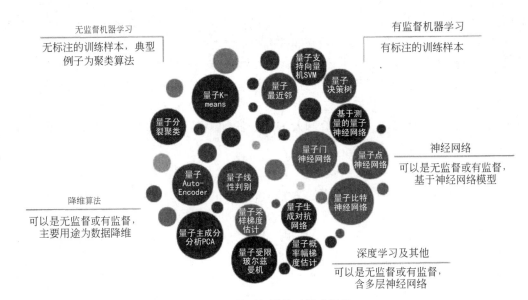

图 4.53　量子机器学习算法概览

效率上,量子计算机比传统计算机有着更为明显的优势。因此人们一直期望在人工智能领域能够广泛应用量子计算,从而更好地将各种搜索相关问题加以解决。可以说,在人工智能领域,量子搜索算得上是最早在其中发挥极其重要作用的量子计算技术了。

在对自然语言进行语义分析的时候,无论是采用人工智能技术,又或采用量子力学,人们发现这两者的数学结构在某些地方存在着一定的相似性。在量子理论框架内,自然语言的少数语义能够得到恰当表达。比如,针对歧义,可以通过叠加来予以表达,那么其实量子算法之于模拟量子系统是极其合适的。这一事实充分证明了,在自然语言的处理上,借助量子计算可以使处理速度得到很大程度的提高。

在人工智能领域,模式识别是一个尤为重要的领域,它的一个特例是对物体进行识别,而人工智能的研究人员仅仅考虑识别和辨别经典物体。物理学家在过去几十年里进行了大量的研究,而这还是在对人工智能了解不足的情况下产生的成果。近些年来,伴随量子计算的不断发展以及关注程度日渐加深,一些学者解决了量子门的问题,并对量子测量分辨展开了研究。也有学者考虑到了量子运算在通常情况下是由超算符代表的,随之又发现了一个充要条件,并证明了其可行性。然后,通过一种最优的协议设计,仅仅需要少量的查询,就能够实现快速识别,从而使得量子操作将自身较为完美的分辨能力很好地体现了出来。在这里,还存在一个非常有趣的问题,即如何借助经典通信和局部操作,将作用于多个量子系统上面的量子操作进行区分。

4.5.3　量子计算机

量子计算机(Quantum Computer)是一种运行规律遵循量子力学,能够进行高速数学和逻辑运算、存储及处理量子信息的物理装置。量子计算机的概念源于对可逆计算机的研究。量子计算机的基本运行单元是量子比特,能够同时处在多个状态,而不像传统计算机那样只能处于 0 或 1 的二进制状态,因而具有传统计算机所无法比拟的强大的并行计算能力。

1. 量子计算机工作原理

量子计算的运算单元称为量子比特,它是 0 和 1 两个状态的叠加。量子叠加态是量子世界独有的特征,因此,量子信息的制备、处理和探测等都必须遵从量子力学的运行规律。量子计算机的工作原理示意图如图 4.54 所示。

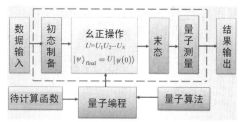

量子计算机与电子计算机一样,用于解决某种数学问题,因此它的输入数据和结果输出都是经典的数据。区别在于处理数据的方法上,两者具有本质的不同。量子计算机将经典数据制备在量子计算机整个系统的初始量子态上,经由一系列幺正操作,演化为量子计算系统的末态,对末态实施量子测量,便输出运算结果。图 4.54 中虚框内都是按照量子力学

图 4.54 量子计算机工作原理

规律运行的。图 4.54 中的幺正操作(U 操作)是信息处理的核心,如何确定 U 操作呢?首先选择适合于待求解问题的量子算法,然后将该算法按照量子编程的原则转换为控制量子芯片中量子比特的指令程序,从而实现了 U 操作的功能。

2. 量子计算机的研制进展

目前,量子计算机的研制从以科研院校为主体变为以企业为主体后,发展极其迅速。2016 年 IBM 公布全球首个量子计算机在线平台,搭载 5 位量子处理器。量子计算机的信息处理能力非常强大,传统计算机到底能在多大程度上逼近量子计算机呢?2018 年初创公司合肥本源量子计算科技有限公司推出当时国际最强的64 个量子比特虚拟机,打破了当时采用经典计算机模拟量子计算机的世界纪录。2019 年,量子计算机研制取得重大进展:年初 IBM 推出全球首套商用量子计算机,命名为 IBM Q System One,这是首台可商用的量子处理器,如图 4.55 所示。2019 年 10 月,Google 在《自然》上发表了一篇里程碑论文,报道他们研发出了如图 4.56 所示的 53 个量子比特的超导量子芯片,并用该芯片实现了一个量子电路的采样实例,且耗时仅为 200s。而同样的实例在当今最快的经典超级计算机上可能需要运行大约 1 万年。他们宣称实现了"量子霸权",即信息处理能力超越了任何最快的经典处理器。

图 4.55 IBM 的量子计算机 IBM Q System One——看起来就像是一件艺术品

2020 年 6 月和 8 月,霍尼韦尔与 IBM 先后分别宣布实现了 64 个量子比特的量子计算机,如图 4.57 所示。同期,杜克大学和马里兰大学的研究人员首次设计了一个全连接的 32 个量子比特的量子计算机寄存器,相较于之前公开的霍尼韦尔和 IBM 的最大 6 个量子比特,

该设计提高了 5 倍以上,也是此前公开最多量子比特完全连接的技术架构。

图 4.56 谷歌 Sycamore 量子芯片

图 4.57 被空腔电离室护着的霍尼韦尔量子计算机"大脑"

2020 年 8 月,Google 量子研究团队在量子计算机上模拟了迄今最大规模的化学反应,通过使用量子设备对分子电子能量进行 Hartree-Fock 计算,并通过变分量子本征求解来进行纠错处理完善其性能,进而实现对化学过程进行准确的计算预测。

4.5.4 即将到来的量子计算世界

在跨行业的量子计算领域中,随着量子计算资源成本的下降,将出现更多的行业参与者。随着越来越多的参与者深入研究这个行业,量子计算将会应用到越来越多的行业中,特别是在当下某些情境中,传统计算机的效率十分低下,比如医疗健康领域、农业领域、数字安全领域。

量子计算机是可以用来加速人工智能技术的发展的,量子机器学习可以创建全新的人工智能,机器会以类似人的方式更有效地执行复杂任务,从而有可能使得我们更接近通用人工智能。

2019 年 1 月 8 日,IBM 在 CES(美国消费电子展)上展示了已开发的世界首款商业化量子计算机 IBM Q System One。在国内,阿里和华为已在量子计算领域展开布局。2019 年 5 月,腾讯也在全球数字生态大会上首都公开了腾讯量子实验室在量子计算领域的业务,并展示了量子计算在量子人工智能、药物研发和科学计算平台等应用领域上的研发成果。随着越来越多的企业加入量子计算研发,量子计算的应用距离已经不再遥远。

4.6 模式识别

通俗地讲,模式识别就是"人以类聚,物以群分"。

周围物体的认知:桌子、椅子。

人的识别:特朗普、拜登。

声音的辨别:汽车滴滴、火车鸣笛、狗叫、人语。

气味的分辨:炸带鱼、红烧肉。

人和动物的模式识别能力是极其平常的,但对计算机来说却是非常困难的。

> 模式识别研究的目的：利用计算机对物理对象进行分类，在错误概率最小的条件下，使识别的结果尽量与客观物体相符合。

4.6.1　概述

模式识别诞生于 20 世纪 20 年代，随着 40 年代计算机的出现，50 年代人工智能的兴起，模式识别在 60 年代初迅速发展成为一门学科。模式是存在于时间和空间中的可观察的事物，如果我们可以区别它们是否相同或是否相似，那我们从这种事物所获取的信息就可以称之为模式。模式识别是根据输入的原始数据对齐进行各种分析判断，从而得到其类别属性，实现特征判断的过程。人们为了掌握客观的事物，往往会按照事物的相似程度组成类别，而模式识别的作用和目的就在于把某一个具体的事物正确地归入某一个类别。

模式还可分成抽象的和具体的两种形式。前者如意识、思想、议论等，属于概念识别研究的范畴，是人工智能的另一研究分支。这里所指的模式识别主要是对语音波形、地震波、心电图、脑电图、图片、照片、文字、符号、生物传感器等对象的具体模式进行辨识和分类。

4.6.2　模式识别的主要方法

模式识别，是信息科学和人工智能的重要组成部分。从处理问题的性质和解决问题的方法等角度，模式识别分为监督模式识别（Supervised Pattern Recognition）和非监督模式识别（Unsupervised Pattern Recognition）两种。这两者的主要差别在于，各实验样本所属的类别是否预先已知，如图 4.58 所示。

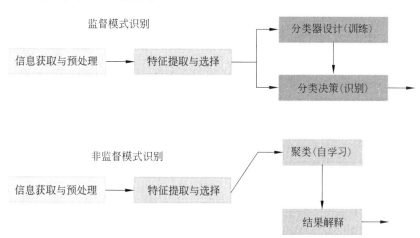

图 4.58　模式识别两种方式的流程图

在监督模式识别中，我们有一个基本假定，就是在要解决的模式识别问题中，我们已知要划分的类别，并且能够获得一定数量的类别已知的训练样本，这种情况下建立分类器的问题属于监督学习问题，称为监督模式识别，因为我们有训练样本来做学习过程中的"老师"。

另一种模式识别方法,即非监督模式识别。在面对一堆未知的对象时,我们自然要试图通过考查这些对象之间的相似性来把它们区分开。比如,在一些儿童智力游戏中,我们经常会看到类似图 4.59(a)的问题,要求从这些图像中寻找规律,把图像划分成最合理的几组。这种类别发现的问题也是一种模式识别问题,只是我们事先并不知道要划分的是什么类别,更没有类别已知的样本用作训练,很多情况下我们甚至不知道有多少类别。我们要做的是根据样本特征将样本聚成几个类,使属于同一类的样本在一定意义上是相似的,而不同类之间的样本则有较大差异。这种学习过程称为非监督模式识别,在统计中通常称为聚类(Clustering),所得到的类别也称为聚类(Clusters)。

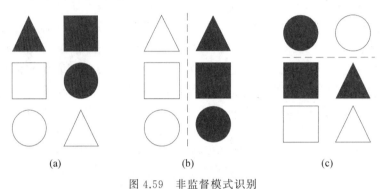

图 4.59　非监督模式识别

在图 4.59 的例子中我们会发现,在非监督模式识别问题中,答案并不一定是唯一的。比如,在图 4.59(a)的例子中,要求在 6 张小图片间寻找合理的类别划分。考查这 6 张图片的特点,我们会发现,一部分图片是涂有颜色的,而另外几个图片是无色的,这就是一种划分方案,如图 4.59(b)所示;但是我们还可以发现其他的分类方案,如图 4.59(c)所示的方案,一类是由曲线形成的封闭图形,另一类是由直线形成的封闭图形。在没有特别目的的情况下,很难说哪种分类方案更合理。

这个例子说明的正是非监督模式识别的一个特点:由于没有类别已知的训练样本,在没有其他额外信息的情况下,采用不同的方法和不同的假定,可能会导致不同的结果,要评价哪种结果更可取或更符合实际情况,除了一些衡量聚类性质的一般准则外,往往还需要对照该项研究的意图和在聚类结果基础上后续的研究来确定。另一方面,用一种方法在一个样本集上完成了聚类分析,得到了若干聚类,这种聚类结果只是数学上的一种划分,对应用的实际问题是否有意义,有什么意义,需要结合更多的专业知识进行解释。

4.6.3　模式识别的应用

1. 语音识别

语音识别是模式识别技术最成功的应用之一。语音识别技术所涉及的领域包括信号处理、模式识别、概率论和信息论、发声机理和听觉机理、人工智能等。近年来,在生物识别技术领域中,声纹识别技术以其独特的方便性、经济性和准确性等优势受到世人瞩目,并日益成为人们日常生活和工作中重要且普及的安全验证方式。而且,利用基因算法训练连续型隐马尔柯夫模型(HMM)的语音识别方法,现已成为语音识别的主流技术,该方法在语音识别时识别速度较快,也有较高的识别率。

图 4.60 给出了一个十分简化的语音识别系统的基本框架。首先,语音通过信号采集系统进入计算机,成为数字化的时间序列信号。这种原始语音信号须经过一系列预处理,按照一定的时窗分割成一些小的片段(帧),比如每帧 25ms,两帧之间间隔 10ms。这样做的目的是把连续的语音分成相对孤立的音素,以这样的音素作为识别的基本单位。每一帧语音信号经过一定的信号处理后被提取成一个特征向量,这就是要进行模式识别的样本,我们要识别的是这个样本对应哪个音素。一种语言虽然内容和发音都丰富多彩、变化无穷,但其中的基本音素数目是很有限的,每一个音素就是一个类,音素识别就是把样本分到多类的某一类中。

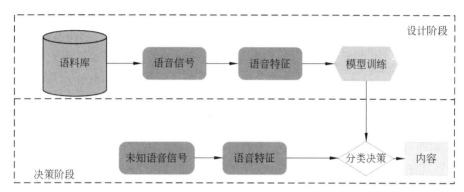

图 4.60　语音识别系统的基本框架

根据所针对的应用场景,目前存在的语音识别系统有多种类型：从对说话人的要求考虑可分为特定人和非特定人系统；从识别内容考虑可分为孤立词识别和连续语音识别、命令及小词汇量识别和大词汇量识别、规范语言识别和口语识别；从识别的速度考虑还可分为听写和自然语速的语音识别等。其中,非特定、小词汇量的识别已经有很多实际应用,最常见的比如自动语音识别的电话总机、航空公司等的语音识别自动电话服务等专用系统。目前,市场上常见的语音识别软件或某些操作系统中内嵌的语音识别软件,多是针对规范文本的听写识别的,已经能够达到相当准确的识别率,用户经过一定的适应就可以利用语音识别软件进行文本录入。但是,在复杂环境下,口语化语言的自动识别目前仍然远远没有达到实用水平。

2. 文字识别

各种形式的字符与文字识别是模式识别的另一个典型的应用,包括印刷体的光学字符识别(OCR)、手写体数字识别、手写体文字识别等。

光学字符识别是指通过扫描仪把印刷或手写的文字稿件输入到计算机中,并且由计算机自动识别出其中的文字内容。OCR 的名字是由于早期强调光学输入手段而得名的。目前已经有很多实用的 OCR 系统,能够对印刷体文字实现非常准确的自动识别,对手写数字的识别也已经达到很高的精度。

单字的识别是 OCR 的基础。汉字是有复杂结构的图像,与其他模式识别系统一样,汉字识别的第一步也是特征的提取。通常有两类特征,一是将汉字图像进行统计计算后得到的数量特征,比如将图像向多个方向投影,以投影后的像素密度作为特征；二是将汉字的笔画分解,根据对汉字结构的认识提取有效的特征点,再编码成数字特征。在提取特征以后,每个字就成了一个由特征向量代表的样本,识别一个字就是要在所有可能的字中判断当前的样本是哪个字,属于多类分类问题。分类器的建立除了要利用样本训练,还需要结合对文字结构的认识(比如旋转和尺度不变性)才能得到更好的识别效果。与语音识别类似,OCR在单字识别后,往往还需要根据语言模型进行上下文匹配等处理后,才能达到更理想的识别效果。而在单字识别前,对扫描稿件的版面分析、字符分隔等是重要的预处理步骤。

与离线的手写文稿识别相比,联机的手写文字识别能有效地提取和利用笔画信息,因而可以取得更好的识别效果,目前已经发展为很多手机和掌上计算机的基本配置。

3. 医学应用

医学影像分析(Medical Image Analysis)属于多学科交叉的综合研究领域,涉及医学影像、数据建模、数字图像处理与分析、人工智能和数值算法等多个学科。医学图像中的模式识别问题,主要指将模式识别与图像处理技术应用在医学影像上,并结合临床数据加以综合分析,最终目的是找到与特定疾病相关的影像学生物指标,从而达到辅助医生早期诊断、辅助治疗和预后评估。医学图像分析主要包括医学图像分割、医学图像配准和融合、三维重建与可视化、脑功能与网络分析、计算机辅助诊断等。下面主要介绍医学图像分割、医学图像配准和融合以及计算机辅助诊断方面的重要进展。

(1)医学图像分割。医学图像分割是医学图像分析中的典型任务,是医学图像分析的基础,它本质上是像素级别的分类,即判断图片上每一个像素的所属类别。一般的流程分为数据预处理、感兴趣区域提取、分割、分割结果后处理等。传统图像分割方法包括阈值分割、区域增长、形变模型、水平集方法、多图谱引导的分割方法等。随着全卷积神经网络(FCN)和U-Net网络等深度学习算法的提出,深度学习在医学图像分割领域的应用快速发展。FCN采用端到端的学习模式实现了输出图像区域分割,保证了对任意尺寸的图像都能进行处理,但其在医学图像上得到的分割结果相对粗糙。U-Net网络结构更适用于医学图像,并且针对小样本的医学图像数据也取得了较好的分割结果,后续的改进模型引入了残差结构和循环结构,并且与多尺度特征融合、注意力机制等技术相结合,进一步提升了分割的效果。

(2)医学图像配准和融合。在临床应用中,单一模态的图像往往不能提供医生所需要的足够信息,常需将多种模式或同一模式的多次成像,通过配准和融合来实现感兴趣区的信息互补。大部分情况下医学图像的配准是指对于在不同时间或不同条件下获取的两幅图像,基于一个相似性测度寻求一种或一系列空间变换关系,使得两幅待配准图像间的相似性测度达到最大。医学图像配准包括被试个体内配准、被试组间配准、二维-三维配准等多个应用场景。医学图像配准的经典方法包括基于互信息的配准、自由形变模型配准、基于Demons的形变配准(DEMONS)、基于层次属性的弹性配准(HAMMER)、大形变微分同胚度量映射(LDDMM)等。几年来,基于深度学习的配准方法得到了领域内的重视,深度学习应用在配准上主要采取两种策略:用深度神经网络来预测两幅图像的相似度;直接用深度回归网络来预测形变参数。

(3)计算机辅助诊断。结合计算机图像处理技术以及其他可能的生理、生化手段,辅助发现病灶和特异性变化,提高诊断的准确率。其一般流程是对图像进行预处理,然后通过手工特征或特征学习方法对整张图像进行全局扫描,然后训练模型,判断图片中是否存在病变,并对疾病进行分类。随着深度学习的发展,尤其是卷积神经网络CNN的提出,

AlexNet、VGG、ResNet 等网络在图像分类领域取得了优异的结果,其思想是通过有监督或无监督的方式学习层次化的特征表达来对物体进行从底层到高层的特征描述。如何设计网络、提取图片或特定区域的有效特征、提高分类精度是目前主要研究的问题。

习题 4

一、简答题

1. 阐述机器学习实现过程。

2. SVM 中核函数的作用是什么?

3. 简述人工神经网络的基本要素。

4. 简述卷积神经网络的结构和关键技术。

5. 简述生成对抗网络的结构和基本原理。

6. 什么是深度学习? 常见的深度学习方法有哪些?

7. 什么是模式? 模式的具体形式有哪些?

8. 模式识别的主要方法有哪些?

9. 简述模式识别的应用领域。

10. 什么是知识表示? 如何选择知识表示方法?

二、思考题

1. 机器学习的成功离不开大数据的支持。如何在保证个人隐私的同时,实现数据共享以达到完善机器学习模型的目的?

2. 将下面一则消息用框架表示:今天,一次强度为里氏 8.5 级的强烈地震袭击了下斯洛文尼亚地区,造成 25 人死亡和 5 亿美元的财产损失。下斯洛文尼亚地区的主席说:"多年来,靠近萨迪濠金斯断层的重灾区一直是一个危险地区。这是本地区发生的第 3 号地震。"

3. 试构建一个描述你的办公室或卧室的框架系统。

4. 给出一个知识图谱实例。

第5章

关键领域技术

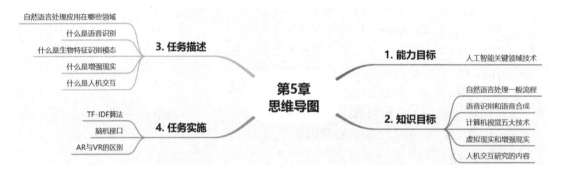

5.1 自然语言处理

《圣经》里有一个故事说，巴比伦人想建造一座塔直通天堂。建塔的人都说着同一种语言，心意相通、齐心协力。上帝看到人类竟然敢做这种事情，就让他们的语言变得不一样。因为人们听不懂对方在讲什么，于是大家整天吵吵闹闹，无法继续建塔。后来人们把这座塔称为巴别塔，"巴别"的意思就是"分歧"。虽然巴别塔停建了，但一个梦想却始终萦绕在人们心中：人类什么时候才能拥有相通的语言，重建巴别塔呢？机器翻译被视为"重建巴别塔"的伟大创举。假如能够实现不同语言之间的机器翻译，我们就可以理解世界上任何人说的话，与他们进行交流和沟通，再也不必为相互不能理解而困扰。机器翻译指的是利用计算机自动地将一种自然语言翻译为另外一种自然语言。

另外，在百度或者谷歌中搜索"姚明的身高"时，搜索引擎除了给你一系列相关的网页以外，还会直接给出一个具体的答案，这就用到了自然语言问答技术。

机器翻译和问答技术都是自然语言处理领域的热点技术，在金融、教育、法律、医疗健康等领域，得到了越来越广泛的应用。

5.1.1 历史及面临的挑战

自然语言处理（Natural Language Processing，NLP）就是用计算机来处理、理解以及运用人类语言（如中文、英文等），它属于人工智能的一个分支，是计算机科学与语言学的交叉学科，又常称为计算语言学。由于自然语言是人类区别于其他动物的根本标志，没有语言，人类的思维也就无从谈起，所以自然语言处理体现了人工智能的最高任务与境界，也就是说，只有当计算机具备了处理自然语言的能力时，机器才算拥有了真正的智能。

从研究内容来看，自然语言处理包括语法分析、语义分析、篇章理解等。从应用角度来看，自然语言处理具有广泛的应用前景。特别是在信息时代，自然语言处理的应用包罗万象，例如，机器翻译、手写体和印刷体字符识别、语音识别、信息检索、信息提取与过滤、文本分类与聚类、舆情分析和观点挖掘等，它涉及与语言处理相关的数据挖掘、机器学习、知识获取、知识工程、人工智能研究以及与语言计算相关的语言学研究等。

自然语言处理兴起于美国。第二次世界大战之后，20世纪50年代，当电子计算机还在襁褓之中时，利用计算机处理人类语言的想法就已经出现。1954年1月7日，美国乔治敦大学和IBM公司合作实验成功地将超过60句俄文自动翻译成英文。虽然当时的这个机器翻译系统非常简单，仅仅包含6个语法规则和250个词，但由于媒体的广泛报道，纷纷认为这是一个巨大的进步，导致美国政府备受鼓舞，加大了对自然语言处理研究的投资。

那么，自然语言处理到底存在哪些主要困难或挑战，吸引那么多研究者几十年如一日孜孜不倦地探索解决之道呢？

一是语义理解，或者说知识的学习或常识的理解问题。这是自然语言处理技术如何变得更"深"的问题。尽管常识的理解对人类来说不是问题，但它却很难教给机器。比如我们可以对手机助手说"查找附近的餐馆"，手机就会在地图上显示附近餐馆的位置。但如果说"我饿了"，手机助手可能就无动于衷，因为它缺乏"饿了需要就餐"这样的常识，除非手机设计者把这种常识灌入到了这个系统中。但大量的这种常识都潜藏在我们意识的深处，AI系统的设计者几乎不可能把所有这样的常识都总结出来，并灌入到AI系统中。

自然语言中充满了大量的歧义，人类的活动和表达十分复杂，而语言中的词汇和语法规则又是有限的，这就导致了同一种语言形式可能表达了多种不同含义。由于汉语不像英语等语言具有天然的分词，因此汉语的处理就多了分词这一层障碍。在分词过程中，计算机会在每个单词后面加入分隔符，而有些时候语义有歧义，分隔符的插入就变得困难。如"南京市长江大桥"一词，既可以理解为"位于南京的跨长江大桥"，也可以理解为"一名叫江大桥的南京市长"。要想实现正确分词，就需要结合语境，对文本语义充分理解，这显然对计算机来说是个挑战。

在短语层面上也依旧存在语言问题，例如"控制计算机"，既可以理解为动宾关系"我控制了这台计算机"，也可以理解成偏正关系"具有控制功能的计算机"。可见，如果不能正确处理各级语言单位的歧义问题，计算机就不能准确理解自然语言表达的含义。另外，上下文内容的获取问题对机器翻译来说也是一种挑战。如"我从小范手里拿走一块糖果给小李，他可高兴了。"在后一句话中，要想知道"他"指代的是小范还是小李，就要理解前一句话，小李得到糖果而小范失去了糖果，高兴的应为小李，所以"他"指代的是小李。

二是低资源问题。所谓无监督学习、Zero-shot学习、Few-shot学习、元学习、迁移学习等技术，本质上都是为了解决低资源问题。面对标注数据资源贫乏的问题，譬如小语种的机器翻译、特定领域对话系统、客服系统、多轮问答系统等，自然语言处理尚无良策。这类问题统称为低资源的自然语言处理问题。对这类问题，我们除了设法引入领域知识（词典、规则）

以增强数据能力之外,还可以基于主动学习的方法来增加更多的人工标注数据,以及采用无监督和半监督的方法来利用未标注数据,或者采用多任务学习的方法来使用其他任务,甚至其他语言的信息,还可以使用迁移学习的方法来利用其他的模型。这是自然语言处理技术为何变得更"广"的问题。

此外,目前也有研究人员正在关注自然语言处理方法中的社会问题,包括自然语言处理模型中的偏见和歧视,大规模计算对环境和气候带来的影响,传统工作被取代后人的失业和再就业问题等。

5.1.2　自然语言处理的一般处理流程

自然语言处理的整个流程一般可以概括为四部分,语料预处理→特征工程→模型训练→指标评价。

1. 语料预处理

(1) 数据清洗。语料是自然语言处理任务研究的内容,通常用一个文本集作为语料库。语料可以通过已有数据、公开数据集、爬虫抓取等方式获取。有了语料后,首先要做数据清洗。数据清洗,顾名思义就是在语料中找到我们感兴趣的东西,把不感兴趣的、视为噪声的内容清洗删除,包括对于原始文本提取标题、摘要、正文等信息。对于爬取的网页内容,去除广告、标签、HTML、JavaScript 等代码和注释等。常见的数据清洗方式有人工去重、对齐、删除和标注等,或者规则提取内容、正则表达式匹配、根据词性和命名实体提取、编写脚本或代码批处理等。

(2) 分词。当进行文本挖掘分析时,我们希望文本处理的最小单位粒度是词或词语,所以这个时候就需要将文本全部进行分词。常见的分词算法有基于字符串匹配的分词方法、基于理解的分词方法、基于统计的分词方法和基于规则的分词方法。每种方法下面对应许多具体的算法。

(3) 词性标注。词性标注就是给词语标上词类标签,比如名词、动词、形容词等。常用的词性标注方法有基于规则的、基于统计的算法,比如最大熵词性标注、HMM 词性标注等。词性标注是一个经典的序列标注问题,不过对于有些中文自然语言处理来说,词性标注不是非必需的。比如,常见的文本分类就不用关心词性问题,但情感分析、知识推理却是需要的。图 5.1 是常见的中文词性整理。

(4) 去停用词。停用词一般指对文本特征没有任何贡献作用的字词,比如标点符号、语气、人称等词。所以在一般性的文本处理中,分词之后,接下来一步就是去停用词。

但对于中文来说,去停用词操作不是一成不变的,停用词词典是根据具体场景来决定的,比如在情感分析中,语气词、感叹号是应该保留的,因为它们对表示语气程度、感情色彩有一定的贡献和意义。

2. 特征工程

完成语料预处理之后,接下来需要考虑的是,如何把分词之后的字和词语表示成计算机能够计算的类型。显然,如果要计算,至少需要把中文分词的字符串转换成数字,确切地说,应该是数学中的向量。有两种常用的表示模型,分别是词袋模型和词向量。

词性编码	词性名称	注　　解
Ag	形语素	形容词性语素。形容词代码为 a,语素代码 g 前面置以 A
a	形容词	取英语形容词 adjective 的第 1 个字母
ad	副形词	直接作状语的形容词。形容词代码 a 和副词代码 d 并在一起
an	名形词	具有名词功能的形容词。形容词代码 a 和名词代码 n 并在一起
b	区别词	取汉字"别"的声母
c	连词	取英语连词 conjunction 的第 1 个字母
dg	副语素	副词性语素。副词代码为 d,语素代码 g 前面置以 D
d	副词	取 adverb 的第 2 个字母,因其第 1 个字母已用于形容词
e	叹词	取英语叹词 exclamation 的第 1 个字母
f	方位词	取汉字"方"
g	语素	绝大多数语素都能作为合成词的"词根",取汉字"根"的声母
h	前接成分	取英语 head 的第 1 个字母
i	成语	取英语成语 idiom 的第 1 个字母
i	简称略语	取汉字"简"的声母

图 5.1　常见的中文词性整理表

（1）词袋模型。词袋模型（Bag of Word,BOW）,即不考虑词语原本在句子中的顺序,直接将每一个词语或符号统一放置在一个集合（如列表）,然后按照计数的方式对出现的次数进行统计。统计词频是最基本的方式,TF-IDF 是词袋模型的一个经典用法。

TF-IDF（Term Frequency-Inverse Document Frequency,词频-逆向文件频率）是一种用于信息检索（Information Retrieval）与文本挖掘（Text Mining）的常用加权技术。TF-IDF 的主要思想是：如果某个单词在一篇文章中出现的词频（Term Frequency,TF）高,并且在其他文章中很少出现,则认为此词或短语具有很好的类别区分能力,适合用来分类,如图 5.2 所示。

$$\text{词频(TF)} = \frac{\text{某个词在文章中的出现次数}}{\text{文章的总词数}} \qquad \text{逆文档频率(IDF)} = \log\left(\frac{\text{语料库的文档总数}}{\text{包含该词的文档数}}\right)$$

图 5.2　TF-IDF

我们举一个例子,有一篇 100 字的短文,其中"猫"这个词出现了 3 次。那么这篇短文中"猫"的词频 $tf = \dfrac{\text{某个词在文章中出现的次数}}{\text{文章的总词数}} = \dfrac{3}{100} = 0.03$,如果这里有 10 000 000 篇文章,其中有"猫"这个词的文章只有 1000 篇,那么"猫"对应所有文本,也就是整个语料库的逆向文件频率 $idf = \log \dfrac{\text{语料库的文档总数}}{\text{包含该词的文档数}} = \dfrac{10\ 000\ 000}{1000} = 4$,这里 log 取 10 为底。由于 $tfidf_{i,j} = tf_{i,j} \times idf_i$,这样就可以计算得到"猫"在这篇文章中的 TF-IDF 值 $0.03 \times 4 = 0.12$。

现在假设在同一篇文章中,"是"这个词出现了 20 次,因此"是"这个字的词频为 0.2。如果只考虑词频的话,在这篇文章中明显"是"比"猫"更重要。

但我们还有逆向文件频率,假设"是"这个字在全部的 10 000 000 篇文章都出现过了,那么"是"的逆向文件频率就是 $0\left(\text{即} \log \dfrac{10\ 000\ 000}{10\ 000\ 000} = 0\right)$。

这样综合来看,"是"这个字 TF-IDF 就只有 0 了,远不及"猫"重要。对于这篇文章,"猫"这个词远比出现更多次的"是"重要。诸如此类,出现很多次,但实际上并不包含文章特征信息的词还有很多,比如"这""也""就""的""了"等。

(2) 词向量。词向量是将字、词语转换成向量矩阵的计算模型。到目前为止,最常用的词向量技术是 One-hot,这种方法是把每个词表示为一个很长的向量。这个向量的维度是词表大小,其中绝大多数元素为 0,只有一个维度的值为 1,这个维度就代表了当前的词。

词向量技术还有 Google 团队的 Word2Vec,它主要包含两个模型:跳字模型(Skip-Gram)和连续词袋模型(Continuous Bag of Words,CBOW),以及两种高效训练的方法:负采样(Negative Sampling)和层序 Softmax(Hierarchical Softmax)。

以 Word2Vec 为代表的词向量技术,是自然语言处理领域一直以来最常用的文本表征方法,但这种方法仅学习了文本的浅层表征,并且这种浅层表征是上下文无关的文本表示,对于后续任务的效果提升非常有限。直到 ELMo 模型提出了一种上下文相关的文本表示方法,并在多个典型下游任务中表现惊艳,才使得预训练一个通用的文本表征模块成为可能。此后,基于 BERT 的改进模型、XLNet 等大量预训练语言模型涌出,预训练技术逐渐发展成了自然语言处理领域不可或缺的主流技术。

值得一提的是,Word2Vec 词向量可以较好地表达不同词之间的相似和类比关系。除此之外,还有一些词向量的表示方式,如 Doc2Vec、WordRank 和 FastText 等。

3. 模型训练

在选择好特征向量之后,接下来要做的事情当然就是模型训练,对于不同的应用需求,我们使用不同的模型,传统的是有监督和无监督机器学习模型,还有 KNN、SVM、Naive Bayes、决策树、GBDT、K-means 等模型,深度学习模型有 CNN、RNN、LSTM、Seq2Seq、FastText、TextCNN 等。这些模型在分类、聚类、神经网络等算法中都会讲到,这里不再赘述。

4. 指标评价

模型训练好后,在上线之前要对模型进行必要的评估,目的是让模型对语料具备较好的泛化能力。对于二分类问题,根据真实类别与学习器预测类别的组合,可把样例划分为真正例(True Positive,TP)、假正例(False Positive,FP)、真反例(True Negative,TN)、假反例(False Negative,FN)四种情形,令 TP、FP、TN、FN 分别表示其对应的样例数,显然有 TP+FP+TN+FN=样例总数。分类结果的"混淆矩阵"(Confusion Matrix)如图 5.3 所示。

真实情况	预测结果	
	正例	反例
正例	TP(真正例)	FN(假反例)
反例	FP(假正例)	TN(真反例)

图 5.3　分类结果的"混淆矩阵"

5.1.3　自然语言处理的主要研究方向

1. 聊天机器人

对话系统可以追溯到艾伦·图灵的图灵测试。接下来,我们学习现有聊天机器人所涉及的技术。

(1) 机器学习和深度学习。机器学习技术属于基础技术,比如说,分类算法可以用于用户的意图分类和情感分类;语言模型可以用于筛选语音识别后的句子是否通顺;聚类算法可以用于用户的行为习惯分析等。随着数据量越来越多,可以发挥深度学习的优势,更进一步提升聊天机器人的基础技术能力。

(2) 自然语言处理。自然语言处理是聊天机器人语义交互层面的核心技术。比如,检索技术可以选取语料库中最合适的回复,命名实体识别可以找出句子中的关键信息,如"播放李荣浩的《李白》"中,《李白》是指一首歌名。主体识别可以用于判断句子的主语,例如"我给你唱歌"和"给我唱歌"的主语是不同的。此外,还有句型判断、实体链接、词性标注、依存分析等各项技术,综合运用于用户句子的解析。

(3) 数据库技术。通过数据库技术,可以在预先存储好的大规模语料库中,快速检索相近的句子,也可以对海量的用户交互数据进行存储并进一步分析。

(4) 知识图谱技术。知识图谱是聊天机器人实现认知交互的关键技术之一,可以帮助聊天机器人进行记忆、联想和推理。

(5) 关于知识图谱的声学技术。关于知识图谱的声学技术包括语音识别、语音合成、声纹迁移、声纹识别以及歌声合成等,为聊天机器人提供了更加丰富的表现力。声学技术还涉及与芯片、硬件(例如麦克风阵列)的配合。

(6) 计算机视觉技术。通过计算机视觉技术,可以进行人脸识别、情绪识别,并可以进一步配合语音、语义技术对用户语句进行深度分析。

(7) 其他技术。

很多聊天机器人产品具备硬件形态,包括虚拟形象,因此也需要芯片技术、硬件、全息技术、美术和设计等支持。聊天机器人一定是一个技术整合的产物,在一个有很多串行模块的系统中,有个很重要的问题是错误传递。比如说 5 个串行模块,每个模块的性能都是 95%,而最终的结果却只有 77%。所以,在设计一个聊天机器人架构时,也需要尽可能避免模块的串行化。同时,对于多轮交互架构,也需要有更加成熟的设计。

当前,由于技术不成熟,聊天机器人还无法完全做到和人一样的聊天方式,即使市面上有很多平台可以自建聊天机器人,如微软的小冰(目前最好的闲聊)、苹果的 Siri、亚马逊的 Amazon Echo 等。

2. 情感分析

情感分析是基于自然语言处理的分类技术,主要解决的问题是判断一段话是正面的还是负面的。例如,电商类的网站根据情感分析提取正负面的评价关键词,形成商品的标签。基于这些标签,用户可以快速知道大众对这个商品的看法;还有不少基金公司会利用人们对某公司和行业的看法态度来预测未来股票的跌涨;再比如一些新闻类的网站,根据新闻的评论可以知道这个新闻的热点情况,是积极导向,还是消极导向,从而进行舆论新闻的有效控制。

情感分析可以采用基于情感词典的方法,也可以采用基于深度学习的方法。

(1) 基于情感词典的方法,先对文本进行分词和停用词处理等预处理,再利用已构建好的情感词典,对文本进行字符串匹配,从而挖掘正面和负面信息,如图 5.4 所示。

情感词典在整个情感分析中至关重要,所幸现在有很多开源的情感词典,如 BosonNLP 情感词典(它是基于微博、新闻、论坛等数据来源构建的情感词典)和知网情感词典等。当然我们也可以通过语料来自己训练情感词典。

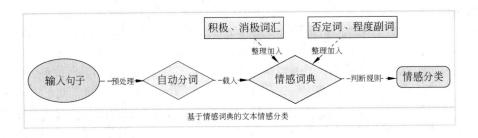

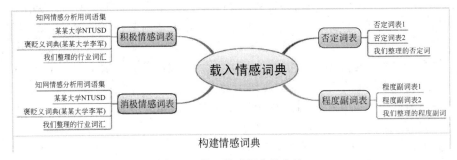

图 5.4　基于情感词典的方法

基于词典的文本匹配算法相对简单。语句分词后,逐个遍历其中的词语,如果词语命中了词典,则进行相应权重的处理。正面词权重为加法,负面词权重为减法,否定词权重取相反数,程度副词权重则和它修饰的词语权重相乘,如图 5.5 所示。

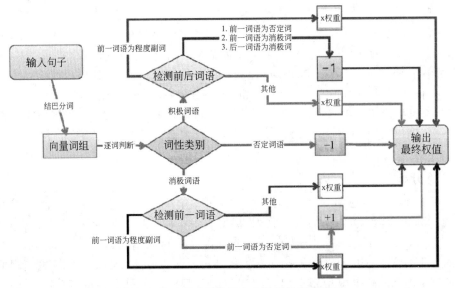

图 5.5　基于情感词典的文本分类的程序框图

利用最终输出的权重值,就可以区分是正面、负面还是中性情感了。

基于词典的情感分类,简单易行,而且通用性也能够得到保障。但仍然有精度不高、词典构建难等不足。

(2) 基于深度学习的方法。基于深度学习的方法首先对语句进行分词、停用词、简繁转换等预处理,再进行词向量编码,然后利用 LSTM 或 GRU 等 RNN 网络进行特征提取,最后通过全连接层和 softmax 函数输出每个分类的概率,从而得到情感分类,如图 5.6 所示。

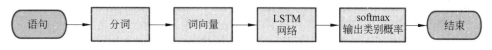

图 5.6 基于深度学习的情感分类

传统方法是人为地构造分类的特征,最终的分类效果取决于情感词库的完善性,另外还需要很好的语言学基础,也就是说,还需要知道一个句子通常在什么情况为表现为积极或消极的。深度学习方法是指选取情感词作为特征词,将文本矩阵化(转为向量),利用逻辑回归(Logistic Regression)、朴素贝叶斯(Naive Bayes)、支持向量机(SVM)等方法进行分类。最终分类效果取决于训练文本的选择以及正确的情感标注。

3. 机器翻译

机器翻译是计算机发展之初就企图解决的问题之一,目的是实现机器自动将一种语言转化为另一种语言。早期方法是语言学家手动编写翻译规则实现机器翻译,但人工设计规则的代价非常大,对语言学家的翻译功底要求非常高,并且规则很难覆盖所有的语言现象。之后 IBM 公司在 20 世纪 90 年代提出了统计机器翻译的方法,这种方法只需要人工设计基于词、短语和句子的各种特征,提供足够多的双语语料,就能相对快速地构建一套统计机器翻译系统(Statistical Machine Translation,SMT),大大减少了翻译系统设计研发的难度,翻译性能也超越了基于规则的方法。于是,机器翻译也从语言学家主导转向计算机科学家主导,在学术界和产业界中基于统计的方法也逐渐取代了基于规则的方法。随着深度学习不断在图像和语音领域的各类任务中达到最先进水平,机器翻译的研究者也开始使用深度学习技术。

自然语言是一个非常复杂的系统,具有语境敏感性、句法语义不对称、一词多义、模糊性等特征,欠规范现象比比皆是。对此,黑箱处理相当脆弱,几乎无能为力。例如,机器翻译界有一条著名的语句:"The box was in the pen"。我们都知道"box"是盒子,"pen"有两个意思:一个是钢笔,一个是围栏。翻译这一语句,人们很容易给出正确翻译:"盒子在围栏里"。然而,谷歌、百度、微软的机器翻译系统却将它翻译成"盒子在钢笔里"。为什么会这样?原因就在于,目前的机器翻译皆采用深度学习方法,直接依赖于大数据和概率统计。所以,要想得到正确的翻译,机器除了要知道"box"和"pen"的可能所指(习惯用法)之外,还应知道三点知识或常识:

(1)"in"是"一个小器具放在一个大器具里"。

(2)盒子的体积(通常情况下)小于围栏的体积,故而可以放在围栏里。

(3)盒子的体积(通常情况下)大于钢笔的体积,因此不能放在钢笔里。

令人遗憾的是,目前大数据驱动的机器翻译尚不具备这些最基本的人类知识或常识。机器在大规模的深度学习中根据概率获知"pen"常常译为"钢笔",所以翻译系统便理所当然地把此处的"pen"误译为"钢笔"。假如翻译系统具备上述常识,它就能知道"盒子在钢笔里"这样的翻译是错误的。因为盒子只能装在围栏里,哪怕"围栏"这个词出现的概率再低,也只能译为"围栏",而不能译为"钢笔"。

由上可知,大数据驱动的深度学习不过是在统计意义上将两个东西相关联,两者之间是否具有逻辑关系,它却浑然不知。所以,计算机要想真正理解自然语言,仅仅依靠累积数据是远远不够的,还需要汇聚人类常识的大知识驱动。目前,大数据驱动的自然语言处理技术已经非常成熟了,而大知识驱动的自然语言处理技术才刚刚起步。虽然存在一些面向特定领域的专家知识库,但没有建构起面向全人类的大知识库,特别是常识库。以大数据和大知识为双轮驱动的自然语言处理,超越了传统经验主义和理性主义的二元竞争,是 AI 发展的必然趋势。

4. 文本生成

文本生成是自然语言处理中最有意思的任务之一。例如自动写诗,或自动作诗机、藏头诗生成器,目前支持五言绝句、七言绝句、五言律诗、七言律诗的自动生成(给定不超过 7 个字的开头内容自动续写)和藏头诗生成(给定不超过 8 个字的内容自动合成)。感兴趣的读者可以关注公众号 AINLP,如图 5.7 所示,看一下效果。

图 5.7　公众号 AINLP

文本生成是自然语言处理的一个重要的方向,例如,摘要生成要求机器阅读一篇文章后自动生成一段具有概括性质的内容,比如生成摘要或标题。与其他的应用不同,如机器对话、机器翻译等输入和输出文本的长度较为接近,文本摘要输入的文本长度往往远大于输出的文本长度,输入与输出的不对称也使得其较为特殊,因此诞生了一种提取式的方式——在原文中寻找重要的部分,将其复制并拼接成摘要,但提取的单词往往因为缺少连接词而不连续,而且无法产生原文中不存在但需要的新单词。因此,人们需要一种类似人类书写摘要的方法,先阅读文章并理解,再自己组织语言来编写摘要,摘要与原文意思接近且主旨明确。

机器像人一样使用自然语言进行表达和写作。依据输入的不同,文本生成技术主要包括数据到文本生成和文本到文本生成。数据到文本生成是指将包含键值对的数据转化为自然语言文本;文本到文本生成是对输入文本进行转化和处理从而产生新的文本。随着序列到序列(Sequence-to-Sequence,Seq2Seq)模型的成功,使用递归神经网络来阅读文章和生成题目成为可能。

除了以上四种研究方向外,还有信息过滤、信息检索等领域,这里由于篇幅所限,就不一一赘述了。

5.1.4　小结

虽然自然语言处理的相关研究比较抽象,但其最基础的研究还是对语法、句法和语义的研究,关注的核心是语言和文本。但因为语言现象所特有的不确定性及发展性,使得词、句、段落在不同的情景下都有其不同的含义,且伴随着文明的发展,新的词汇、语法层出不穷。这就要求计算机跳出对单个词、句的理解,增强对文本整体含义的把握能力,结合语境理解人类语言,真正地会思考、会创造,而非仅局限于功能性和使用性。这也将是自然语言处理的重要发展方向。

人工智能目前大致有两条发展路径,其一是以模型驱动的数据智能,其二是类脑科学与人工智能的研究。当前的主流发仍是数据智能,学习仍依赖大量的数据集合,具有很大的局限性。自然语言处理要想取得突破性的进展,势必要从对人类大脑结构的研究入手,找出思维的奥秘,让机器真正听懂、读懂、看懂人类语言,而不再仅仅局限于对词、句的脱离语境的认知。其次,要重视学科交叉在自然语言处理应用落地时蕴含的巨大能量,促进自然语言处理＋行业的深度融合,让技术为企业带来更大的经济价值,为人们的日常生活增添更加便利性的新鲜元素。

5.2　智能语音

Siri是苹果公司在其产品上应用的一个语音助手,近日,国内外的很多朋友都在网上晒出了Siri的截图对话:

Can I borrow some money?

能给我借点钱不?

Ashleigh, you know that everything I have is yours.

借借借,你的是你的,我的也是你的!

Tell me a story.

给我讲个故事吧。

It was a dark and stormy night...no, that's not it.

那是一个月黑风高的夜晚……哎拉倒吧。

Where did I put my keys?

我把钥匙丢哪儿了?

It will probably be in the second-to-last place you look. Does that help?

可能在你找过的倒数第二个地方。问我特么的能有用?

☺☺☺

大家在戏弄Siri的同时,也别忘记Siri的其他神奇功能,比如利用地点设置提醒事项、智能呼叫、语音控制、球队比赛结果的获知等多种便利生活的功能。

从用户说话开始,到Siri的语音反馈,其实是经历了很多步骤的,如图5.8所示。

图 5.8　Siri语音助手工作流程

第一步称为语音识别,就是将麦克风采集到的用户声音转化为文字的过程。

第二步称为自然语义理解,将用户说的话转化成机器能理解的话,例如,把转化成文字后的两句话“路挺滑,我差点儿没摔倒”和“路挺滑,我差点儿摔倒了”理解成同样的含义。

第三步称为自然语言生成,与自然语义理解相反,是将机器的语言转化人的语言,这个阶段输出的是文字。

最后一个阶段是语音合成,将文字合成声音并播放出来,并尽可能地模仿人类自然说话的语音语调,给人以交谈的感觉。虽然只是普通的一段对话,但却经历了种种步骤,而且每个步骤其实都是一个庞大的领域。本节我们主要介绍语音识别技术和语音合成技术。

5.2.1 语音识别

1. 语音识别的发展历史与统计语言学

语音识别(Automatic Speech Recognition,ASR)的主要工作是将声音信息转化为文字。与机器进行流畅的言语交谈,让机器听懂你说的是什么,是研究学者长久以来的梦想。

1952年,贝尔实验室的戴维斯(Davis)等人发布了世界上首个能识别10个英文数字发音的系统Audrey,其识别准确率能达到98%。这是首个能将人类的发音正确识别的语音识别成果,虽然只有10个英文数字,但开创了语音识别的先河。随后在1960年,来自英国伦敦学院的德内斯(Denes)等人将语法概率和人工神经网络引入到语音识别中,发布了第一个计算机语音识别系统。但因为识别量小,这些系统根本达不到实际应用的要求,包括后续的20年间,都是在走弯路,没有什么研究成果。直到1970年,统计语言学的出现才使得语音识别重获新生。

推动这个技术路线转变的关键人物是德里克·贾里尼克(Frederick Jelinek)和他领导的IBM华生实验室(T.J.Watson)。贾里尼克等人提出了统计语音识别的框架结构,并用两个隐含马尔可夫模型(声学模型和语言模型)把语音识别概括得清清楚楚。这个框架结构对至今的语音和语言处理有着深远的影响,它从根本上使得语音识别有实用的可能。

人类的语言是非常复杂的。不同于音频识别,语音识别的难点在于不仅是把一段音频转换成对应的字,而且还要是一段逻辑清晰、语义明确的语句。

举个例子,我们对计算机念一句话——"明晚一起看电影吧"。计算机根据音频做出的识别结果可能是这样的:"命碗亦七刊店英霸"。如果仅看读音和文字的一一对应,这个准确度可以说是很高了。

那么统计语言学带来的变革是什么呢?

我们知道,虽然人类的语言很复杂,但仍有一定规律可循,"命碗亦七刊店英霸"不是一个正常人会说的话。统计语言学的作用就是找出人类说话的规律,这样就可以大大减少了语言识别产生的误差,这其中一个非常关键的概念就是语素。

语素是语言中最小的音义结合体,一个语言单位必须同时满足三个条件——"最小、有音、有义"才能被称为语素。语素又可以分成如下三类。

(1)单音节语素:构词由一个字就有意思的词组成。

(2)双音节语素:构词由两个字才有意思的词组成。

(3)多音节语素:构词由两个字以上才有意思的词组成。

天、江、水、田这四个字都是单音节语素,因为每个字都能自成一个含义。

"琵琶"等是双音节语素。单独的琵或琶都不具备任何含义,只有组合在一起时才有真正的意义。类似的还有霹雳、馄饨等。

最后一种情况就是多音节语素,主要是专有名词和拟声词,比如喜马拉雅、稀里哗啦等。

我们再回看刚才的例子,当机器知道语素之后,即便同音,它也不会把"明晚"识别成"命碗",因为后者没有任何意义,也不会把"看电影"识别成"刊店英"。以上,根据语素等人类语言规律挑选同音字的工作,在语音识别中我们称为语言模型。

语音识别中还有一个模型,就是声学模型。声学模型负责挑选出与音频匹配的所有同音字,语言模型负责从所有同音字里挑出符合原句意思的字。

2. 语音识别的技术原理

麦克风负责收集用户的声音,我们知道声音实际上是一种波。常见的 MP3 等格式都是压缩格式,必须转成非压缩的纯波形文件来处理,比如 Windows PCM 文件,也就是俗称的WAV 文件。WAV 文件中存储的除了一个文件头以外,就是声音波形的一个个点了。

在开始语音识别之前,有时需要把首尾端的静音切除,降低对后续步骤造成的干扰。这个静音切除的操作一般称为语音活动端点检测(Voice Activity Detection,VAD),需要用到信号处理的一些技术,这里不予介绍。

要对声音进行分析,需要对声音分帧,也就是把声音切开成一小段一小段,每小段称为一帧。分帧操作一般不是简单地切开,而是使用移动窗函数来实现的。

分帧后,语音就变成了很多个小段。但波形在时域上几乎没有描述能力,因此必须将波形进行变换。常见的一种变换方法是提取 MFCC(Mel-scale Frequency Cepstral Coefficients,梅尔倒谱系数),根据人耳的生理特性,把每一帧波形变成一个多维向量,可以简单地理解为这个向量包含了这帧语音的内容信息。这个过程称为声学特征提取。

在经过上述 VAD、分帧、MFCC 特征提取之后,就可以结合大量数据训练出的声学模型和描述语句文字出现概率的语言模型,通过各种识别方法,将音频输出为文字,如图 5.9所示。

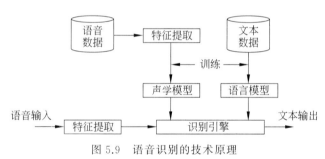

图 5.9　语音识别的技术原理

3. 语音识别的方法

(1) 经典的语音识别方法。

语音识别所采用的经典方法一般有模板匹配法、随机模型法和概率语法分析法 3 种。这 3 种方法都是建立在概率论与数理统计的基础上的。

- 模板匹配法。在训练阶段,用户将词汇表中的每一个词依次说一遍,并且将其特征向量作为模板存入模板库。在识别阶段,将输入语音的特征向量序列依次与模板库中的每个模板进行相似度比较,将相似度最高者作为识别结果输出。
- 随机模型法。这种方法的代表是隐马尔可夫模型。语音信号在足够短的时间段上的信号特征近于稳定,而总的过程可看成相对稳定的某一特性依次过渡到另一特性。隐马尔可夫模型用概率统计的方法来描述这样一种识别的过程。
- 概率语法分析法。这种方法用于大长度范围的连续语音识别。语音学家通过研究不同的语音语谱图及其变化发现,虽然不同的人说同一些语音时,相应的语谱及其变化有种种差异,但总有一些共同的特点足以使它们区别于其他语音,即语音学家提出的区别性特征。另一方面,人类的语言要受词法、语法、语义等约束,人们在识别语音的过程中充分应用了这些约束以及对话环境的有关信息。于是,将语音识别专家提出的区别性特征与来自构词、句法、语义等语用约束相互结合,就可以构成一个自底向上或自顶向下交互作用的知识系统,不同层次的知识可以用若干规则来描述。

（2）基于深度学习的语音识别方法。

上面 3 种语音识别方法都属于统计语音识别方法。目前,基于人工神经网络的语音识别方法是语音识别的主流技术和研究热点。特别是基于深度学习的语音识别方法,近年来在智能语音领域得到了广泛应用,取得了显著成果。

基于深度学习的语音识别方法通过深度神经网络模型的非线性建模能力,建立源说话人和目标说话人之间的映射关系,实现说话人个性信息的转换。由于深度神经网络具有较强的处理高维数据的能力,所以可以直接使用原始高维的谱包络特征训练模型,能够提高转换语音的质量。

目前用于语音识别研究的比较典型深度学习模型有自动编码器（Auto-Encoder,AE）、深 度 神 经 网 络（Deep Neural Network,DNN）、卷 积 神 经 网 络（Convolutional Neural Network,CNN）和递归神经网络（Recurrent Neural Network,RNN）等。其中卷积神经网络中提供时间和空间的平移不变性卷积,将该思想运用到语音信号的建模当中,利用卷积不变性的特点,避免了其他因素对信号特征的干扰。将得到的语音谱图用图像处理过程中所使用的卷积神经网络进行识别处理,使用神经网络结构方便对得到的信息进行运算处理,因为目前关于神经网络的相关框架也都比较成熟。

深度学习用于语音识别,其本质上是通过深度神经网络学习模型并训练海量语音数据,从大量的音频数据中学习规律,发现有用特征,提升语音识别准确率。

随着识别率的逐渐提升,语音识别在各个前沿方向都有了开拓性的进展,例如,中文领域的方言识别,长句和段落的连续识别,抗噪和远场语音的识别。值得一提的是远场语音,远场语音技术的难度主要在于远距离声音的噪声过滤和人声定位,它的解决方式是通过硬件配置麦克风阵列,采集多个方向不同声道的音频信息,从而进行有效信息和噪声的判断,以提升远距离下语音识别的准确度。

5.2.2　语音合成

语音合成（Text To Speech,TTS）,是将文字转化为语音的一种技术,类似于人类的嘴巴,通过不同的音色说出想表达的内容。开车的朋友经常能听到郭德纲或林志玲的导航提示,这就是 TTS 技术的典型应用,如图 5.10 所示。

在语音合成技术中,主要分为语言分析部分和声学系统部分,也称为前端部分和后端部分。语言分析部分主要是根据输入的文字信息进行分析,生成对应的语言学规格书,想好该怎么读;声学系统部分主要是根据语音分析部分提供的语音学规格书,生成对应的音频,实现发声的功能。

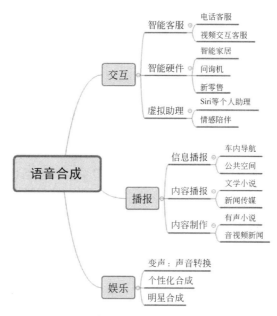

图 5.10 语音合成技术的应用场景

1. 语言分析部分

语言分析部分的流程图如图 5.11 所示,可以简单地描述出语言分析部分的主要工作。

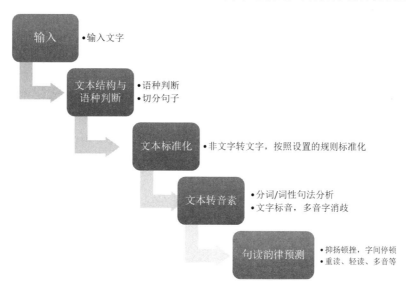

图 5.11 语言分析部分的流程图

(1) 文本结构与语种判断:当需要合成的文本输入后,先要判断是什么语种,例如,中文、英文等,再根据对应语种的语法规则,把整段文字切分为单个的句子,并将切分好的句子传到后面的处理模块。

(2) 文本标准化:在输入需要合成的文本中,有阿拉伯数字或字母,需要转化为文字。根据设置好的规则,使合成文本标准化。例如,在"请问您是尾号为 2286 的机主吗?"一句中,"2286"为阿拉伯数字,需要转化为汉字"二二八六",这样便于进行文字标音等后续的工作;再如,对于数字的读法,刚才的"2286"为什么没有转化为"两千两百八十六"呢? 因为在文本标准化的规则中,设定了"尾号为＋数字"的格式规则,这种情况下,数字按照这种方式播报。

（3）文本转音素:在汉语的语音合成中,基本上是以拼音对文字标注的,所以我们需要把文字转化为相对应的拼音,但有些字是多音字,怎么区分当前是哪个读音呢? 这就需要通过分词,通过词性句法分析,判断当前是哪个读音,并且是第几声的音调。例如,"南京市长江大桥"为"nan2jing1shi4zhang3jiang1da4qiao2"或者"南京市长江大桥""nan2jing1shi4chang2jiang1da4qiao2"。

（4）句读韵律预测:人类在语言表达时总是附带着语气与感情,语音合成的音频是为了模仿真实的人声,所以需要对文本进行韵律预测,什么地方需要停顿,停顿多久,哪个字或词语需要重读,哪个词需要轻读等,实现声音的高低曲折、抑扬顿挫。

2. 声学系统部分

声学系统部分目前主要有三种技术实现方式,分别为波形拼接语音合成、基于参数的语音合成以及端到端的语音合成。

（1）波形拼接语音合成。拼接是让说话人录制语音后,把语音切割成音素单元后供合成使用。在合成时根据文本内容把音库中的片段拼接到一起。此技术一般需要大量的录音,录音量越大,效果越好,一般做好的音库,录音量在 50 小时以上。拼接算法一直演进到2018 年,在当今的一些商业系统中还在使用。但拼接处的瑕疵难以消除,所以当基于参数的语音合成问世后,特别是端到端的语音合成技术问世后,研究者的兴趣完全转移向新兴技术。

（2）基于参数的语音合成。基于参数的合成技术为语音合成技术的延展带来了巨大的空间。利用模型自适应技术,可以把音色、情感甚至语种信息调制到声学模型,相应地产生个性化、情感化合成以及跨语种语音合成。人们利用同样的框架还可以合成歌声。端到端的语音合成技术问世之前,中文声学模型预测一般是由两部分组成,即文本处理后的拼音流到音调韵律时长的转换,再用这些信息预测语音特征,从而通过声码器把语音特征转为语音波形信号。这两段转换引入了离散化的假设,第一步的结果人类不擅标注,引入了主客观误差积累。此技术的优点是录音量小,可多个音色共同训练,字间协同过渡平滑、自然等;缺点是音质没有波形拼接得好、机械感强、有杂音等。

（3）端到端的语音合成。端到端的语音合成是在基于参数的语音合成技术上演进而来的,它把两段式预测统一成了一个模型预测,即拼音流到语音特征流的直接转换,省去了主观的中间特征标注,克服了误差积累,自然度也有了质的提升。端到端的语音合成技术是目前比较流行的技术,通过神经网络学习的方法,实现直接输入文本或注音字,中间为黑盒部分,如图 5.12 所示,然后输出合成音频,对复杂的语言分析部分进行了极大简化,所以端到端的语音合成技术大大降低了对语言学知识的要求,且可以实现多种语言的语音合成,不再受语言学知识的限制。通过端到端合成的音频,效果得到的进一步优化,声音更加贴近真人。

以上是对语音合成技术原理的简单介绍,也是目前语音合成主流应用的技术。当前的技术也再迭代更新,百度一直紧随谷歌的步伐,提出一个又一个更优秀的模型框架。在谷歌提出端到端的 Tacotron 模型之后(该系统可以接收字符输入并输出相应的原始频谱图,然

图 5.12　黑盒技术

后将其提供给 Griffin-Lim 重建算法直接生成语音），百度提出了 DeepVoice3 模型（全新的全卷积语音合成架构）。DeepVoice3 的能力与目前业界最佳的神经语音合成系统相当，同时训练速度要快上十倍。实验表明，DeepVoice3 在半小时内就可学习 2500 种声音。此外，WaveNet 是生成原始音频波形的深层生成模型，该技术已经被 Google DeepMind 引入，用于教授如何与计算机对话。引入结果令人满意，读者可以在网上可以找到合成声音的例子，如计算机学习如何用名人的声音与人们谈话。WaveNet 属于卷积网络，在语音合成声学模型建模、声码器方面都有应用，在语音合成领域有很大的潜力。

5.2.3　智能语音的技术边界

智能语音从表现形式来看，相关支撑技术主要可划分为基础语音技术、智能化技术以及大数据技术，如图 5.13 所示。

图 5.13　智能语音背后的三类核心技术

作为一门交叉学科，近二十年来，智能语音取得了显著的进步，从各大实验室成果完成了技术转化，实现落地到实际应用上，走向市场，为工业、家电、通信、交通、医疗、消费等领域提供服务。很多研究学者认为，智能语音技术是 21 世纪前十年间信息技术领域的十大重要科技发展之一，足见其对信息技术发展的贡献之大。

但是目前的语音合成还是存在着一些解决不掉的问题。

首先就是拟人化。其实当前的语音合成拟人化程度已经很高了，但行业内的人一般都能听出来是否是合成的音频，因为合成音的整体韵律还是比真人要差很多，真人的声音是带有气息感和情感的，语音合成的音频声音很逼近真人，但在整体的韵律方面会显得很平稳，不会随着文本内容有大的起伏变化，单个字词可能还会有机械感。

其次是情绪化。真人在说话时，可以察觉到当时的情绪状态，在语言表达时，通过声音就可以知道这个人是否开心或是沮丧，也会结合表达的内容传达具体的情绪状态。单个语音合成音库是做不到的。例如，在读小说时，小说中会有很多的场景，使用不同的情绪，但用语音合成的音频,整体感情和情绪是比较平稳的,没有很大的起伏。目前优化的方式有两种,一是加上背景音乐,不同的场景用不同的背景音乐,淡化合成音的感情情绪,让背景音烘托氛围;二是制作多种情绪下的合成音库,可以在不同的场景调用不同的音库来合成音频。

最后是定制化。当前,我们在听到语音合成厂商合成的音频时,整体效果还是不错的,很多客户会有定制化的需求。例如,用自己企业职员的声音制作一个音库,想要达到与语音合成厂商一样的效果,这个是比较难的。目前语音合成厂商的录音员基本上都是专业的播音员,不是任何一个人就可以满足制作音库的标准的。如果能实现每一个人的声音都可以到达85%以上的还原,这将应用于更多的场景中。

5.2.4 小结

目前的语音合成技术已经应用于各种场景,是较成熟且可落地的产品,对于合成音的要求,当前的技术已经可以做很好了,满足了市场上绝大部分需求。语音合成技术主要是合成类似于人声的音频,其实当前的技术已完全满足。目前的问题在于,不同场景有具体的实现需求,例如不同的数字读法,如何智能地判断当前场景应该是哪种播报方式,以及什么样的语气和情绪更适合当下的场景?多音字如何更好地区分,确保合成的音频尽可能不出错?当然有时候错误是不可避免的,但如何在容错范围之内,或者读错之后是否有很好的自学机制?下次播报时就可以读对,具有自我纠错的能力。这些可能是当前产品化时遇到的实际问题。在产品整体设计时,这些是需要考虑的主要问题。

对于未来而言,智能语音交互技术可能会有如下发展趋势。一是对用户意图的理解更智能。在智能交互中,对用户的意图表达上往往是随意的、模糊的,如何理解用户的意图将非常重要。未来,对用户意图理解的技术将会更加智能。二是语音交互技术更加人性化、个性化。比如,理解用户意图时考虑用户个性化因素。再比如合成的语音更加流畅自然,具有各种音色,并兼具情感,满足不同用户不同情感、不同场景的交互需求。三是语音交互将会向多模态技术进化。设备可以感知多种模态的信息,综合语音、视觉、信号等多种模态的信息,将会更加有效地进行智能交互。当然,在很长的一段时间内,语音仍然是交互的重点。

5.3 计算机视觉

简单地说,计算机视觉就是将图像信息转化为计算机可以处理的数字信息,从而让计算机能"看得见"。这个信息不仅仅是二维的图片,也包括三维场景、视频序列等。基本上所有需要用到图片、视频的应用场景,都离不开计算机视觉的支持。因此,这也是人工智能领域中一个比较热门的方向。

5.3.1 概述

计算机视觉是一门研究如何使机器"看"的科学,更进一步地说,就是指用摄影机和计算机代替人眼对目标进行识别、跟踪和测量的机器视觉,并进一步做图形处理,使计算机处理成为更适合人眼观察或传送给仪器检测的图像。作为一个学科,计算机视觉研究相关的理论和技术,试图建立能够从图像或多维数据中获取"信息"的人工智能系统。这里所指的信息,是可以用来做一个"决定"的信息。因为感知可以看作是从感官信号中提取信息,所以计算机视觉也可以看作是研究如何使人工系统从图像或多维数据中实现"感知"的科学。

计算机视觉是一个典型的交叉学科研究领域,包含了生物学、心理学、计算机科学、数学、工程学、物理等领域,存在与其他许多学科或研究方向之间相互渗透、相互支撑的关系。图 5.14 所示是计算机视觉涉及的领域。

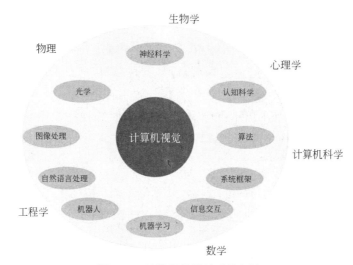

图 5.14 计算机视觉涉及的领域

5.3.2 计算机视觉的 5 大技术

视觉识别是计算机视觉的关键组成部分。神经网络和深度学习的最新进展,极大地推动了这些最先进的视觉识别系统的发展。在本节中我们将介绍 5 种主要的计算机视觉技术,并介绍几种基于计算机视觉技术的深度学习模型与应用。

1. 图像分类

图像分类是指输入一个图像,输出对该图像内容分类的描述。它是计算机视觉的核心,实际应用广泛。图像分类的传统方法是特征描述及检测,这类传统方法可能对于一些简单的图像分类是有效的,但由于实际情况非常复杂,传统的分类方法不堪重负。现在,我们不再试图用代码来描述每一个图像类别,决定转而使用机器学习的方法来处理图像分类问题。其主要任务是,给定一个输入图片,为其指派一个已知的混合类别中的某一个标签。

如图 5.15 所示,输入一张狗的图片,该图片被表示成一个大的三维数字矩阵。在图 5.15中,图像分类的最终目标是转换这个数字矩阵到一个单独的标签,例如"狗"。图片分类的任务是对于一个给定的图片,预测其类别标签。

对人类来说,识别狗特别简单。首先,我们之前已经大量接触了这类图像,对其特征有深入的认识,所以对人类识别来说是一个简单的任务,但对于计算机视觉算法,那就如蜀道

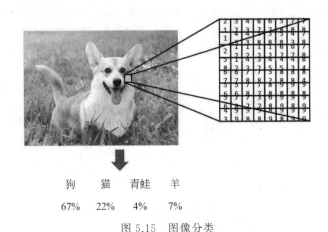

狗　　猫　　青蛙　　羊

67%　　22%　　4%　　7%

图 5.15　图像分类

之难,难于上青天!

计算机视觉领域遇到的如下困难,也是现在亟须解决的问题:

(1)刚体和非刚体的变化:不同类型其变化都不一样。

(2)多视角:收集同一个物体图像,获取的角度是多变的(见图 5.16)。

图 5.16　同一事物的多角度观察

(3)尺度:在现实生活中,很多物体的尺度是千变万化。

(4)遮挡:目标物体可能被遮挡,有时候只有物体的一小部分是可见的。

(5)光照条件:在像素层面上,光照的影响非常大。

(6)类内差异:一类物体的个体之间有许多不同的对象,每个都有自己的外形。

目前的解决方法是采用数据驱动,该方法和教幼儿看图识物类似:给模型很多图像数据,让其不断地去学习,学习到每个类的特征。首先将大量的图片加上标签,如图 5.17 所示。这里一共有 4 个类别的训练集,但在实际中,可能有成千上万类别的物体,每个类别都会有百万张图像。

图像分类的流程可分以下为三个阶段。

(1)输入:输入是包含 N 个图像的集合,每个图像的标签是 K 种分类标签中的一种。这个集合称为训练集。

猫　　　　　　狗　　　　　　　青蛙　　　　　　羊

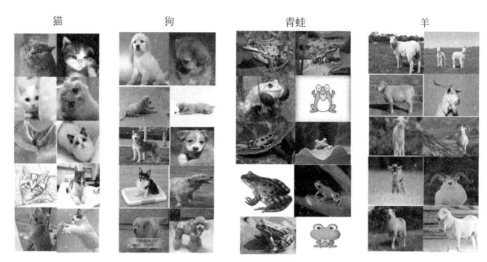

图 5.17　加标签的数据

（2）学习：这一步的任务是使用训练集来学习每个类到底长什么样。一般该步骤称为训练分类器或学习一个模型。

（3）评价：让分类器来预测它未曾见过的图像的分类标签，并以此来评价分类器的质量。把分类器预测的标签和图像真正的分类标签进行对比。

比较两张图片的差别就是比较两张图片的像素块。最简单的方法就是逐个像素比较，最后将差异值全部加起来。换句话说，就是将两张图片先转化为两个向量 I_1 和 I_2，然后计算它们的距离 L_1：

$$d_1(I_1, I_2) = \sum_P \mid I_1^P - I_2^P \mid$$

图 5.18 是两张图片的距离 L_1。

测试集图片　　　　　　　　训练参数图片

56	32	10	18
90	23	128	133
24	26	178	200
2	0	255	220

−

10	20	24	17
8	10	89	100
12	16	178	170
4	32	233	112

=

46	12	14	1
82	13	39	33
12	10	0	30
2	32	12	108

➡ 456（L_1 距离）

图 5.18　两张图片的距离 L_1

以图片中的一个颜色通道为例来进行说明。两张图片使用 L_1 距离来进行比较。逐个像素求差值，然后将所有差值加起来得到一个数值。如果两张图片一模一样，那么距离 L_1 为 0，但是如果两张图片很是不同，那 L_1 值将会非常大。

图像分类，是根据在各自图像信息中所反映的不同特征，把不同类别的目标区分开来的图像处理方法。它利用计算机对图像进行定量分析，把图像或图像中的每个像元或区域划归为若干个类别中的某一种，以代替人的视觉判读。目前，图像分类在很多领域有广泛应用，包括安防领域的人脸识别和智能视频分析等、交通领域的交通场景识别、互联网领域基于内容的图像检索和相册自动归类、医学领域的图像识别等。

2. 目标检测

前面已经介绍了,图像分类可以辨别出图片上的是一辆车还是一条狗,而目标检测不仅要辨别出图片上的内容所属的类别,还要用边框将辨别的东西标记出来,确定识别物体的具体位置,如图 5.19 所示。这就是目标检测。

图 5.19　目标检测

如图 5.19 所示,我们要检测的目标大小、位置、形状都可能不同,这便是目标检测的核心问题。当前使用的目标检测的算法主要可以分为两类:一阶段处理(One-Stage)和两阶段处理(Two-Stage)。

(1) 一阶段处理:直接利用神经网络提取图片中的特征,从而预测物体的分类和位置。常见的一阶段处理目标检测算法有 OverFeat、YOLOv1、YOLOv2、YOLOv3、SSD 和 RetinaNet 等。

(2) 两阶段处理:先进行区域选择,该区域称为候选区域(Region Proposal,RP)。该区域可能包含检测物体的预选框,然后通过卷积神经网络提取特征,预测物体的分类和位置。常见的两阶段处理目标检测算法有 R-CNN、SPP-Net、Fast R-CNN、Faster R-CNN 和 R-FCN 等。

图 5.20 展示了目标检测的基本流程。首先给定一张待检测图片,然后对这张图片进行候选框的特征提取。候选框的特征提取通常采用滑动窗口的方法进行。接下来对每个窗口中的局部信息进行特征提取(通常采用一些经典的计算机视觉模式识别中的算法,包括基于颜色、基于纹理、基于形状的方法,以及一些中层次或高层次语义特征的方法,这些方法有些是需要学习得到的。如提取基本的直方图特征,常见的纹理特征)。

图 5.20　目标检测的基本流程

计算机视觉中常见的特征提取方法往往分为如下三类。

(1) 底层特征:颜色、纹理等这些最基本的特征。

(2) 中层次特征:基于底层特征,利用机器学习的方法进行特征挖掘和特征学习过程之后的特征,包括 PCA 特征和 LDA 学习之后的特征等,这些特征均是基于优化理论提取的特征。

（3）高层次的特征：将低层次和中层次特征进行进一步的挖掘和表示，比如对一个人可以采用是否带帽子、戴眼镜等语义特征进行表示。

目标检测算法中通常使用的方法集中在低层次和中层次两种，也就是基于手工设计的特征和基于学习的特征两大类。

在特征提取后，对候选区域提取出的特征进行分类判定，这个分类器需要进行事先学习和训练得到。在这个过程中，对于单类别目标检测，只需要区分当前的窗口中所包含的对象是背景还是目标；对于多分类问题，需要进一步区分当前窗口中对象的类别。在经过对复选框判定后就会得到一系列的可能为检测目标的候选框，这些候选框可能会存在一些重叠的状况，这时需要一个非极大值抑制（Non-Maximum Suppression，NMS）来对候选框进行合并，最终得到需要检测的目标，也就是算法最终输出的结果。

目标检测至今仍然是计算机视觉领域较为活跃的一个研究方向，虽然一阶段处理检测算法和二阶段处理检测算法都取得了很好的效果，但对真实场景下的应用还存在一定差距，目标检测这一基本任务仍然是非常具有挑战性的课题，存在很大的提升潜力和空间。

3. 目标跟踪

目标跟踪是指对图像序列中的运动目标进行检测、提取、识别和跟踪，获得运动目标的运动参数，进行处理与分析，实现对运动目标的行为理解，以完成更高一级的检测任务。目标跟踪是计算机视觉领域的一个重要问题，目前广泛应用在体育赛事转播、安防监控和无人机、无人车、机器人等领域，如图 5.21 所示。

图 5.21　车辆跟踪

我们可以把目标跟踪划分为 5 项主要的研究内容。
- 运动模型：如何产生众多的候选样本。
- 特征提取：利用何种特征表示目标。
- 观测模型：如何为众多候选样本进行评分。
- 模型更新：如何更新观测模型使其适应目标的变化。
- 集成方法：如何融合多个决策以获得一个更优的决策结果，如图 5.22 所示。

（1）运动模型：生成候选样本的速度与质量直接决定了跟踪系统表现的优劣。常用的有两种方法：粒子滤波和滑动窗口。粒子滤波是一种递推贝叶斯推断方法，通过递归的方式推断目标的隐含状态。而滑动窗口是一种穷举搜索方法，它列出目标附近所有可能的样

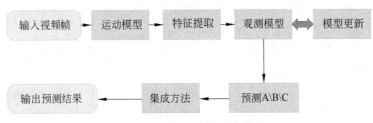

图 5.22 目标跟踪的基本流程

本作为候选样本。

（2）特征提取：鉴别性的特征表示是目标跟踪的关键之一。常用的特征被分为两种类型：手工设计的特征和深度特征。常用的手工设计的特征有灰度特征、方向梯度直方图、哈尔特征、尺度不变特征等。与人为设计的特征不同，深度特征是通过大量的训练样本学习出来的特征，它比手工设计的特征更具有鉴别性。因此，利用深度特征的跟踪方法通常很轻松就能获得一个不错的效果。

（3）观测模型：大多数的跟踪方法主要集中在这一块的设计上。根据不同的思路，观测模型可分为两类：生成式模型和判别式模型。生成式模型通常寻找与目标模板最相似的候选作为跟踪结果，这一过程可以视为模板匹配。常用的理论方法包括子空间、稀疏表示、字典学习等。而判别式模型通过训练一个分类器来区分目标与背景，选择置信度最高的候选样本作为预测结果。判别式方法已经成为目标跟踪中的主流方法，因为有大量的机器学习方法可以利用。常用的理论方法包括逻辑回归、岭回归、支持向量机、多示例学习和相关滤波等。

（4）模型更新：模型更新主要是更新观测模型，以适应目标表观的变化，防止跟踪过程发生漂移。模型更新没有一个统一的标准，通常认为目标的表观连续变化，所以常常会对每一帧都更新一次模型。但也有人认为，目标过去的表观对跟踪很重要，连续更新可能会丢失过去的表观信息，引入过多的噪声，可以利用长短期更新相结合的方式来解决这一问题。

（5）集成方法：集成方法有利于提高模型的预测精度，也常常被视为一种提高跟踪准确率的有效手段。可以把集成方法笼统地划分为两类：在多个预测结果中选一个最好的，或是利用所有的预测加权平均。

视觉运动目标跟踪是一个极具挑战性的任务，因为对于运动目标而言，其运动的场景非常复杂并且经常发生变化，或是目标本身也会不断变化。那么如何在复杂场景中识别并跟踪不断变化的目标就成为一个挑战性的任务。目前，目标跟踪的挑战可以分为以下几个因素。

（1）遮挡是目标跟踪中最常见的挑战因素之一。遮挡又分为部分遮挡和完全遮挡，解决部分遮挡通常有两种思路：

- 利用检测机制判断目标是否被遮挡，从而决定是否更新模板，保证模板对遮挡的鲁棒性。
- 把目标分成多个块，利用没有被遮挡的块进行有效跟踪。对于目标被完全遮挡的情况，当前也并没有有效的方法能够完全解决。

（2）形变也是目标跟踪中的一大难题，目标表观不断变化，通常导致跟踪发生漂移。解决漂移问题常用的方法是更新目标的表观模型,使其适应表观的变化,那么模型更新方法则成为了关键。什么时候更新、更新的频率多大是模型更新需要关注的问题。

(3)背景杂斑指的是要跟踪的目标周围有非常相似的目标,对跟踪造成了干扰。解决这类问题常用的手段是利用目标的运动信息,预测运动的大致轨迹,防止跟踪器跟踪到相似的其他目标上,或是利用目标周围的大量样本框对分类器进行更新训练,提高分类器对背景与目标的辨别能力。

(4)尺度变换是目标在运动过程中的由远及近或由近及远而产生的尺度大小变化的现象。预测目标框的大小也是目标跟踪中的一项挑战,如何又快又准确地预测出目标的尺度变化系数,直接影响了跟踪的准确率。通常的做法有,在运动模型产生候选样本的时候,生成大量尺度大小不一的候选框,或是在多个不同尺度目标上进行目标跟踪,产生多个预测结果,选择其中最优的作为最后的预测目标。

当然,除了上述几个常见的挑战外,还有其他一些挑战性因素,如光照、低分辨率、运动模糊、快速运动、超出视野和旋转等。所有的这些挑战因数共同决定了目标跟踪是一项极为复杂的任务。

目标跟踪方法的研究和应用作为计算机视觉的一个重要分支,正日益广泛地应用到科学技术、国防建设、航天航空、医药卫生以及国民经济的各个领域,因而研究目标跟踪有着重大的实用价值和广阔的发展前景。

4. 语义分割

图像语义分割,从字面意思上理解,就是让计算机根据图像的语义来进行分割。例如,让计算机在输入图 5.23(a)的情况下,能够输出图 5.23(b)。在语音识别领域,语义指的是语音的意思;在图像领域,语义指的是图像的内容,对图片意思的理解。比如图 5.23(a)的语义就是三个人骑着三辆自行车;分割的意思是从像素的角度分割出图片中的不同对象,对原图中的每个像素都进行标注,比如粉红色代表人,绿色代表自行车,黑色代表背景。

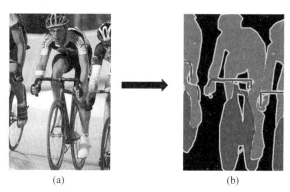

(a)   (b)

图 5.23 语义分割

目前语义分割的应用领域主要有地理信息系统、无人驾驶和医学影像分析等。

(1)地理信息系统:可以通过训练神经网络让机器输入卫星遥感影像,自动识别道路、河流、庄稼、建筑物等,并且对图像中的每个像素进行标注。图 5.24(a)为卫星遥感影像,图 5.24(b)为卫星遥感影像的真实标签,图 5.24(c)为使用神经网络进行语义分割的预测标签。

卫星遥感图像　　　　　　　真实标签　　　　　　　　预测标签

(a)　　　　　　　　　　(b)　　　　　　　　　　(c)

图 5.24　地理信息系统应用图

（2）无人驾驶：语义分割也是无人驾驶的核心算法技术，车载摄像头或激光雷达探查到图像后，输入到神经网络中，后台计算机可以自动将图像分割归类，以避让行人和车辆等障碍。

（3）医学影像分析：随着人工智能的崛起，将神经网络与医疗诊断结合也成为研究热点，智能医疗研究逐渐成熟。在智能医疗领域，语义分割主要应用有肿瘤图像分割、龋齿诊断等。

5. 实例分割

上面我们已经学习了目标检测和语义分割，这一部分我们将学习实例分割。图像的实例分割实际上是目标检测和语义分割的结合。以图 5.25 为例，目标检测只是检测出人的位置，语义分割将人标为红色，树木和草为绿色，而实例分割不仅要识别出人的位置，而且不同的人用不同的颜色进行区别。

(a) 目标识别　　　　　　(b) 语义分割　　　　　　(c) 实例分割

图 5.25　三种技术对比图

实例分割优于目标检测和语义分割，它所涉及的应用领域与语义分割相似，包括地理信息系统、无人驾驶和医学影像分析等。

5.3.3　小结

计算机视觉作为人工智能细分领域中发展最快、应用最为广泛的技术之一，它如同人工智能的“眼睛”，为各行各业捕捉和分析更多信息。随着算法的更迭、硬件算力的升级、数据的大爆发，以及 5G 带来的高速网络，计算机视觉的应用将会有更大的想象空间，为人类社会的发展做出更大的帮助。

5.4 生物特征识别

随着现代社会对公共安全和身份认证的准确性、可靠性要求日益提高,传统的密码和磁卡等身份认证方式因易被盗用和伪造等原因已远远不能满足社会的需求。而以指纹、人脸、虹膜、静脉、声纹、行为和基因等为代表的生物特征在身份认证中发挥着越来越重要的作用,受到越来越多的重视。理论上,所有具有普遍性、唯一性、稳健性和可采集性的生理特征和行为特点统称为生物特征。

5.4.1 概述

生物特征识别是指为了进行身份认证而采用自动技术,通过计算机与光学、声学、生物传感器和生物统计学原理等高科技手段密切结合,提取个体生理特征(如指纹、面部、虹膜等)或个人行为特点(如笔迹、声音、步态等),并将这些特征或特点与数据库中已有的模板数据进行比对,完成身份认证的过程。

5.4.2 生物特征识别系统

通用生物特征识别系统如图 5.26 所示,包含数据采集子系统、信号处理子系统、数据存储子系统、比对子系统和决策策略子系统,用于完成生物特征识别的注册、验证和辨识。

(1)注册:数据采集子系统通过传感器获取个体的生物特征样本,传输至信号处理子系统进行特征提取,得到生物特征模板,生物特征样本和生物特征模板作为生物特征参考,保存至数据库中。

(2)验证:数据采集子系统通过传感器获取个体的生物特征样本,传输至信号处理子系统进行特征提取得到生物特征,与已存储的生物特征模板进行 1:1 的特征比对,确认是否匹配,得到身份验证结果。

(3)辨识:数据采集子系统通过传感器获取个体的生物特征样本,传输至信号处理子系统进行特征提取得到生物特征,与已存储的生物特征模板进行 1:N 的特征比对,确认是否匹配,得到身份辨识结果。

5.4.3 生物特征识别模态

目前,生物特征识别领域常用的模态包括指纹识别、人脸识别、虹膜识别、静脉识别和声纹识别等,如图 5.27 所示。此外,随着生物特征识别应用要求的不断提升,多模态融合识别将成为生物特征识别领域未来发展重点。

(1)指纹识别。指纹是指人的手指末端正面皮肤上的一些凹凸不平的乳突线,每个指纹都有几十个独一无二、可测量的特征点,而每个特征点大约都有 5~7 个特征。因此,10 个

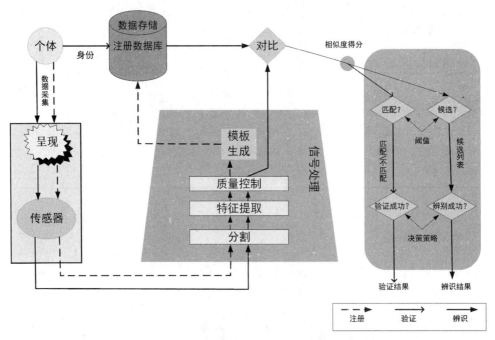

图 5.26　通用生物特征识别系统

图 5.27　生物特征识别模态

手指指纹图像便产生至少数千个独立且可测量的特征。

指纹识别是指通过比较不同指纹的细节特征点进行身份识别的一种生物特征识别技术。指纹识别具有价格低廉、易用性高等优点,同时也存在对群体指纹特征要求高、易受外界使用环境影响等缺点。目前,指纹识别在光学识别、半导体识别和超声波识别等方面有了长足的发展,在金融科技、民生服务和公共安全等领域得到了广泛的应用。

(2) 人脸识别。人脸识别经历了基于几何特征的人脸识别算法、基于模板的人脸识别算法和基于深度神经网络的人脸识别算法三个历程。近年来,随着训练样本大数据的增加,以及神经网络结构的持续创新,人脸识别精度指标不断提高。人脸识别技术也凭借并发性、非接触、操作简便和用户体验好等优势,在社会上得到越来越广泛的应用。

(3) 虹膜识别。虹膜识别是基于眼睛中的虹膜特征进行身份识别的一种生物特征识别技术。虹膜作为身份标识具有唯一性、稳定性、非接触性和防伪性等特点,但虹膜识别存在受识别距离限制及依赖光学设备等问题。经过 20 多年的深入研究,虹膜识别已日趋成熟,在产品小型化、微型化、识别距离、速度及成本等方面取得了较大突破。

（4）静脉识别。静脉识别是指基于静脉血管中的纹理特征进行身份识别的一种生物特征识别技术,主要包括指静脉识别和掌静脉识别。静脉识别一般有穿透和反射两种成像方式,其中指静脉识别通常使用穿透方式成像,掌静脉识别通常使用反射方式成像。

静脉识别具有高度准确、高度防伪、特性稳定及使用方便等特点,同时也存在设备互相不兼容的问题。国内于 2004 年开始进行静脉技术的研究,经过了十几年的发展,已在指静脉算法方面取得了较大进展。

（5）声纹识别。声纹是对语音中所蕴含的、能表征和标识人的语音特征的总称。声纹识别是指基于待识别人的声音特征进行身份识别的一种生物特征识别技术。声纹特征如图 5.28 所示。

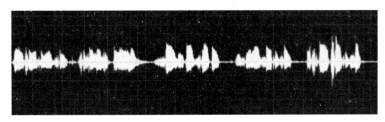

图 5.28　声纹特征图

声纹识别易与语音识别等人机交互方式结合,从而获得良好的用户体验。声纹采集成本低廉、使用简单,适用于远程身份认证,而语音信号的唯一性使得声纹识别容易预防假体攻击。声纹识别易受到说话人身体状况、情感、语速等因素的影响,也易受到噪声和信道等因素的干扰。目前,声纹识别技术已支持对千万级以上容量的声纹库开展秒级检索识别。

（6）多模态融合识别。多模态融合识别是指基于多种模态进行识别得到确定结果的一种生物特征识别技术。以 3 种不同特征类型下的样本(P1、P2、P3)为例,多模态融合识别流程主要包括呈现和融合 2 个环节,如图 5.29 所示。多模态融合识别系统支持并行和顺序两种生物特征的呈现方法,并且可以发生在任意一个阶段。融合层级包括分数级融合、特征级融合和决策级融合等。多模态融合识别可以同时提高识别性能、便捷性以及安全性,是生物特征识别领域发展的重要方向。

5.4.4　小结

生物特征识别技术是目前最为方便和安全的识别技术,它不需要记住复杂的密码,也不需随身携带钥匙、智能卡之类的东西。生物识别技术认定的是人本身,这就直接决定了这种认证方式更安全、更方便。由于每个人的生物特征具有与其他人不同的唯一性和在一定时期内不易变的稳定性,因而不易伪造和假冒,所以利用生物识别技术进行身份认证,安全、可靠、准确。此外,生物识别技术产品均借助于现代计算机技术实现,很容易配合计算机和安全、监控、管理系统整合,实现自动化管理。

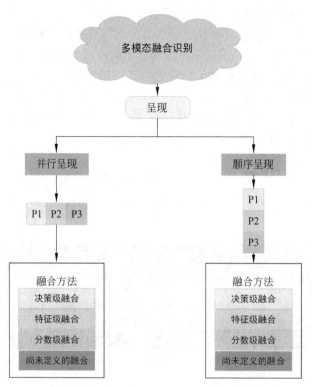

图 5.29　多模态融合识别流程示意图

5.5　虚拟现实和增强现实

　　随着大数据时代的深入发展,信息化技术的不断推进,虚拟现实(VR)技术已进入大众视野。虚拟现实技术是通过计算机的各种运算程序,创造出一个虚拟的环境,体验者借助头戴设备等方式,通过自己的感觉器官在这个虚拟环境中进行互动和交流,是一种体验感极强的高新技术。这项技术融合图像处理、语音识别、红外遥感等各种高尖技术于一体,目前已广泛应用于航空航天、机械制造等领域,在现代科技史上具有里程碑的意义。

5.5.1　虚拟现实和增强现实的定义

1. 虚拟现实

　　虚拟现实(Virtual Reality,VR)是利用计算机模拟产生一个三维空间的虚拟世界,提供给使用者关于视觉、听觉、触觉等感官的模拟,让使用者如同身历其境一般,可以及时地、没有限制地观察三维空间内的事物。

　　虚拟现实技术有以下特点。

（1）多感知性（Multi-Sensory），所谓多感知，是指除了一般计算机技术所具有的视觉感知之外，还有听觉感知、力觉感知、触觉感知、运动感知，甚至包括味觉感知、嗅觉感知等。理想的虚拟现实技术应该具有人所具有的一切感知功能。由于相关技术，特别是传感技术的限制，目前虚拟现实技术所具有的感知功能仅限于视觉、听觉、力觉、触觉、运动等几种。

（2）沉浸感（Immersion），又称临场感或存在感，指用户感到作为主角存在于模拟环境中的真实程度。理想的模拟环境应该使用户难以分辨真假，使用户全身心地投入到计算机创建的三维虚拟环境中，该环境中的一切看上去是真的，听上去是真的，动起来是真的，甚至闻起来、尝起来等一切感觉都是真的，如同在现实世界中的感觉一样。

（3）交互性（Interactivity），指用户对模拟环境内物体的可操作程度，以及从环境得到反馈的自然程度（包括实时性）。例如，用户可以用手去直接抓取模拟环境中的虚拟物体，这时手有握着东西的感觉，并可以感觉物体的重量，视野中被抓的物体也能立刻随着手的移动而移动。

（4）构想性（Imagination），又称为自主性，强调虚拟现实技术应具有广阔的可想象空间，可拓宽人类的认知范围，不仅可再现真实存在的环境，也可以随意构想客观不存在的甚至是不可能发生的环境。

虚拟现实技术源于现实又超出现实，将对科学、工程、文化教育和认知等各个领域及人类生活产生深刻的影响。

VR技术是仿真技术的一个重要方向，是仿真技术与计算机图形学人机接口技术、多媒体技术、传感技术、网络技术等多种技术的集合，是一门富有挑战性的交叉技术前沿学科和研究领域。VR主要包括模拟环境、感知、自然技能和传感设备等方面。

2. 增强现实

增强现实（Augmented Reality，AR）是把原本在现实世界的一定时间空间范围内很难体验到的实体信息（视觉信息、声音、味道、触觉等），通过科学技术模拟仿真后再叠加到现实世界被人类感官所感知，从而达到超越现实的感官体验。增强现实是人工智能和人机交互的交叉的学科，是一种实时地计算摄影机影像的位置及角度并加上相应图像、视频、三维（3D）模型的技术，也是一种把真实世界和虚拟世界信息有机集成的技术。

从其技术手段和表现形式上AR可分为两类：一类是基于计算机视觉的AR（Vision based AR），利用计算机视觉方法建立现实世界与屏幕之间的映射关系，使要绘制的图形或3D模型可以如同依附在现实物体上一般展现在屏幕上。如何做到这一点呢？本质上来讲，就是要找到现实场景中的一个依附平面，再将这个三维场景下的平面映射到二维屏幕上，然后在这个平面上绘制想要展现的图形。另一类是基于地理位置信息的AR（LBS based AR），其基本原理是通过GPS（Global Positioning System）获取用户的地理位置，再从某些数据源（比如Wiki、Google）等处获取该位置附近物体（如周围的餐馆、银行、学校等）的信息，然后通过移动设备的电子指南针和加速度传感器，获取用户手持设备的方向和倾斜角度，通过这些信息建立目标物体在现实场景中的平面基准。

随着增强现实技术的日益成熟以及硬件技术的发展，这种技术将会更加深入到生活中的各个领域中，例如儿童的智力开发、大学课堂的人机互动、虚拟展示等。在城市规划中，增强现实技术能更好地将未来城市规划的变更、发展更直观精确地展示在人们面前，降低了错误风险以及为解决问题付出的高额代价。在装配及维修方面，增强现实技术也能完美胜任并指导用户或维修人员进行高精确装配维修活动,减少错误的发生。将增强现实技术应用于民航机务维修工作中,能在提高维修效率的同时,又能节约人力成本、减少错误。

5.5.2　虚拟现实和增强现实的联系与区别

虚拟现实和增强现实的联系非常紧密,增强现实是由虚拟现实发展起来的,两种技术可以说同根同源,均涵盖了计算机视觉、图形学、图像处理、多传感器技术、显示技术、人机交互技术等领域,两者有很多相似点和相关性:首先,都需要计算机生成相应的虚拟信息;其次,都需要使用者使用头盔或类似显示设备,这样才能将计算机生成的虚拟信息呈现在使用者眼前;最后,使用者都需要通过相应设备与计算机生成的虚拟信息进行实时互动和交互。

但虚拟现实与增强现实的区别也显而易见,具体而言,增强现实与虚拟现实技术的差异主要体现在以下4方面。

(1)虚拟现实与增强现实最显著的差别在于两者对于沉浸感的要求不同。虚拟现实系统强调用户在虚拟环境中视觉、听觉、触觉等感官的完全沉浸,强调将用户的感官与现实世界绝缘而沉浸在一个完全由计算机所控制的信息空间之中,这通常需要借助能够将用户视觉与现实环境隔离的显示设备,一般采用沉浸式头盔显示器,如图5.30(a)所示,用户完全无法看到外部的现实环境。相反,增强现实系统不仅不隔离周围的现实环境,而且强调用户在现实世界的存在性并努力维持其感官效果的不变性。增强现实系统致力于将计算机生成的虚拟环境与真实环境融为一体,从而增强用户对真实环境的理解,这就需要借助能够将虚拟环境与真实环境融合的显示设备,如透视式头盔显示器,如图5.30(b)所示,使用者可以清楚地看到外部的真实环境。

(a)　　　　　　　　　(b)

图 5.30　沉浸式和透视式头盔显示器

(2)虚拟现实与增强现实关于“注册”的含义和精度要求不同。在沉浸式虚拟现实系统中,“注册”是指呈现给用户的虚拟环境与用户的各种感官匹配。例如,当用户用手推开一扇虚拟的门,用户所看到的场景就应该同步地更新为屋子里面的场景;一条虚拟小狗向用户跑过来,用户听到的狗吠声就应该是由远及近地变化。这种注册误差是视觉系统与其他感官系统以及本体感觉之间的冲突。心理学研究表明,往往是视觉占了其他感觉的上风。而在增强现实系统中,“注册”主要是指将计算机生成的虚拟物体与用户周围的真实环境全方位对准,而且要求用户在真实环境的运动过程中维持正确的对准关系。较大的注册误差不能使用户从感官上相信虚拟物体在真实环境中的存在性及其一体性,甚至会改变用户对其周围环境的感觉,改变用户在真实环境中动作的协调性,严重的注册误差甚至会导致完全错误的行为。

（3）增强现实可以缓解虚拟现实建立逼真虚拟环境时对系统计算能力的苛刻要求。一般来说，即使要求虚拟现实系统精确再现用户周围的简单环境也需要付出巨大的代价，而其结果在当前技术条件下也未必理想，其逼真程度总是与人的感官能力不相匹配。而增强现实技术则是在充分利用周围业已存在的大量信息的基础上加以扩充，这就大大降低了对计算机图形能力的要求。

（4）虚拟现实与增强现实应用领域的侧重不同。虚拟现实系统强调用户在虚拟环境中的视觉、听觉、触觉等感官的完全沉浸，对于人的感官来说，它是真实存在的，而对于所构造的物体来说，它又是不存在的。因此，利用这一技术能模仿许多高成本的、危险的真实环境，因而其主要应用在虚拟教育、数据和模型的可视化、军事仿真训练、工程设计、城市规划、娱乐和艺术等方面。而增强现实系统并非以虚拟世界代替真实世界，而是利用附加信息去增强使用者对真实世界的感官认识，因而其应用侧重于辅助教学与培训、医疗研究与解剖训练、军事侦察及作战指挥、精密仪器制造和维修、远程机器人控制、娱乐等领域。随着智能终端平台相继推出，移动互联网技术的成熟与发展，一大批以移动终端定位与状态感知、多媒体信息处理与展现技术为基础的增强现实应用开始涌现，充分利用移动互联网资源优势，对用户所观察的物理世界进行信息拓展、体验增强，这引起产业各方的极大关注，目前正从实验室走向市场。虚拟现实与增强现实的对比如图 5.31 所示。

图 5.31　虚拟现实与增强现实的对比

5.5.3　虚拟现实和增强现实的实现原理

1. 虚拟现实技术原理

人们在看周围的世界时，由于两只眼睛的位置不同，得到的图像也略有不同，这种差别可以感知到深度，让事物看起来有立体感。虚拟现实技术也是利用这种视觉差别，使双眼看到不同的画面，从而让用户感觉到画面的立体感。与 3D 电影不同，虚拟现实强调的是 360°

全景交互,不仅有强烈的沉浸感和立体感,更重要的是允许用户和虚拟世界进行交互。

在人造环境中,每个物体相对于系统的坐标系都有一个位置,用户也是如此,用户看到的景象是由用户的位置和头(眼)的方向来确定的。跟踪头部运动的虚拟现实头套可以感知头部动作,在移动时虚拟世界中就能同样的移动,当向左看时,虚拟现实头套可以识别这一动作,这时硬件会及时渲染出左边的场景,避免了场景不跟随用户目光移动的意外。

虚拟现实的概念性体系结构如图 5.32 所示。虚拟环境用以运行虚拟现实计算机系统、虚拟现实的内容,感知设备(又称输出设备)给人提供感知信号,跟踪设备(又称输入设备)探测人的反应动作。

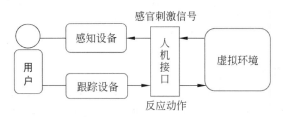

图 5.32　虚拟现实的概念性体系结构

虚拟现实是多种技术的综合,其关键技术和研究内容包括以下几个方面。

(1) 环境建模技术,即虚拟环境的建模,目的是获取实际三维环境的三维数据,并根据应用的需要,利用所获取的三维数据建立相应的虚拟环境模型。三维建模技术可以根据物体的不同方位,运用不同的视角拍摄的数码照片,依据确定的数码相机的内外部参数来确定物体的特征点的空间方位。

(2) 立体声合成和立体显示技术,在虚拟现实系统中要消除声音的方向与用户头部运动的相关性,同时在复杂的场景中实时生成立体图形。在虚拟现实系统中,双目立体视觉起了很大作用。用户的两只眼睛看到的不同图像是分别产生的,显示在不同的显示器上。有的系统采用单个显示器,有的是一只眼睛看到奇数帧的图像,另一只眼睛看到偶数帧的图像,奇数帧与偶数帧之间的视差就产生了立体感。常见的立体声效果是靠左右耳听到在不同位置录制的不同声音来实现的,所以会有一种方向感。

(3) 触觉反馈技术,在虚拟现实系统中,让用户能够直接操作虚拟物体并感觉到虚拟物体的反作用力,从而产生身临其境的感觉。在一个虚拟现实系统中,用户可以看到一个虚拟的杯子,你可以设法去抓住它,但你的手没有真正接触杯子的感觉,并有可能穿过虚拟杯子的“表面”,而这在现实生活中是不可能的。解决这一问题的常用装置是在手套内层安装一些可以振动的触点来模拟触觉,如图 5.33 所示。

图 5.33　虚拟现实头戴设备与手套

（4）交互技术，虚拟现实中的人机交互远远超出了键盘和鼠标的传统模式，利用数字头盔、数字手套等复杂的传感器设备，三维交互技术与语音识别、语音输入技术成为重要的人机交互手段。在虚拟现实系统中，使用手势跟踪作为交互可以分为两种方式：第一种是使用光学跟踪，第二种是将传感器安装在数据手套上。语音技术要求虚拟环境能听懂人的语言，并能与人进行实时交互。

（5）系统集成技术，由于虚拟现实系统中包括大量的感知信息和模型，因此系统的集成技术为重中之重，包括信息同步技术、模型标定技术、数据转换技术、识别和合成技术等。

2. 增强现实技术原理

增强现实是在现实世界中叠加虚拟信息，也即给现实做"增强"，这种增强可以是来自视觉、听觉乃至触觉，主要的目的均是在感官上让现实的世界和虚拟的世界融合在一起。其中，对现实世界的认知主要体现在视觉上，这需要通过摄像机来帮助获取信息，以图像和视频的形式反馈。通过视频分析，实现对三维世界环境的感知理解，比如场景的 3D 结构，里面有什么物体，在空间中的什么地方。而 3D 交互理解的目的是告知系统要"增强"的内容。这其中有以下几个关键点。

（1）3D 环境理解，主要依靠物体/场景的识别和定位技术。识别主要是用来触发增强现实响应，而定位则是知道在什么地方叠加增强现实内容。根据精度的不同，定位也可以分为粗定位和细定位，粗定位就是给出一个大致的方位，比如区域和趋势；而细定位可能需要精确到点，比如 3D 坐标系下的坐标、物体的角度。

（2）显示技术。目前大多数的增强现实系统采用透视式头盔显示器，这其中又分为视频透视和光学透视。

（3）人机交互。使人与叠加后的虚拟信息互动，增强现实追求在触摸按键之外自然的人机交互方式，比如语音、手势、姿态、人脸等。

其中显示技术可分为以下三种。

（1）移动手持显示，智能手机通过相应的软件实时取景并显示叠加的数字图像，这就是移动手持式显示器的一般工作情况。

（2）视频空间显示和空间增强显示，手持增强现实标志物，通过网络摄像机在视频窗口或是显示器上显示虚拟叠加的图像，也就是视频空间显示方式。而空间增强显示技术，则是利用把包括全息投影在内的视频投影技术，直接将虚拟数字信息显示在真实的环境之中。

（3）可穿戴式显示，头戴式设备可以让用户更加真实地体验增强现实，并且能够为用户提供更大的视场。

针对不同的显示技术有三种实现方案：Monitor-based 系统、视频透视（Video See-through）系统和光学透视（Optical See-through）系统。Monitor-based 系统使用摄像机摄取真实世界图像并输入到计算机中，与计算机图形系统产生的虚拟景象合成，并输出到显示器，用户从屏幕上看到最终的增强场景图片，如图 5.34 所示。

头戴式显示器（Head Mounted Displays，HMD）被广泛应用于虚拟现实系统中，用以增强用户的视觉沉浸感。增强现实技术的研究者们也采用了类似的显示技术，这就是在增强现实中广泛应用的穿透式 HMD。根据具体实现原理又划分为两大类，分别是基于视频合成技术的穿透式 HMD 和基于光学原理的穿透式 HMD。在视频透视系统实现方案中，输入计算机中的有两个通道的信息，一个是计算机生成的虚拟信息通道，另一个是来自于摄像

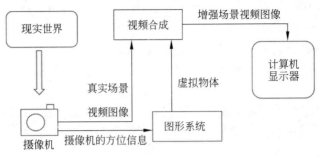

图 5.34　Monitor-based 系统

机的真实场景通道,如图 5.35 所示。在光学透视系统实现方案中,真实场景的图像经过一定的减光处理后,直接进入人眼,虚拟通道的信息经投影反射后再进入人眼,两者以光学的方法进行合成,如图 5.36 所示。

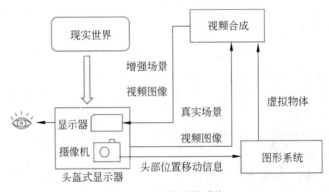

图 5.35　视频透视系统

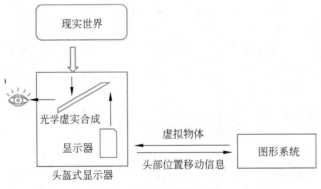

图 5.36　光学透视系统

　　三种增强现实显示技术的实现策略在性能上各有利弊。在基于 Monitor-based 和视频透视显示技术的增强现实实现中,都通过摄像机来获取真实场景的图像,在计算机中完成虚实图像的结合并输出。整个过程不可避免地存在一定的系统延迟,这是动态增强现实应用中产生虚实注册错误的一个主要原因。但这时由于用户的视觉完全在计算机的控制之下,这种系统延迟可以通过计算机内部虚实两个通道的协调配合来进行补偿。而在基于光学透视显示技术的增强现实实现中,真实场景的视频图像传送是实时的,不受计算机控制,因此不可能用控制视频显示速率的办法来补偿系统延迟。另外,在基于 Monitor-based 和视频透视显示技术的增强现实实现中,可以利用计算机分析输入的视频图像,从真实场景的图像信息中提取跟踪信息(基准点或图像特征),从而辅助动态增强现实中虚实景象的注册过程。而基于光学透视显示技术的增强现实实现中,可以用来辅助虚实注册的信息只有头盔上的位置传感器。

5.5.4　虚拟现实和增强现实的应用

1. 游戏娱乐类

游戏是 VR 与 AR 技术重要突破口,也是以最轻松的方式认识和学习新事物的一个良好渠道。目前,以头戴式设备(HMD)为主的沉浸式游戏模式已掀起了业界热潮。已有不少公司发布了各类虚拟现实游戏及相关设备,从根本上改变了传统的键盘、鼠标、手柄操作模式。HMD 即时跟踪,能够通过调整用户游戏视角,完善游戏体验的模式,弥补 3D 游戏沉浸感的不足。虽然多数游戏依然处于探索阶段,但随着时间的推移,VR 游戏与 AR 游戏势必受到为数众多年轻人的推崇与追捧,如图 5.37 所示。

图 5.37　VR 游戏与 AR 游戏

在影视娱乐方面,VR 技术的应用场景经历了本地视频改造、VR 动画展示、借助 360°全景摄像、双目摄像等设备,通过拼接算法制作 UGC 影视等多个过程。在电影领域,更多地采用 VR 技术拍摄的影片进入大众视野。

2. 商业服务类

在数字科技馆或博物馆方面,最初,从参与者通过鼠标和键盘操作浏览预制的虚拟场景和展览物,到利用 3D 眼镜等穿戴式设备实现人机互动,更好地体验"身临其境"的感觉。部分学者认为,以 3D、VR、AR 为基础,通过简单展现和描述物品的模式,不如传统网站以叙事的方式更有利于对文化内容的学习和理解。最终,通过建立云端 3D 虚拟展览馆,借助虚拟人物和游戏的方式营造文化遗产的学习环境的方式,赢得了专家的肯定。在增强交互性的同时,也达到传播知识的目的。目前,国内外已建立了一系列大型虚拟博物馆,如阿伽门农博物馆、大英博物馆、奥运博物馆等。这些场馆的出现,成功解决了实体博物馆时间、空间、交互的限制,有效缩短了展品的更新周期,是检验新技术、促进国际性交流、学术研究的重要科普方式。

军事模拟训练 VR/AR 技术是被 NASA(美国国家航空航天局)和相关军事部门最早应

用于美军军事作战领域的高端技术,其具体应用主要体现在:基于 VR/AR 和 MR 环境的单兵模拟训练、多军种联合虚拟仿真演习,即通过网络采取虚拟实体与分布式虚拟战场结合的无缝交互环境模拟训练,并拓展了一系列新应用,如高新武器研发与设计、信息网络虚拟战等。未来,VR 技术模拟训练则将向分布式模拟训练方式转变;将游戏融入军事训练;在虚拟现实中加入全息影像技术,借助军事仿真系统来实现未来作战系统。不难看出,现代军事的发展将会更多地依托于高端技术,随着 VR 等新型技术的连续涌现,将有利于削减军事成本开支,降低实战演练中的不必要伤亡,提高战斗效率,如图 5.38 所示。

VR 技术在医学方面的需求堪称庞大,而且医学诊疗中面临的众多疑难杂症对 VR 技术的快速发展则提供了强劲动力。目前,在人体结构数字化、虚拟手术训练、辅助教学、远程协作、康复治疗等方面,VR 技术已得到成熟及深入的发展应用。其中,虚拟手术训练是 VR 在医学领域的主流重要应用。将 VR 与三维可视化系统结合,在交互式虚拟环境中表示各种器官、组织等信息,能够为医学人员提供自主学习和评估的功能。同时,低成本的 VR 系统在新手医生锤炼和增强手术技巧方面,已成为任何一家医疗机构的不错选择。虚拟手术训练可以辅助医生定制合理的手术方案,减少手术伤害,提高手术成功率,如图 5.39 所示。

图 5.38　VR 军事模拟

图 5.39　VR 手术训练

3. 生活服务类

随着人们生活需求的不断增高,旅游已经成为生活中必不可少的组成部分。时下,VR/AR 技术在旅游中的应用也逐渐呈现成熟发展态势。起初,虚拟旅游将 VR/AR 结合地理信息系统、全景技术生成全景旅游景点模型,实现无交互的虚拟漫游。随着多媒体、3D 建模技术的发展,基于 Web 3D 的虚拟旅游系统得以研发问世,借此用户足不出户即可对模拟构建的 3D 历史景观或现存景观做到选取任意路线,并以任意角度观赏、浏览,同时还具有较强的交互性。这些功能应用均有效提升了用户的临场感,并降低了旅游成本,保障了安全。

智能家居作为智能空间的典型代表,已成为虚拟现实应用的重点领域。目前主要以 Web 3D 结合无线传感器网络,通过传感器采集室内物体的湿温等数据,由可穿戴医疗传感器采集用户实时的体征信息来构建智能家居模型,以此实时获取室内的信息,进而控制智能家居设备。

5.5.5　小结

随着显示技术、图像处理技术、计算机运算能力等不断提高,虚拟现实技术与增强现实技术也得到了迅猛发展。本节针对 VR、AR 的定义及特点进行了详细介绍,分析了 VR、AR 之间的联系与区别,在此基础上就 VR、AR 实现原理与方法展开了讨论,最后探讨了 VR、AR 在游戏娱乐、商业服务、生活服务等方面的具体应用。

5.6 人机交互

电影《钢铁侠》中斯塔克的管家贾维斯就像个真实的仆人一样与之对话,并帮助钢铁侠理性分析,给出建议,这种究极的语音交互体验,何时能走入我们的生活呢?为了向钢铁侠致敬,Facebook CEO 扎克伯格用业余时间开发了人工智能助手 Jarvis。扎克伯格亲自演示了 Jarvis 在一家三口的日常生活中扮演的重要角色,从起床开始,到晚上休息,Jarvis 有问必答,虽然还达不到《钢铁侠》电影中贾维斯那样的智能,但充当一个贴心的家庭助理,已经绰绰有余了。比如,它可以根据个人喜好播放音乐、为访客开门、烤吐司片、提醒女儿上汉语课等。

在与 Jarvis 的交流中,扎克伯格可以使用语音对话,还能通过智能手机 APP 给 Jarvis 发送指令。

5.6.1 人机交互技术概述

人机交互技术(Human-Computer Interaction Techniques)是指通过计算机输入与输出设备,以有效的方式实现人与计算机对话的技术。

人机交互是一门研究系统与用户之间交互关系的学问。系统可以是各种各样的机器,也可以是计算机化的系统和软件。狭义地讲,人机交互技术主要是研究人与计算机之间的信息交换,它主要包括从人到计算机和从计算机到人的信息交换两部分。人机交互界面通常是指用户可见的部分。用户通过人机交互界面与系统交流,并进行操作。例如,小到收音机的播放按键,大到飞机上的仪表板,或是发电厂的控制室。人机交互界面的设计要包含用户对系统的理解(即心智模型),目的是提高系统的可用性或用户友好性。

人机交互与人机工程学、计算机科学、多媒体技术、虚拟现实技术、认知科学、心理学、社会学以及人类学等诸多学科领域有密切的联系。其中,认知科学、心理学与人机工程学是人机交互技术的理论基础,而多媒体技术和虚拟现实技术与人机交互技术相互交叉和渗透。作为信息技术的一个必要组成部分,人机交互将继续对信息技术的发展产生巨大影响。

5.6.2 人机交互的研究内容

人机交互的研究内容十分广泛,涵盖建模、设计、评估等理论和方法,以及在移动计算、虚拟现实等方面的应用研究与开发,在此列出几个主要的方向。

1. 人机交互界面表示模型与设计方法

一个交互界面的好坏,直接影响软件开发的成败。友好人机交互界面的开发离不开好的交互模型与设计方法。因此,研究人机交互界面的表示模型与设计方法,是人机交互的重

要研究内容之一

2. 可用性分析与评估

可用性是人机交互系统的重要内容,它关系到人机交互能否达到用户期待的目标,以及实现这一目标的效率与便捷性。人机交互系统的可用性分析与评估的研究主要涉及支持可用性的设计原则和可用性的评估方法等。

3. 多通道交互技术

在多通道交互中,用户可以使用语音、手势、眼神表情等自然的交互方式与计算机系统进行通信。多通道交互主要研究多通道交互界面的表示模型、多通道交互界面的评估方法和多通道信息的融合等,其中,多通道整合是多通道用户界面研究的重点和难点。

4. 认知与智能用户界面

智能用户界面(Intelligent User Interface,IUI)的最终目标是使人机交互与人人交互一样自然、方便。上下文感知、眼动跟踪、手势识别、三维输入、语音识别、表情识别、手写识别、自然语言理解等都是认知与智能用户界面需要解决的重要问题。

5. 虚拟环境中的人机交互

以人为本、自然和谐的人机交互理论和方法,是虚拟现实的主要研究内容之一。通过研究视觉、听觉、触觉等多通道信息融合的理论和方法、协同交互技术以及三维交互技术等,建立具有高度真实感的虚拟环境,使人产生"身临其境"的感觉。

6. 移动界面设计

移动计算(Mobile Computing)、普适计算(Ubiquitous Computing)等对人机交互技术提出了更高的要求,面向移动应用的界面设计,已成为人机交互技术研究的一个重要应用领域。

智能人机交互的本质是什么?

智能人机交互的终极目标,是做到带有情感甚至带有价值判断的交互模式。人脑的智能分为三部分:中枢神经、小脑和大脑,这三部分对应不同程度的生理智能,对应人机交互中的智能程度。神经智能,中枢神经控制下的条件反射,可以和鼠标键盘以及可交互视觉界面对应,注重实时感知与执行。例如,鼠标点击即获得反馈。小脑智能可以对应语音识别、手势识别这部分基于传感器传达信息的交互,侧重于基于学习和预测的执行,其过程为:感知→学习→执行。所以智能音箱等语音识别设备在学习了很多口令之后,反馈会越来越准确。而智能人机交互的终极目标,需要在感知刺激的基础上不仅能够学习,还应该有知识推理,而后决策执行,类似于大脑的层次。到了这个程度,人机交互大概率能够做到带有与人类情感高度类似的、具有价值判断的智能程度。交互的情感化智能判断,依赖于人工智能的情感化实现。日本 NII 研发的"东大机器人"(Todai Robot),前几年就已经可以在日本高考中取得 511 分的成绩,但在需要思考和依靠感性判断的问题上,该机器人是欠缺的。目前,可以通过"人脑工程"等技术对人脑进行模仿,通过"遗传算法"模仿生物的进化过程,让人工智能在这一过程中慢慢拥有感性认知的能力,逐渐实现人工智能的情感化,然后才能使交互方式更加智能。

5.6.3　人机交互的三次发展浪潮

人机交互作为一个计算机科学、心理学、工业设计等多个领域的交叉学科，其目的是为了设计出一个"好"的产品来满足用户的需求。在某种程度上来说，与如今互联网公司的产品经理、交互设计师等职位的工作内容有不小的相关性。那什么是"好"的人机交互设计呢？也许是它的功能能够帮我们完成目标，或是用起来顺手，又或是用完之后心情得到了调节。这些都是一个设计可以思考的方向。而这三点，恰好对应了人机交互发展的三个阶段。

人机交互的第一波浪潮开始于 20 世纪 80 年代，是作为人体工程学出现的。彼时，人机交互研究的重心是一些大型机器的控制面板，这些用户交互界面又称为 MMI（Man-Machine Interface），如图 5.40 所示。它是作为独立于机器本身功能的一个模块而设计的，其存在的目的是通过减少误操作和加快操作的速度来提高使用效率。心理学和认知科学帮助设计师理解用户期望、决策和行为，从而拆分组合任务流程，这在设计中起到了关键的作用。

图 5.40　航天发射控制台

人机交互的第二波浪潮是在 20 世纪 90 年代，作为社会生产和活动的一个部分而存在。此时，计算机已经被广泛应用于公司生产，人手一台甚至若干台计算机已成为办公室白领的标配。人机交互设计师需要考虑的将不仅仅是计算机本身，而是用户所处的使用环境。例如，设计办公软件时，要考虑到的因素包括计算机本身需要实现的一些功能，如文字编辑、图像编辑等，此外，还需要考虑到办公室里的人将进行什么样的谈话，他们怎么使用纸张，他们的座椅和桌子的位置会带来什么样的影响等，如图 5.41 所示。由此，人机交互从业人员还需要掌握人类学、社会学和工业与组织心理学等学科的知识，从而能从多种角度认识环境和用户。

第三波浪潮开始于 21 世纪初，此时更注重产品和文化、体验与创造力的融合。因此，艺术、哲学与设计也逐渐成为人机交互需要考虑的重要方面。在这个阶段，软件和计算机早已跳出原来的格子间，网页和移动设备等也已经广泛流行于人们的日常生活，应用程序也在不断塑造着人们的生活方式。人在办公室、街道等这一类公共场合的表现，与在一些私人环境（如卧室、卫生间等）中的表现，是截然不同的。非单一的使用环境，持续影响着人们对计算

图 5.41 清新、高效风格的写字间

机的使用方式。普适性计算影响着生活的方方面面,包括公共场所和私人场所。在工作场所之外,软件的效率就显得不是那么的重要,更重要的是使用的感受。例如,QQ、微信、支付宝这三个软件都能完成即时通信的任务,在使用效率上是相当的。但是 QQ 在青少年群体中更受欢迎,微信在成年人中普遍应用,而对于支付宝,人们更愿意把它作为一个资金的

图 5.42 让孩子乖乖接受治疗的
泰迪熊输血袋

管理工具而非社交软件。同样,人们的情绪变化也越来越多地被考虑到产品的设计当中。例如,微信 8.0 版本推出的"状态"功能,可以在一定程度上显示自己实时的情绪——忙碌的时候不希望被打扰,闲适的时候欢迎朋友来聊聊天,诸如此类。表情包的应用则是更加直接的情绪表达。人机交互也越来越多地关注到特殊群体的心理状态,例如病人、障碍人士等。如图 5.42 所示,这款泰迪熊输血袋(Teddy Bear Blood Bag)是 Dunne & Raby 设计工作室的作品,其作用当然也很有针对性,就是让孩子们对治疗不再那么恐惧,看到可爱的泰迪熊的形状能够迅速地平静下来。

从这三次浪潮可以发现,人机交互已从最开始满足实用的需求,快速发展到了在注重实用性的同时,又需要兼顾对环境的适应和对用户心理的满足程度。而每一次浪潮的来临,都是因为交互工具发生了巨大的进化。从庞大笨拙的计算机到办公室的台式机,再到如今便携的移动设备(当然人机交互并不仅限于电子设备),回看三十年前的设计,如今已经几乎无法接受。而新一波的浪潮,是否会随着头戴式 AR/VR 的普及而到来?不出几年,也许就会知晓答案。

5.6.4 人机交互技术应用案例

1. 残疾人福音——HOOBOX Robotics 开发通过面部表情控制的轮椅

基于英特尔人工智能技术,HOOBOX Robotics 公司开发了 Wheelie 7 工具包,可以让

人们通过简单的面部表情来控制自己的轮椅,如图5.43所示。目前,美国有60余人正在测试Wheelie 7,其中大多为四肢瘫痪人群、患有肌萎缩性侧索硬化症的人群及老年人。

如何运用技术来帮助肢体残疾人重获行动能力、掌控个人生活是非常值得关注的问题。HOOBOX Robotics公司开发的Wheelie 7工具包为我们提供了一个范例,它借助人工智能的力量,让行动受限的人群通过面部表情来控制轮椅活动,如图5.44所示。

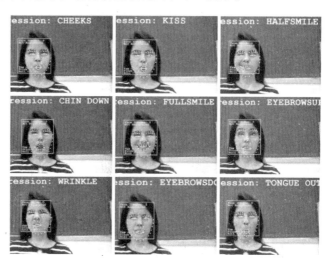

图5.43 行动不便的人群通过面部表情来控制自己的轮椅

图5.44 面部识别软件对面部表情进行识别

安装Wheelie 7工具包只需七分钟,用户可以从十种面部表情中进行选择,并用这些表情控制电动轮椅前进、转动和停止。与沉浸式人体传感器不同,Wheelie 7通过在轮椅上安装3D Intel RealSenseDepth Camera SR300来传送数据流,然后利用AI算法进行实时处理,从而实现对轮椅的控制。同时,为了对面部表情做出实时响应,HOOBOX采用英特尔酷睿理器和英特尔OpenVINO具包来加快面部识别软件的推理速度。

2. 手势识别成汽车交互的新宠

在2018年美国拉斯维加斯开展的CES(International Consumer Electronics Show,国际消费类电子产品展览会)上,一家来自中国的新型电动汽车制造商——拜腾公司发布了首款概念车BYTON Concept,这是一款跨界SUV,低矮而宽大,装有22英寸大轮毂,最令人惊奇的是,一整块49英寸(1.25m)的显示屏延伸到仪表板的整个宽度,其4K UHD分辨率意味着它非常清晰,巨大的尺寸意味着它可以一次显示大量的信息(包括娱乐信息)。除了巨大的显示屏外,看不到任何物理按钮,手势控制摄像头单元位于仪表板边缘的中央,从而使驾驶员(或前排座位的乘客)无须用手就能操纵大屏幕。难道随着智能手机进入"全面屏"时代,汽车也要跟风了?BYTON Concept甚至取消了传统汽车的后视镜,将后视功能融合进了这块大屏幕中,如图5.45所示。

BYTON Concept把所有输入输出都集中在一个屏幕内,替代人与硬件的直接交互,这是符合人类最直观的思维模式的。比如,正常思维下,若想打开窗户,最自然的反应就是用手推开窗户,而不是去找一个称为"开窗"的按钮,如图5.46所示。

好的交互设计应该是能够帮助驾驶者更高效地操作、更轻松地驾驶。但目前汽车交互

图 5.45 49 英寸的大屏如同电视一般横贯在车内

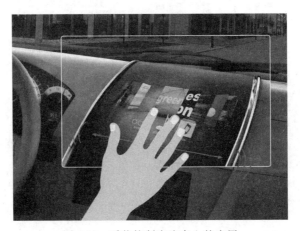

图 5.46 手势控制在汽车上的应用

方式过于依赖驾驶者的眼睛和耳朵,这是目前业内普遍存在的问题。利用车载手势控制系统,只需轻轻挥挥手,便能轻松快捷地完成各种操作,能够有效降低驾驶者因操作屏幕而导致驾驶分心的频次,提高了车辆行驶的安全系数。利用车载手势控制系统,通过不同的手势组合,可以让车主更加快捷地实现各种操作,例如,调节转向灯、雨刷器、切换歌曲、接挂电话、调节车窗座椅等,该功能的实现,可以对传统的汽车中控按键及显示系统进行有效的补充,如图 5.46 所示。

其实在游戏领域,早就出现了手势交互的产品,比如任天堂的 Wii 和微软的 Kinect 等,通过摄像头识别常见的手势和身体动作,用户不必重新学习复杂的命令和控制工具,彻底颠覆了传统游戏的交互方式,如图 5.47 所示。

相比触屏控制,手势交互可以让驾驶者的视觉注意力保持在驾驶任务上。为了降低驾驶员分心和操作失误的可能性,手势控制的数量要得到严格控制。据调查显示,汽车手势控制要在 14 个以内,过多的手势动作会占用驾驶员大量的学习成本和精力,这在复杂的驾驶情境来说就显得太复杂了。在主打手势控制的车型中,宝马 7 系无疑是一个典型的例子。宝马的这套系统可以识别 6 种预设手势操作,只需举起一个、两个或三个手指,就可控制音量、导航、通话和空调等设置。以微软的手势控制系统为例,食指抵住嘴巴表示降低音量,手张成喇叭状表示提高音量,托下巴类似思考的动作则表示需要搜索信息,如图 5.48 所示。

为了将不必要的干扰降到最低,大部分手势识别系统会把识别区域设置在特定的地方,比如我国把手势识系统安放在方向盘上的两块透明塑料板上,驾驶员在塑料板上移动拇指

图 5.47　微软的 Kinect 可用手势操作游戏

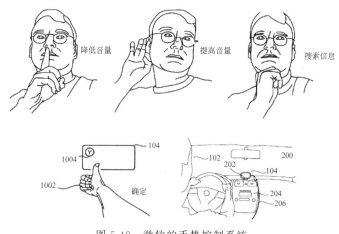

图 5.48　微软的手势控制系统

来执行相关任务,最近以色列一家创业公司则把识别特定区域设置在仪表盘屏幕上,通过屏幕前特定的手指动作来完成音乐、电话、导航等操作。

3. 赋思头环 Focus 和智能假手 BrainRobotics

在 CES2019 上,BrainCo 展示了多款基于脑机接口技术的产品,如赋思头环、智能假手和冥想头环等。

(1) 赋思头环。赋思头环能够采集佩戴者的脑电波信号,并把这些脑电波信号转化成注意力指数,可以实时跟踪学习者的注意力情况,是全球首款监测与提升注意力的头环。同时,赋思头环的 APP 中配有专业注意力提升课程,可以让使用者通过 21 天的训练养成保持专注力的好习惯。赋思头环已被美国宇航局 NASA 官方测试与报道,被美国国家奥林匹克运动队、意大利方程式训练集团 Formula Medicion、中国国家赛艇队等知名机构使用,并已帮助 15 个国家的学生提升专注力,如图 5.49 所示。

目前,赋思头环分为家庭版(Focus 1)与学校版(Focus EDU)两个版本。

赋思头环家庭版面向在校学生及对提升注意力有需求的人群,使用者只需将头环与手

图 5.49　赋思头环

机 APP 连接,就可以对学习与工作时注意力的情况进行监测与训练提升。

(2) 智能假手。BrainCo 展出首批量产的智能假手 BrainRobotics,这是世界首款深度融合人工智能算法、用肌肉神经信号控制的智能假手。这款假手可以捕捉佩戴者手臂上神经肌肉信号,识别佩戴者的运动意图,并将运动意图转化成假手的动作,如图 5.50 所示。

图 5.50　智能假手

赋思头环、智能假手都是脑机接口技术的落地应用。脑机接口(Brain Machine Interface,BMI)是一种可以实现大脑与机器之间连接的技术,这项技术可以对脑电波信号进行解码,并将其翻译成机器能够读懂的指令,从而实现人脑与机器之间的交互。

脑机交互技术分为“植入式”和“非植入式”两类。其中,植入式由于技术较难,对精准度要求高,并需植入脑部皮肤,因此仍在人体实验阶段。而非植入式装卸方便,已进入商用阶段,且以娱乐和医疗为主要目的。

尽管脑机接口已经在感知恢复、运动恢复、感觉扩增、机器人替身等方面取得了不错进展并得到了广泛的使用,但由于脑机接口设备的低普及率和用户接受度的未知,我们距离脑机接口真正走入大众的日常生活还有一段不短的距离。随着计算机技术、生物科学、电子信息、通信、现代信息学、神经科学等领域的不断突破,我们有理由期待像《星球大战》中的绝地武士一样用原力开门或用意念玩愤怒的小鸟的那一天的到来。

5.6.5　人机交互的未来

文字界面交互打通了人类与计算机沟通的桥梁,图形界面交互让计算机成为普通人也能使用的日常工具,手势识别让人们脱离了输入工具的束缚,语音交互同时解放了双手和眼睛,脑机接口使不可能成为可能。

从人机交互的发展历史、现状和不足来看,没有哪一种人机交互方式是完美的,也没有哪一种人机交互方式是无用的。未来人机交互发展真正需要关注的问题,也不再是某一种新颖具体的单一交互方式的实现,而是在以用户为核心的理念上,多种交互方式相结合,智能产品智能物联后形成多模态交互网络,通过情景感知,让机器主动服务于人。将多种交互方式相结合,每种交互方式都能在发挥长处的同时补足短板,现在由于过多电子屏幕、单一交互方式、重复信息推送等产生的低效率、高成本和信息过载的问题也将会得到解决。

未来人机交互将延续现有交互的特点,在此之上结合 AI 技术,将多种不同的交互方式相结合,在物联网的基础上,实现万物智联,让为数众多但各自为政的智能产品在智联的方式下,形成多模态交互网络,通过情景感知主动地与用户进行交互。

习题 5

一、简答题

1. 简述 NLP 的三个层次。

2. 简述 TF-IDF 的基本原理。

3. NLP 常见的任务有哪些?

4. 机器翻译面临哪些挑战?

5. 简述 NLP 的主要应用场景。

6. 简述计算机视觉所涉及的领域。

7. 计算机视觉的主要技术有哪些?

8. 生物特征识别系统包含哪些部分? 请概括各部分的作用。

9. 生物特征识别模态有哪些? 请绘制出多模态识别流程示意图。

10. 简述 VR、AR 的概念及其区别。

11. 了解当前流行的虚拟现实人机接口设备并能简述它们的用途和工作原理。

12. 增强现实系统的分类有哪些?

13. 人机交互过程中人们经常利用的感知有哪几种?

14. 人机工程学主要研究的是人、机、环境三者之间的关系,简述这三者的含义。

二、思考题

1. 请分享一下你在生活中所见到的语音识别的应用。

2. 关于 AR、VR 的应用领域、未来发展还有哪些新想法?

第6章

产品与服务

机器人如何识别自身状态与位置
机器人是如何智能化的 —— **3. 任务描述**
其他智能服务应用场景是什么

定位方式与SLAM技术
RM竞赛机器人实例 —— **4. 任务实施**
智能产品与服务案例

**第6章
思维导图**

1. 能力目标 —— 认识基于人工智能的产品与服务，能根据场景选择相应产品和服务

智能机器人的智能化技术
定位与地图构建技术
2. 知识目标 —— 智能运载工具分类
智能服务分类
智能终端的应用

> 随着人工智能技术不断普及，出现了越来越多的人工智能产品与服务，如扫地机器人、服务机器人、智能音箱、营业厅智能终端、语音识别、人脸识别、文字识别、自动驾驶等。现今产品和服务已经成为人工智能实用化与商业化的载体，促进了人工智能与应用场景的深度融合，正在实现"万物智能化"。人工智能产品和服务提供的是基础通用性的技术，为各领域智能化系统开发提供各种实现方法和技术支撑，同时降低开发成本，加快开发进度。本章主要讲述智能机器人，智能运载工具、智能服务、智能终端的基本概念和原理，这些产品和服务具体应用案例也将出现在后续章节中。

6.1 智能机器人

智能机器人是一个在感知、思维、行为上全面模拟人的机器系统，它的外形不一定像人，但有类似于人的"大脑"，在这个"大脑"中发挥作用的是中央处理单元和各类智能算法。在早期的机器人处理器中，程序不具备人工智能，只能按照既定程序逻辑完成任务。随着人工智能技术的快速发展，为机器人赋予了一些初级智能，使机器人可以完成更复杂的任务，应用领域越来越广泛。目前，生产生活领域有工业装配机器人、采摘机器人、服务器机器人、医疗机器人等很多典型应用。

6.1.1　机器人智能化

机器人是人和与真实世界交互的设备,它也成为了人工智能技术的综合试验场,用于测试定位与地图构建、机器视觉、智能控制等智能算法在各领域中应用的效果。总的来看,智能机器人相对于传统机器人具有自主性、适应性、交互性、学习性、协同性等特性。当前,机器人的智能化主要体现在识别感知、智能决策、控制执行这三个方面,如图 6.1 所示。机器人根据某项工作目标,通过识别感知获取机器人工作的外部环境参数,由智能决策根据内外和远程获取的多源数据运算出整体执行的过程和方法,控制执行则负责将整体执行过程具体化到每一个执行机构上,实现执行机构间相互配合,最后呈现一个完整的机器人运动过程。

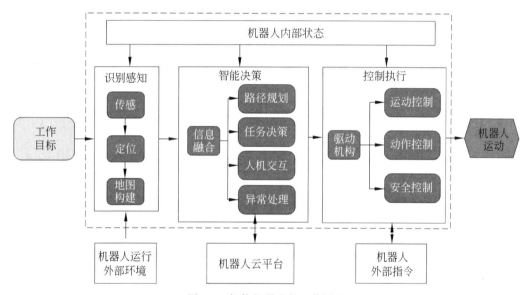

图 6.1　智能机器人的工作原理

1. 识别感知

与传统的机器人相比,智能机器人不是仅仅依靠预先编译的程序执行确定动作,它还能通过感知系统(各种传感器)对所在的环境进行感知,基于对外界的识别与真实世界进行更完美的互动。智能机器人需要通过物理和数学的方法将外界状态数据化,并在其内部建立统一标准(坐标系),以便各部分能协同统一工作。除了感知外部环境,智能机器人还需要了解自身情况(模块状态、部件位置、器件性能等参数),因此一个完整的感知识别系统需要具备内部传感器和外部传感器。

内部传感器用来感知机器人自身运行状态,测量的参数一般有速度、加速度、位移、角速度、角加速度、角位移等运动量以及朝向、温度、电能、负载等物理量。外部传感器用来测量机器人周边环境参数,机器人会根据工作需要装配各类外部传感器。机器人的内外传感器均为智能传感器,可将数据进一步融合、过滤,提取出有效信息用于智能决策,图 6.2 中展示了一些典型的内外部传感器。

2. 智能决策

在实际运行过程中,机器人一定会与外部环境进行交互,机器人与外部环境将构成一个循环体。如果运行过程中某些环境参数改变,机器人会感知到这种变化并确定下一步动作,而机器人运动又会对环境产生影响,改变环境状态进而影响机器人后续动作,这就是动作与感知循环,如图 6.3 所示。智能决策就是在这种循环下不断进行决策的过程,通过对外界环境变化进行判断,进行机器人下一步行动规划。当机器人需要高速运行时这个循环过程变化会很快,因此对实时感知和处理效率要求较高。

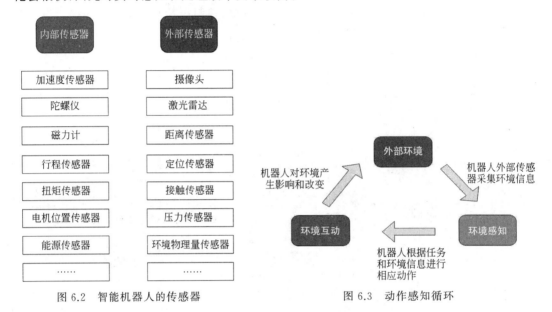

图 6.2　智能机器人的传感器　　　　图 6.3　动作感知循环

早期机器人决策主要基于反应式模型,将传感器结果与行动直接建立联系,从而减少决策时间,达到系统实时响应的目标。这种模型在处理循迹、避障等简单任务时完成效果较好,但面对复杂环境和任务时则容易出现推理、估计、决策准确率低的问题。现代智能机器人主要运用人工智能算法提高决策准确率,但由于人工智能算法处理速度较慢,因此可能要以实时性为代价换取准确性。目前可用于复杂情况的决策算法有有限状态机、层次分析法、决策树法、模糊逻辑法、遗传算法和人工神经网络。随着智能算法的不断改进,未来智能机器人在面临新任务时,可能不再需要进行编程,而是直接通过机器学习的方式学习新任务,那时智能机器人将具备和人类一样的学习和决策能力。

3. 控制执行

机器人控制执行系统一般分为两种,一种是集中式控制,即机器人的全部控制由一台主控计算模块完成(小型非智能型机器人一般采用此方式控制);另一种是分布式控制,即采用多个处理模块来分担机器人各部分的控制。分布式控制方式采用上、下两级控制器,如图 6.4 所示。主控计算模块(高性能的 CPU)负责数据融合、智能处理等主要计算工作,通过内部总线向下级控制器发送指令信息。机器人每个执行机构可能分别对应一个微处理器(MCU),这些 MCU 作为下级控制器,根据上级指令与参数进行插补运算和伺服控制处理,实现既定的运动过程,并反馈运动结果。

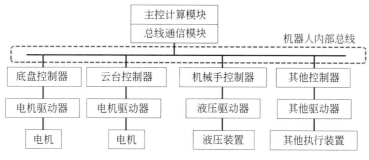

图 6.4 机器人分布式控制系统

机器人执行过程主要体现在各部件移动方面,例如机器人臂在三维空间操作一个物体一般要实现 6 个自由度:沿 x 轴平移,沿 y 轴平移,沿 z 轴平移,绕 x 轴转动,绕 y 轴转动,绕 z 轴转动。要控制这些自由度变化,显然要用到坐标系,在工业中,除了直角坐标系外还使用以下坐标系:圆柱形坐标系、球形坐标系、笛卡儿坐标系、旋转坐标系,它们之间经常会根据需要进行位置坐标转换。主控计算模块发出的指令信号,在控制器中由坐标系参数转换成的相应电信号,发给驱动器使机器人进行动作。目前,机器人可以使用的驱动器主要是电力驱动器,如步进电机、伺服电机等,此外也可采用液压、气压等驱动器。

6.1.2 定位与地图构建

位置信息对移动智能机器人的运行是重要参数,目前主要通过定位与地图构建(Simultaneous Localization and Mapping,SLAM)技术获取。SLAM 是指机器人在未知环境中从一个未知位置开始移动,移动过程中在自身定位的基础上不断记录周边地形环境,生成包含区域边界和障碍物等信息的地图,进而实现自主移动和导航的过程。

当前,用于机器人的 SLAM 技术有很多,在室外主要使用卫星定位结合姿态传感器和毫米波雷达实现,如无人驾驶汽车和无人机等;而在室内,由于卫星信号被遮挡,则需要其他方式实现。常见的具有 SLAM 技术的机器人主要是家居扫地机器人。扫地机器人在工作过程中需要感知当前所处具体位置和整个房屋地面信息,这样才可以确定已经清扫区域、未清扫区域、充电位置、不可到达区域等。具有 SLAM 功能的扫地机器人可以说具备了初级智能。

下面介绍几种在室内使用的 SLAM 技术。

1. 巡线与标签定位

巡线指的是机器人通过识别预先铺设的金属线、磁带线或色带位置,沿线按预定轨迹运动或在线路附近小范围内运动。该技术主要用于工厂和仓库中的机器人定位,优点在于定位精度不受外界因素影响,适合机器人沿预定线路进行有规律的运动且环境多变的场合。

(1) 电磁导引(Wire Guidance)是较为传统的导引方式之一,目前仍被许多系统采用。它是在 AGV(Automated Guided Vehicle)的行驶路径上埋设金属线,并在金属线加载导引频率,通过对导引频率的识别来实现 AGV 的导引。其主要优点是引线隐蔽,不易污染和破损,导引原理简单可靠,便于控制和通信,无声光干扰,制造成本较低;缺点是路径难以更改扩展,对复杂路径的局限性大。

(2) 磁带导引(Magnetic Tape Guidance)与电磁导引相近,利用在路面上贴磁带替代在地面下埋设金属线,通过磁感应信号实现导引,其灵活性比较好,改变或扩充路径较容易,磁带铺设简单易行,但此导引方式易受环路周围金属物质的干扰,磁带易受机械损伤,因此导引的可靠性受外界影响较大。

(3) 光学导引(Optical Guidance)是在 AGV 的行驶路径上涂漆或粘贴色带,通过对摄像机摄入的色带图像信号进行简单处理而实现导引,其灵活性比较好,地面路线设置简单易行,但对色带的污染和机械磨损十分敏感,对环境要求过高,导引可靠性较差,精度较低。

2. 无线定位

无线定位是指在无线通信网络中,通过对接收到的无线电波的特征参数进行测量,计算移动终端所处的地理位置。按照定位建模和求解方法,定位算法可以分为几何建模算法和概率分析算法两类。测量的参数主要包括时间、角度和场强信息,同一参数可用于不同的定位算法,例如,场强测量可以利用信道传播模型中的传播路径损耗,基于信号场强来计算收发节点之间的传输距离;也可以利用各点场强差异,以场强、地磁等信息作为特征值确定接收端的位置。

几何建模算法一般是根据测量的到达时间或时间差计算距离或距离差,进而建立几何方程,通过求解方程组得到接收端位置信息。但由于信号强度受到传播环境、天线倾角、功率动态调整等因素影响,定位精准度有限,一般用于定位要求不高的场景。

概率分析算法定位前需要采集各点场强信息用于机器学习训练,之后才可以进行场强匹配定位,因此缺点就是需要密集采集多点场强建立场强特征库,且对测量精度、稳定性有很高的要求。表 6.1 是对常用的定位测量方法进行对比。

表 6.1　各种定位测量方法对比

定位测量方法	测量依据	测量精度	定位算法	高精度时钟同步	实现过程复杂度
到达时间(ToA)	时间	高	几何算法	需要	中
到达时差(TDoA)	时间	高	几何算法	需要	中
到达角度(AoA)	角度	中	几何算法	需要	高
接收信号强度(RSS)	场强	低	概率分析	不需要	低
信道状态信息(CSI)	场强	高	概率分析	不需要	高

3. 激光雷达定位

激光雷达是基于激光特性的测量设备,具有分辨率高,体积小、抗干扰能力更强等特点。当前激光雷达种类繁多、应用范围广,可以按照功能分为激光测距雷达、激光测速雷达、激光成像雷达、大气探测激光雷达、跟踪雷达等。机器人和无人驾驶主要使用激光测距雷达。目前,激光雷达已成为机器人体内不可或缺的核心部件,用以配合 SLAM 技术使用,可帮助机器人进行实时定位导航,实现自主行走。

激光雷达一般由激光发射机构、接收机、信号处理单元、扫描机构组成。激光发射机构在工作过程中,以脉冲的方式发射激光。接收机接收目标物体反射的光线。信号处理单元负责完成信号的处理,利用发射与接收时间差计算目标物体的距离信息。扫描机构负责对测量区域进行扫描,按照扫描方式,激光雷达又可以分为机械旋转式激光雷达和固态激光雷达。

机械旋转式激光雷达是发展比较早的激光雷达,其中主要包括激光器、扫描器、光学组件、光电探测器、接收 IC 以及位置和导航器件等。目前机械旋转式激光雷达技术比较成熟,成本较低,但其系统结构十分复杂,且各核心组件是通过机械连接的,可靠性较差,不能满足自动驾驶车辆需要,因此,固态激光雷达成为自动驾驶激光雷达的主要发展方向。

固态激光雷达通过激光阵列干涉或者 MEMS 微振镜改变激光扫描的方向,可以实现扫描模式和区域的动态调整,可有针对性地扫描特定物体,采集更远更小物体的细节信息,这是传统机械激光雷达无法实现的。例如,MEMS 激光雷达系统只需一个很小的反射镜,就能引导激光束射转向不同方向,如图 6.5 所示。由于反射镜很小,因此其惯性力矩并不大,可以快速移动,可以在不到一秒时间里从跟踪模式转换到 2D 扫描模式。

图 6.5　机械旋转式与 MEMS 激光雷达组成

4. 视觉定位

视觉定位的最佳方案是双目视觉定位,双目的含义就是有两个摄像头。双目立体视觉的深度测量原理与人类的双眼类似,它不对外主动发射光源,完全依靠拍摄的两张图片信息来计算深度距离。

下面介绍双目相机的深度测量过程。首先需要对双目相机进行标定,得到两个相机的内外参数,完成世界坐标到像素坐标的映射;其次,根据标定结果对原始图像校正,校正后的两张图像位于同一平面且互相平行;然后,对校正后的两张图像进行像素点匹配;最后,利用三角形相似关系可知,空间点 P 离相机的距离(深度)$z = f \times b / d$,其中 f 是相机焦距,b 是左右相机中心点距离(基线),d 是 P 点左右相机像点的视差(两个像点距离中心点的差),如图 6.6 所示。由于深度与视差成反比,双目立体视觉系统只有在物体和摄像机距离较近时,才有比较高的深度分辨率。

双目视觉在实际应用中也存在一些问题,要使两个相机完全共面且参数一致是非常困难的,而且计算过程中也会产生误差累积;单个像素点容易受到光照变化(太强、太暗)和视角不同的影响而无法匹配;此外,在缺乏纹理的单调场景,尤其是缺乏视觉特征的场景(如天空、白墙、沙漠等)会出现匹配困难,导致匹配误差较大甚至匹配失败。相机之间的距离(基线)也限制了测量范围,例如,基线越大,测量范围越远;基线越小,测量范围越近,所以要针对深度测量范围选择合适的基线。

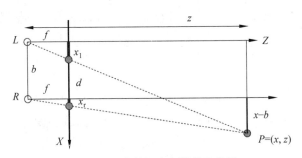

图 6.6　双目相机确定深度示意图

5. 地图构建

移动机器人常用的地图有三种：尺度地图、拓扑地图和语义地图。尺度地图是指具有真实的物理尺寸的地图，如栅格地图、特征地图、点云地图，是地图构建生成的地图，用于小规模路径规划。拓扑地图表示的是不同地点的连通关系和距离，如小地图之间的连通拓扑关系，常用于超大规模的机器人路径规划。语义地图是具有加标签的尺度地图，主要用于人机交互。下面我们以尺度地图为例进行讲解。

（1）栅格地图。栅格地图（Grid Map）或称为占据栅格地图（Occupancy Grid Map），是机器人对环境位置描述最常见的方式，它是将地面环境划分成一系列栅格，其中每一栅格给定一个可能值，表示该栅格被占据的概率。占据率指一个栅格点被占据的概率，如果一个栅格处于未知状态，概率为 0.5，概率值越大代表被占据，概率值越小代表空闲。激光雷达开始发射激光，激光发射点到反射点中间穿过的栅格占据概率值降低，而激光反射点占据概率值升高，通过激光不断扫射周边栅格完成各点测量，进而各个栅格占据概率值被不断刷新，通过这样的多次测量可以减少误差带来的影响，最后生成的栅格地图能够较好地反映周边的实际情况，如图 6.7 所示。

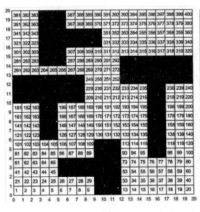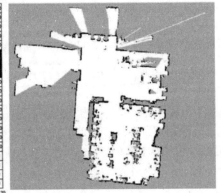

图 6.7　栅格地图

（2）特征地图。特征地图用有关的几何特征（如点、直线、面）表示环境信息，常用在视觉定位与地图构建技术中。它通过其他定位技术（无线定位）与摄像头配合以记录稀疏特征点方式完成定位与地图构建，其优点是数据存储量和运算量比较小，适合处理能力不强的视觉定位系统。虽然特征地图可用于定位机器人位置，但可能无法细致地反应环境中的障碍物的具体情况,因此无法实现机器人自主避障和局部路径规划。

(3) 点云地图。点云是某个坐标系下的点的数据集,主要是通过三维激光扫描仪进行数据采集获取点云数据。点云地图是使用经过点云滤波、点云精简、点云分割、点云配准等过程处理后的点云数据构建的地图。虽然经过滤波和精简后点云数量减少,但依然包含足够用的信息;点云分割的目的是提取点云中的不同物体或具有相似性质的场景,可根据空间、几何和纹理等特征点进行分割;点云配准是将多次扫描(不同坐标系)后的点云信息转换到统一坐标系下,通过寻找特征点,计算出坐标变换矩阵和平移矢量,完成点云间的信息关联。

6.1.3 对抗竞技智能机器人

为了鼓励学生开展智能机器人研究,我国举办了各类机器人竞技比赛,其中较为知名的是全国大学生机器人大赛 RoboMaster 机甲大师赛,它是由共青团中央、全国学联、深圳市人民政府联合主办的赛事,该比赛的机器人使用了大量机器人控制和智能化技术。各参赛队需要自制多种类型、执行不同任务的机器人,从而引导高校学生进行智能机器人技术研发。

下面介绍 RoboMaster 机器人的硬件组成和目标识别技术。

1. 机器人硬件组成

RoboMaster 机器人由底盘运动系统、云台稳定系统、弹丸发射系统、控制系统、视觉识别系统等部分组成。底盘运动系统为四个无刷电机系统配合独立悬挂的麦克纳姆轮,可实现在复杂狭窄的环境下灵活全向运动。云台稳定系统为两轴云台,具有较高的稳定度和指向性,能够在底盘运动时保证云台姿态稳定。弹丸发射系统是以摩擦轮为动力发射机构,可以记录发弹数量、初速度、发射间隔、剩余弹量等多种发射状态参数,并动态调整发射速度和发射方向。控制系统包括主控器和各类传感器,主控器根据远程遥控指令或视觉识别结果控制底盘、云台、发射机构做出相应动作。传感器有压力传感器、九轴姿态传感器、无线定位装置、电压电流传感器等。视觉识别系统包括 1~3 个摄像头、微型计算机、串口通信设备,主要用于人员远程观察和目标自动识别。图 6.8 所示是一种 RoboMaster 步兵机器人。

2. 智能目标识别

智能目标识别主要有两项功能,一是识别比赛中对方装甲板进行辅助瞄准,二是识别特定的打击对象,成功激活可获取比赛中的奖励。在此过程中需要识别迷你电脑与机器人主控板(MCU)通信,传输坐标角度等参数,控制机器人动作执行。下面分别介绍这两种功能。

目标装甲检测任务是为了能让发射机构自动识别对方装甲板并发射弹丸准确命中装甲板,需要识别系统拍摄到对方机器人并完成以下过程:首先,进行图像预处理,设定 ROI(Region of Interest,感兴趣区域),将彩色图像进行 RGB 通道分离,依据颜色分别对 R 和 B 通道二值化,得到稳定的灯条二值图像;将灰度二值图与颜色分割图做差,去除干扰;执行装甲识别算法,对最终图像进行轮廓查找和椭圆拟合等操作,对装甲进行筛选去除距离远或错误装甲,当目标装甲符合要求时确定为当前目标,记录装甲号码,并输出识别结果,如图 6.9 所示。

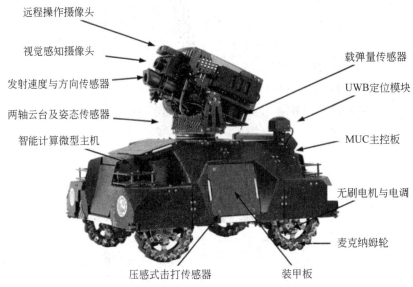

远程操作摄像头

视觉感知摄像头

发射速度与方向传感器

两轴云台及姿态传感器

智能计算微型主机

载弹量传感器

UWB定位模块

MUC主控板

无刷电机与电调

麦克纳姆轮

压感式击打传感器　　装甲板

图 6.8　RoboMaster 步兵机器人

图 6.9　装甲识别效果与参数输出

　　识别目标激活任务在每届比赛中可能会发生一定变化,主要是考查参赛队视觉识别的能力和机器人控制水平,目前出现过以下两种目标激活任务。

　　(1) 九宫格激活任务,如图 6.10 所示,机器人要按照数码管随机显示数字顺序击打九宫格中正确的数字,数字均以手写体或其他非标准状态数字字符形态呈现,并且显示时间极短,要求连续多次成功击中对应数字才能完成激活任务。因此,机器人视觉程序要识别数码管显示的数字,同时识别下面九宫格中手写数字与数码管显示数字的对应关系,并将识别出的目标数字的中心点坐标传送到电控系统,由电控系统控制云台和发射系统完成发射。

　　(2) 大风车激活任务,如图 6.11 所示,该任务需要机器人识别五个旋转叶片上的打击位置,并且按照箭头指定顺序依次打击,风车旋转速度可能存在一定变化,由于机器人射击位置较远,因此需要预测弹丸到达时的打击目标位置,以便弹丸落点与目标刚好重合,完成击打。机器人要分辨出五个叶片中待激活叶片的位置坐标和风车转速,并根据相机参数、风车转速、抛物线运动原理等完成从目标坐标系到发射坐标系转换,将发射参数传给机器人发射控制。

图 6.10 手写字符九宫格激活任务场景

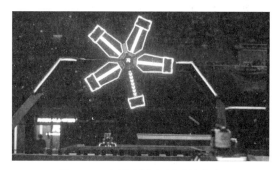

图 6.11 大风车被击打时的状态

6.2 智能运载工具

无论是自动驾驶汽车,还是无人机、无人船等智能运载工具,都是未来将人工智能技术落地的主要场景,也是全球交通领域变革的主流方向。

6.2.1 自动驾驶汽车

在智能运载工具产业中,自动驾驶汽车的发展备受瞩目。自动驾驶汽车的发展初衷在于把汽车控制权从人类转移到机器,从而避免出现一些人为原因导致的交通事故。除此之外,自动驾驶汽车的上路,还能在一定程度上缓解交通拥堵现象,并对汽车设计、乘坐体验产生深远的影响。自动驾驶相关内容将结合智能交通应用在第 7 章中详细讲述。

6.2.2 无人机

无人机主要利用无线遥控设备、九轴姿态传感器和卫星定位等技术,实现遥控或自主飞行。得益于飞行控制系统和电机组件技术的不断升级,民用无人机产业近些年来得到了快速发展,推动了消费级无人机市场的爆发。除了快速普及的消费级无人机之外,工业级无人机市场也在快速升温。无人机已经在农业植保、地理测绘、管道巡检、电力巡检、海洋监测、应急通信等诸多行业实现了广泛应用。

按照不同平台分类，无人机可以分为固定翼无人机、无人直升机和多旋翼无人机三大平台，其他小种类无人机平台还包括伞翼无人机、扑翼无人机和无人飞船等。固定翼无人机是军用和多数民用无人机的主流平台，最大特点是飞行速度较快；无人直升机是灵活性最高的无人机平台，可以原地垂直起飞和悬停；多旋翼（多轴）无人机是消费级和部分民用用途的首选平台，灵活性介于固定翼和直升机中间，但操纵简单、成本较低。

各类无人机上均使用了很多人工智能技术，例如，在卫星信号不好或准备进行降落时，需要依靠安装在无人机上的下视模块来实现更高的定位精度。下视模块分为可见光摄像头和超声波两个模块，其中，摄像头模块负责确定位置，超声波模块可以确定高度（离地距较小情况下）。基于摄像头拍摄来获取位置信息的方法也称为光流定位。

光流（Optical Flow）是当眼睛观察运动物体时，物体的景象在人眼的视网膜上形成一系列连续变化的图像，这一系列连续变化的信息不断"流过"视网膜（即图像平面），好像一种光的"流"。光流表达了图像的变化，由于它包含了目标运动的信息，因此可被观察者用来确定目标的运动情况。在时间间隔很小且固定时（比如视频的连续前后两帧之间），空间运动物体在成像平面上像素运动的瞬时速度，可用于计算目标点发生的位移。基于这一原理，可以利用图像序列中像素在时间域上的变化以及相邻帧之间的相关性，找到上一帧与当前帧之间存在的对应关系，从而计算出相邻帧之间物体的运动信息。为了对光流的估计进行建模，有两个重要的假设，分别是亮度不变假设和邻域光流相似假设，最终，一种被称为Lucas-Kanade的方法成为求解稀疏光流（明显特征点的图像）的很好方法。但对于稠密光流，需要使用深度学习CNN去解决，该方法是在ICCV 2015上提出的，称为FlowNet。随后，FlowNet团队在CVPR 2017发表了升级的FlowNet 2.0，其计算效率要比最好的传统方法快两个数量级，基本满足了实时性的要求。

6.2.3　无人船

相对于自动驾驶汽车，无人船的发展不那么惹人注意，实际上，自动驾驶汽车与无人船的核心技术是一致的，都是自动驾驶技术。但从技术实现难度而言，无人船的应用环境比较简单，船舶行驶在水面上，密集度远不如汽车，也不会遇到非机动车、行人等干扰因素，因此无人船舶技术的研究重点很多是在船舶的功能上。

1. 无人水面艇

无人水面艇是一种无人操作的水面艇，融合了船舶、通信、自动化、机器人控制、远程监控、网络化系统等技术，借助精确卫星定位和自身传感即可按照预设任务在水面上航行，可以执行多种军事和非军事任务。

在民用领域，目前出现了很多智慧清洁无人船，广泛用于湖泊、河流、护城河或公园水域等水面区域的垃圾清理。智慧清洁无人船，综合了4G/5G通信、毫米波雷达、图像识别、物联网等技术，可以无人自主巡航和遥控操作，使用图像识别技术识别垃圾种类，定位垃圾位置，采用毫米波雷达与卫星定位融合，完成自主循迹和主动避障。除了无人清洁之外，无人船还可以搭载水质监测、水文探测、蓝藻监测等设备，定点、定时、定量采集水样，并通过传感器实时采集数据,通过物联网上传数据,充分发挥水上平台的机动性。无人船的出现减轻了水域清洁的压力。例如,在我国的苏州市,原来需要 500 人划着 270 条小船清理河道垃圾。在使用无人船后,按设定航线自动巡航,数位工作人员坐在办公室观看显示器,控制无人船开向垃圾,就能够实现自动收集,如图 6.12 所示。

图 6.12　桑德湘江无人清洁船

2. 无人潜水器

无人潜水器是指那些代替潜水员或载人小型潜艇,进行深海探测、救生、排除水雷等高危险性水下作业的智能化系统,目前分为两大类:遥控型和自主型。无人潜水器也称为"潜水机器人"或"水下机器人",通常配备有效载荷,包括声波、摄像机、环境传感器、机械臂等装置。无人潜水器按照应用领域,可分为军用与民用,在军用领域,无人潜水器可作为新概念武器中的一种无人作战平台武器。

遥控型无人潜水器是拴在宿主舰船上,通过缆线由操作人员持续控制。遥控型无人潜水器的系统组成包括动力推进器、遥控电子通信装置、黑白或彩色摄像头、摄像云台、用户外围传感器接口、实时在线显示单元、导航定位装置、自动舵手导航单元、辅助照明灯和零浮力拖缆等部件。不同类型的遥控型无人潜水器用于执行不同的任务,被广泛应用于军队、海岸警卫、海事、海关、核电、水电、海洋石油、渔业、海上救助、管线探测和海洋科学研究等领域。

自主型无人潜水器是一种综合了人工智能和先进探测技术的潜水器,可经过编程航行至一个或多个航点,在预定时间段内独立工作。遥控型无人潜水器自带电能,灵活自如,可用于深海探测、反潜战、水雷战、侦察与监视和后勤支援等领域。无缆水下机器人由于具有活动范围不受电缆限制、隐蔽性好等优点,正在成为未来水下侦察的新星。

6.3　智能服务

智能服务一般指是云平台服务商提供的人工智能服务,云平台通过获取用户需要处理的信息,根据用户需求结合云端已有数据构建算法模型,实现对输入信息的智能处理,然后将处理结果反馈给用户。当前国内知名的云服务商有腾讯、百度、阿里等多家,他们采用"人工智能＋大数据＋云计算"的服务架构,以人工智能为中枢、以大数据为依托、以云计算为基础,为用户提供语音、图像、语言技术等智能服务,如图 6.13 和图 6.14 所示。

百度大脑	平台层	AI开放平台			
	认知层	自然语言处理	知识图谱	用户画像	
	感知层	语音	图像	视频	AR/VR
	算法层	机器学习平台		深度学习	
智能云	大数据	大数据分析	数据标注	数据采集	
	云资源	计算服务CPU/GPU/FPGA		存储服务	网络服务

图 6.13 智能服务平台架构

图 6.14 三种典型的智能服务

6.4 智能终端

智能终端是一类计算机系统设备,其体系结构与计算机系统体系结构是一致的,智能终端作为计算机系统的一个应用方向,其应用场景设定较为明确。从硬件上看,智能终端普遍采用的还是计算机的经典体系结构——冯·诺依曼体系结构,即由运算器、控制器、存储器、输入设备和输出设备等5大部件组成。

在智能终端的软件结构中,系统软件主要是操作系统和中间件。操作系统的功能是管理智能终端的所有资源(包括硬件和软件),也是智能终端系统的内核与基石。操作系统是一个庞大的管理控制程序,大致包括5个方面的管理功能:进程与处理机管理、作业管理、存储管理、设备管理、文件管理。常见的智能终端操作系统有 Linux、Windows、Android、HarmonyOS、iOS 等。

智能终端的智能化程度取决于采用了什么智能服务以及基础硬件性能如何,智能终端可通过自带的智能芯片直接完成智能处理过程,例如手机拍照特效、智能语音助手、刷脸解锁等;如果智能终端没有集成高性能处理器,则需要将数据传至云端,借助前面介绍的各类智能服务完成处理过程。如图 6.15 所示,智能终端通过云服务商获得智能计算、数据和存储能力,通过硬件厂商获得通信、本地计算和人机交互的能力,为用户提供不同场景下的智能服务。

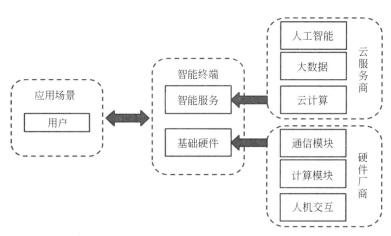

图 6.15 智能终端的体系结构

6.4.1 智能消费电子产品

智能手机、平板电脑、智能电视和各类智能硬件等都是智能消费电子产品的代表。

1. 智能手机

智能手机是最常见的智能终端,其中应用了大量人工智能技术。随着对手机智能化的需求不断增强,常见的移动处理芯片已无法支撑手机智能运算需求,而所有智能应用都上传到云端进行算法处理再传回手机,会产生大量传输数据而且处理延迟高,用户体验不好。解决办法就是将人工智能芯片集成到手机处理器中,提高语音识别、图像处理任务的处理效率,尤其当前用户对拍照等各项智能功能需求较大的情况下,智能芯片的出现带来了性能的巨大提升。

2. 智能硬件

目前,生活智慧化与生产智能化需求驱动智能硬件市场日益繁荣,以智能可穿戴、智能家居、智能车载、智能医疗健康、智能无人系统等为代表的智能硬件不断涌现,通过引入与智能手机类似的芯片加操作系统的架构,为各种智能硬件产品注入智能,加强了智能硬件与互联网、物联网、云计算的紧密结合,"云网+智能硬件"将加快工业、医疗、交通、农业等各领域的智能化进程。

近年来,随着语音识别和图像识别在识别速度和准确率方面的大幅提高,智能硬件逐步具备了视觉、听觉、触觉等主动观察感知的能力。智能硬件通过摄像头、激光雷达、毫米波雷达、麦克风、融合传感器等设备,直接获取图像、视频、音频、位置等外部数据,进而实现人脸识别、语音识别、视频分析、语义理解等功能。此外,基于智能传感器和多模态融合感知技术,智能硬件的感知能力得到了进一步提高。

6.4.2 智能行业应用终端

智能行业应用终端是针对行政执法、事项审批、金融服务、客户服务、安全加密等行业应用的特殊需求,是实现集群对讲、RFID 识别、金融 POS、安全加密、指纹/虹膜等生物识别、护照/护照证件读取、客户签字确认、人脸识别拍照等功能的智能终端。

1. 自助终端机

自助终端机是一种常见的电子信息设备,它可以用来储存信息并提供各类信息查询、打印、缴费等功能,除此之外还可以用来贩售产品,被广泛应用于通信、金融、政府、交通、医疗、工商、税务等行业。自助终端机具有公共事业费缴费、手机充值缴费、电影票购买等功能。根据用途可分为自助缴费机、银行自助取款机、自助取单机、自助打印复印机、自助取票机、自助填单机、酒店入住办理机等。

例如,用于社保医保业务的自助终端机,它具有单位业务办理查询、个人业务办理查询、票据打印、密码设置、办理医保业务等功能,还可以用来打印社保证明、单位员工参保证明、个人参保证明、明细打印、参保缴费凭证等。使用时,用户将身份证件放在读取位置,摄像头会进行人脸识别,确认是本人后,即可轻松办理各项业务。如图 6.16 所示的自助终端机在税务大厅、办证大厅、各类登记处十分常见,目前均可以支持二代身份证识别和人脸识别或指纹识别,有的还支持手写签字确认和自助盖章。自助终端机的使用,减轻了政府单位和窗口单位的服务压力,提高了服务质量,减少了群众排队等候的时间,让更多群众享受到了便利快捷的服务。

2. 智能手持终端

智能手持终端和手机类似,有多点触控屏、图像采集识别、移动互联应用等功能,主要用于支付场景,满足不断涌现的支付和电子交易需求。例如,一体化 POS 终端机可为银行、保险、物流、商户提供业务办理、客户识别、货物识别、电子支付、打印订单等多项在线服务,如图 6.17 所示。

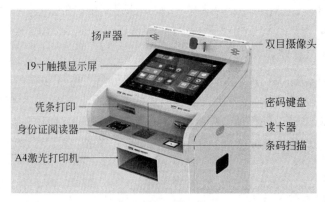

图 6.16　自助终端机　　　　　　　图 6.17　一体化 POS 终端机

智能手持终端拥有操作系统,可支持多种应用程序,可以在一台 POS 终端机上可下载不同的 POS 应用程序,使用各类人工智能服务,方便用户进行多类业务操作。智能手持终端一般拥有二维码读取、NFC 近场读取、磁条和 IC 卡读取等读取模块,部分还集成了微型热敏打印机、支持 4G 或 Wi-Fi 等无线通信方式。

习题 6

一、简答题

1. 智能机器人相对于传统机器人的优势是什么？

2. 简述双目视觉测量距离的过程。

3. 简述机器人视觉的应用领域。

4. 在 RoboMaster 比赛中哪些任务是使用人工智能技术的？

二、思考题

智能服务为当前各类人工智能产品提供了便捷开发方案,请列举一个人工智能产品示例,并说明它使用了哪些智能服务。

智　能　交　通

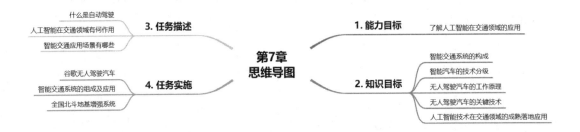

第7章思维导图

1. 能力目标 —— 了解人工智能在交通领域的应用

2. 知识目标
- 智能交通系统的构成
- 智能汽车的技术分级
- 无人驾驶汽车的工作原理
- 无人驾驶汽车的关键技术
- 人工智能技术在交通领域的成熟落地应用

3. 任务描述
- 什么是自动驾驶
- 人工智能在交通领域有何作用
- 智能交通应用场景有哪些

4. 任务实施
- 谷歌无人驾驶汽车
- 智能交通系统的组成及应用
- 全国北斗地基增强系统

　　当你接到公司的出差任务后,按往常从你家出发到机场仅需一小时,但由于最近机场附近有道路因施工而临时封闭,需要改道绕远路,比正常通行时间要多花将近半小时,结果耽误了飞机,影响了工作。这时,如果我们利用人工智能领域的大数据预测技术就能做到"未卜先知"。大数据通过采集所有与交通相关的数据信息进行分析和预测,细心地考虑到了出行者出发时的道路限行、施工、红绿灯等信息,并全面综合历史相同时刻的路况、路线用时,再结合出行者的个人习惯,为出行者计算推荐出一条最合适、最舒心的出行路线并预估出所需要的时间。

　　我们再来设想一下,某天清晨你被智能音箱唤醒,智能音箱告诉你"今天天气晴朗,宜出行踏青",然后你在刷牙时,面前的镜子里罗列了周边几个适合郊游的目的地供你挑选,当你选好目的地后,镜子自动把目的地信息发送到车载导航,随后车载导航经过一系列的精确估算,再通过智能音箱告诉你,哪个时间段出门走哪条路会最便捷。这样是不是想一想都觉得很酷? 其实这也是出行信息查询和规划的一部分,而这一切相信都会随着智能交通技术的应用而越来越接近生活。

　　5G 时代的出行规划,不再是我们现在常用的简单的地图软件出行规划,而是把个人出行需求、出行偏好信息、驾驶习惯信息实时传输到云端,将其与交通设施、交通站场、出行工具、停车服务等完美匹配,形成信息共享,再依据每个人的出行需求,匹配出合理的出行规划。本章讲解人工智能技术在交通领域的应用及发展。

7.1　智能交通概述

7.1.1　智能交通的发展历程

智能交通源自交通信息化和交通工程,在 1994 年国际上才真正出现智能交通这个概念。

智能交通一般指智能交通系统。智能交通系统(Intelligent Traffic System,ITS)又称智能运输系统(Intelligent Transportation System),是将先进的科学技术(信息技术、计算机技术、数据通信技术、传感器技术、电子控制技术、自动控制理论、运筹学、人工智能等)有效地综合运用于交通运输、服务控制和车辆制造,加强车辆、道路、使用者三者之间的联系,从而形成一种保障安全、提高效率、改善环境、节约能源的综合运输系统。

ITS 源起美国。美国从 20 世纪 60 年代起开始着手研究,20 世纪 90 年代起才真正有计划和系统性地发展。1973 年日本有个别组织开始研究 ITS,1994 年随着五部委组建智能化协会后,我国开始推动 ITS 关键技术的研发应用。而欧洲的 ITS 开发与应用是与欧盟的交通运输一体化建设进程紧密联系在一起的,1969 年欧共体委员会提出要在成员国之间开展交通控制电子技术的演示。新加坡在 2006 年发布了该国的首个 ITS 规划,提出了发展 ITS 的一些举措。

在智能交通系统的落地应用方面,世界上应用最为广泛的是日本,日本的 ITS 相当完备和成熟,其次美国、欧洲等地区也普遍应用。欧洲在 2020 年 5 月新创建了一个以推广智能交通领域现有的大量标准,并提出针对性建议为目的的通信协议项目,该项目团队由十名专家组成,要在三年内制定一份相关的文件。该文件包括两点主要内容:第一是为如何充分发挥欧洲智能交通系统领域的使用效率而提供合理的建议;第二是为智能交通系统的互操作性和监管要求提供相应的依据。

我国的智能交通系统发展迅速,在北京、上海、广州等大城市已经建设了先进的智能交通系统。其中,北京建立了道路交通控制、公共交通指挥与调度、高速公路管理和紧急事件管理的 4 大 ITS;广州建立了交通信息共用主平台、物流信息平台和静态交通管理系统的 3 大 ITS。随着智能交通系统技术的发展,智能交通系统将在交通运输行业得到越来越广泛的运用。人工智能的迅速发展已经逐步体现出其在交通工程应用方面的巨大潜力,比如阿里在杭州打造的“城市大脑”的系统背后,即体现了人工智能在缓解城市交通拥堵等问题的优势。

7.1.2　智能交通系统的体系架构

1. ITS 的基本功能

(1)车辆控制。系统可辅助驾驶员驾驶汽车或替代驾驶员自动驾驶汽车。通过安装在汽车前部和旁侧的雷达或红外线探测仪,可以准确地判断车与障碍物之间的距离,遇紧急情况,车载计算机能及时发出警报或自动刹车避让,并根据路况自己调节行车速度,人称“智能汽车”。

（2）交通监控。类似于机场的航空控制器，它将在道路、车辆和驾驶员之间建立快速通信联系。哪里发生了交通事故，哪里交通拥挤，哪条路最为畅通，该系统会以最快的速度提供给驾驶员和交通管理人员。

（3）车辆管理。该系统通过汽车的车载计算机、高度管理中心计算机与全球定位系统联网，实现驾驶员与调度管理中心之间的双向通信，来提高商业车辆、公共汽车和出租汽车的运营效率。该系统通信能力极强，可以对全国乃至更大范围内的车辆实施控制。

（4）出行信息服务。系统提供信息的媒介是多种多样的，如电脑、电视、电话、路标、无线电、车内显示屏等，任何一种方式都可以。无论你是在办公室、大街上、家中还是在汽车上，只要采用其中任何一种方式，你都能从信息系统中获得所需要的信息。有了该系统，外出旅行者就可以眼观六路、耳听八方了。

2. 我国 ITS 体系框架

ITS 体系框架是对 ITS 这一复杂大系统的整体描述。通过 ITS 体系框架来解释 ITS 中所包含的各个功能域及其子功能域之间的逻辑、物理构成及相互关系。同时，ITS 体系框架是我国 ITS 发展的纲领性和宏观指导性技术文件，是 ITS 实现的载体。我国政府高度重视 ITS 体系框架的相关工作，国内 ITS 领域的权威科研机构和专家一直不懈地开展中国 ITS 体系框架的编制、修改完善、方法研究、工具开发和应用推进工作。我国政府设立了由国家智能交通系统工程技术研究中心承担的"智能交通系统体系框架及支持系统开发"项目，完成了《中国智能交通系统体系框架》，其在规范化、系统化、实用化等方面取得了实质性的进展。图 7.1 所示为《中国智能交通系统体系框架》中确定的我国目前 ITS 的体系框架。

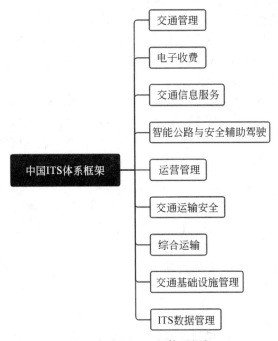

图 7.1　中国 ITS 的体系框架

（1）交通管理包括交通动态信息监测、交通执法、交通控制、需求管理、交通事件管理、交通环境状况监测与控制、勤务管理、停车管理、非机动车和行人通行管理等 9 项用户服务。

（2）电子收费用户服务领域仅包括电子收费一项用户服务。

（3）交通信息服务包括出行前信息服务、行驶中驾驶员信息服务、旅途中公共交通信息服务、途中出行者其他信息服务、路径诱导及导航、个性化信息服务等6项用户服务。

（4）智能公路与安全辅助驾驶包括智能公路与车辆信息收集、安全辅助驾驶、自动驾驶、车队自动运行等通项用户服务。

（5）运营管理包括运政管理、公交规划、公交运营管理、长途客运运营管理、轨道交通运营管理、出租车运营管理、一般货物运输管理、特种运输管理等8项用户服务。

（6）交通运输安全包括紧急事件救援管理、运输安全管理、非机动车及行人安全管理、交叉口安全管理等通项用户服务。

（7）综合运输包括客货运联运管理、旅客联运服务、货物联运服务等3项用户服务。

（8）交通基础设施管理包括交通基础设施维护、路政管理、施工区管理等3项用户服务。

（9）ITS数据管理包括数据接入与存储、数据融合与处理、数据交换与共享、数据应用支持、数据安全等5项用户服务。

7.2　无人驾驶汽车——智能网联汽车的终极目标

人工智能用于交通系统，相当于为整个城市的交通系统安装了一个人工智能大脑。

本节和7.3节将从无人驾驶汽车、车牌识别、车辆检索、大数据交通分析和交通信号系统五个领域探讨人工智能技术在智能交通领域的应用，如图7.2所示。

7.2.1　智能网联汽车的层次结构

智能网联汽车（Intelligent Connected Vehicle，ICV）是一种跨技术、跨产业领域的新兴汽车体系，从不同角度、不同背景对它的理解是有差异的，各国对智能网联汽车的定义不同，叫法也不尽相同，但终极目标是一样的，即可上路安全行驶的无人驾驶汽车。

图7.2　人工智能技术在智能
交通领域的应用

从广义上讲，智能网联汽车是以车辆为主体和主要节点，融合现代通信和网络技术，使车辆与外部节点实现信息共享和协同控制，以达到车辆安全、有序、高效、节能行驶的新一代多车辆系统，如图7.3所示。

智能网联汽车是以汽车为主体，利用环境感知技术实现多车辆有序安全行驶，通过无线通信网络等手段为用户提供多样化信息服务。智能网联汽车由环境感知层、智能决策层以及控制和执行层组成，如图7.4所示。

（1）环境感知层。环境感知层的主要功能是通过车载环境感知技术、卫星定位技术、4G/5G及V2X无线通信技术等，实现对车辆自身属性和车辆外在属性（如道路、车辆和行人等）静态、动态信息的提取和收集，并向智能决策层输送信息。

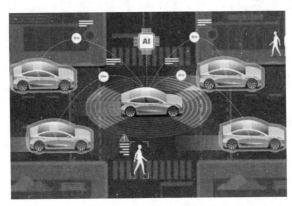

图 7.3　智能网联汽车

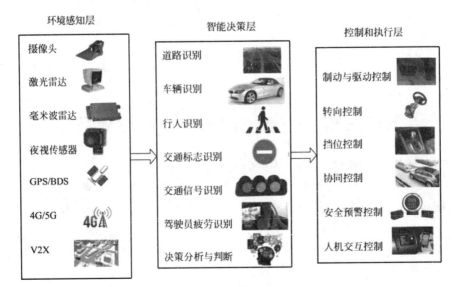

图 7.4　智能网联汽车的层次结构

　　（2）智能决策层。智能决策层的主要功能是接收环境感知层的信息并进行融合，对道路、车辆、行人、交通标志和交通信号等进行识别，决策分析和判断车辆驾驶模式及将要执行的操作，并向控制和执行层输送指令。

　　（3）控制和执行层。控制和执行层的主要功能是按照智能决策层的指令，对车辆进行操作和协同控制，并为联网汽车提供道路交通信息、安全信息、娱乐信息、救援信息以及商务办公、网上消费等，保障汽车安全行驶和舒适驾驶。

　　从功能角度上讲，智能网联汽车与一般汽车相比，主要增加了环境感知与定位系统、无线通信系统、车载自组织网络系统和先进驾驶辅助系统等。

7.2.2　智能网联汽车的技术分级

　　智能网联汽车的技术分级在各个主要国家是不完全相同的，美国分为 5 级，德国分为 3级，我国分为 5 级。

我国把智能网联汽车发展划分 5 个阶段,即辅助驾驶阶段(DA)、部分自动驾驶阶段(PA)、有条件自动驾驶阶段(CA)、高度自动驾驶阶段(HA)和完全自动驾驶阶段(FA)。

(1) 辅助驾驶阶段(DA)。通过环境信息对行驶方向和加减速中的一项操作提供支援,其他驾驶操作都由驾驶员完成。适用于车道内正常行驶、高速公路无车道干涉路段行驶、无换道操作等。

(2) 部分自动驾驶阶段(PA)。通过环境信息对行驶方向和加减速中的多项操作提供支援,其他驾驶操作都由驾驶员完成。适用于变道以及泊车、环岛等市区简单工况;还适用于高速公路及市区无车道干涉路段进行换道、泊车、环岛绕行、拥堵跟车等操作。

(3) 有条件自动驾驶阶段(CA)。由无人驾驶系统完成所有驾驶操作,根据系统请求,驾驶员需要提供适当的干预。适用于高速公路正常行驶工况;还适用于高速公路及市区无车道干涉路段进行换道、泊车、环岛绕行、拥堵跟车等操作。

(4) 高度自动驾驶阶段(HA)。由无人驾驶系统完成所有驾驶操作,特定环境下系统会向驾驶员提出响应请求,驾驶员可以对系统请求不进行响应。适用于有车道干涉路段(交叉路口、车流汇入、拥堵区域、人车混杂交通流等市区复杂工况)进行的全部操作。

(5) 完全自动驾驶阶段(FA)。无人驾驶系统可以完成驾驶员能够完成的所有道路环境下的操作,不需要驾驶员介入。适用于所有行驶工况下进行的全部操作。

无论怎样分级,从驾驶员对车辆控制权角度来看,可以分为驾驶员拥有车辆全部控制权、驾驶员拥有部分车辆控制权、驾驶员不拥有车辆控制权等三种形式,其中驾驶员拥有部分车辆控制权时,根据车辆 ADAS(Advanced Driver Assistance Systems,先进驾驶辅助系统)的配备和技术成熟程度,决定驾驶员拥有车辆控制权的多少,ADAS 装备越多,技术越成熟,驾驶员拥有车辆控制权越少,车辆自动驾驶程度越高。

7.2.3 无人驾驶汽车的工作原理

无人驾驶汽车(Self-Driving Car)是一种主要依靠车内以计算机系统为主的智能驾驶仪来实现无人驾驶的智能汽车,又称为自动驾驶汽车、电脑驾驶汽车等。

图 7.5 所示为谷歌无人驾驶汽车系统,包括车载计算机、传感器、电池等。

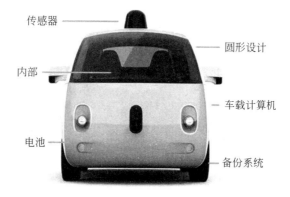

图 7.5 谷歌无人驾驶汽车系统

无人驾驶汽车需要感知车辆和周围物体间的距离,激光射线可以满足这一技术要求,车顶安装能够发射激光射线的激光测距仪,通过从发射到接触物体反射回来的时间,车载计算机便可计算出和物体间的距离。如图 7.6 所示,在车辆底部装有雷达、超声波、摄像头等设备,能够检测出车辆行驶方向上的角速度、加速度等一些重要数据,再利用卫星定位系统GPS 传输的数据进行整合处理,能够精确计算行驶车辆的具体位置。

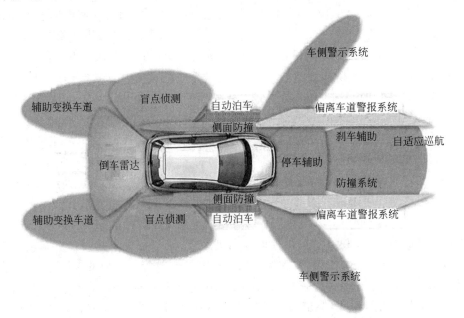

图 7.6　无人驾驶汽车中雷达、超声波、摄像头的范围及应用

自动驾驶汽车开发中要用到不少传感器,其中雷达是最重要的传感器总成件之一。或者说,没有雷达技术的支持,就没有自动驾驶汽车的出现,如图 7.7 所示。自动驾驶技术发展的基本趋势是,将激光雷达、毫米波、摄像头进行融合处理,弥补彼此不足之处,并且随着5G 的来临,车与车、车与路、车与人之前的信息交互会变得容易可行,通过 5G 的超低延时,可以做到车辆周围的信息交互。

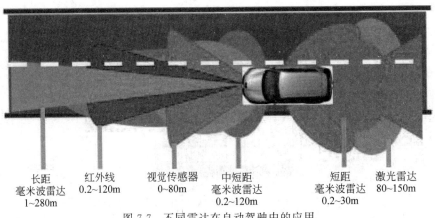

图 7.7　不同雷达在自动驾驶中的应用

7.2.4　无人驾驶汽车的发展历程与前景

无人驾驶汽车在国际和国内都取得了迅猛发展,典型的标志性事件如下。

(1) 2016 年 3 月,谷歌研发的具有人工智能系统的无人驾驶汽车(见图 7.8),被美国车辆安全监管机构认为符合联邦法律,意味着无人驾驶汽车又迈出了崭新的一步。

图 7.8　谷歌无人驾驶汽车

(2) 2015 年 12 月,百度无人驾驶汽车(见图 7.9)完成北京开放高速路的自动驾驶测试,意味着无人驾驶这一项技术从科研开始落地到产品。

图 7.9　百度无人驾驶汽车

国内外对无人驾驶汽车的研究方向大致有以下 3 方面:

(1) 高速公路环境下的无人驾驶系统。

(2) 城市环境下的无人驾驶系统。

(3) 特殊环境下的无人驾驶系统。

无人驾驶汽车技术还在探索和完善当中,相当多的无人驾驶科学技术还处于概念阶段以及研发测试过程,需要一定的时间才能达到真正的推广。随着科学技术的不断发展以及政策的大力支持,无人驾驶汽车的量产已提上日程。美国谷歌公司对其无人驾驶汽车项目制定的目标为 2020 年能够实现商业化,2025 年能够达到量产。

7.2.5   无人驾驶汽车的关键技术

智能网联汽车的关键技术包含环境感知技术、V2X 通信技术、信息安全与隐私保护技术、导航定位技术、车载网络技术、先进驾驶辅助技术、信息融合技术、人机界面技术等。

1. 环境感知技术

环境感知包括车辆本身状态感知、道路感知、行人感知、交通信号感知、交通标识感知、交通状况感知、周围车辆感知等。

在复杂的路况交通环境下,单一传感器无法完成环境感知的全部,必须整合各种类型的传感器,利用传感器融合技术,使其为智能网联汽车提供更加真实可靠的路况环境信息。

目前应用于环境感知的主流传感器产品主要包括激光雷达、毫米级雷达、内置计算机系统和摄像头 4 类,如图 7.10 所示。

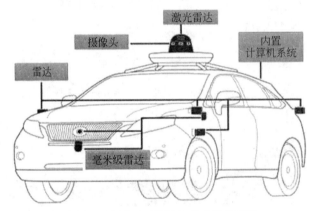

图 7.10   应用于环境感知的主流传感器

例如,传感器的布置方案如下。

• 配置一:高精度地图＋多线束激光雷达。

特点:成本高、数据量大,适合 L3、L4 级别智能车(美国国家公路交通安全管理局(NHTSA)定义的汽车自动化等级)。

• 配置二:毫米波雷达＋少线束激光雷达＋摄像头＋超声波雷达。

特点:传感器成本相对较低,适用于 L1、L2 级别智能车。

美国的特斯拉在此研究上取得了很大的突破,有效地实现了 Autopilot 辅助驾驶技术,在车身周围不同的位置分别安装了 12 个超声波传感器,这些传感器可以很好地辨别车子四周的环境,在汽车正前方安装的毫米波雷达发射的雷达波可以穿透大雨、大雾以及灰尘,监测到前方的车辆。

2. V2X 通信技术

V2X(Vehicle to Everything),即车与任何事物的联系,主要包括 V2V、V2I、V2P、V2N。详细地说,就是车辆通过传感器、网络通信技术与其他周边车、人、物进行通信交流,并根据收集的信息进行分析、决策的一项技术,如图7.11所示。

图 7.11 V2X 通信技术

V2X 能干什么呢? 比如说,在山路或城市道路、路口或转弯总会有一些盲区,通过基于 V2X 的技术,车与车互相通信,可以知道对面或某个盲区方向是否有车,然后进行决策(如减速、停车等),减少交通事故的发生概率,如图7.12所示。

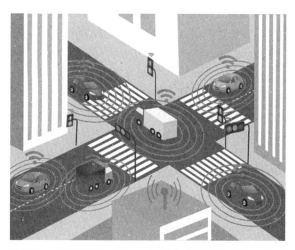

图 7.12 利用 V2X 通信技术,减少交通事故的发生概率

在车辆行驶过程中,通过车与车的通信、车与周边基础设施等的通信,可以采集到车距、交通状况后,进行车辆操作决策(如避让、分流等),如图7.13所示。

目前,V2X 有以下两种技术标准:

一种是 DSRC(Dedicated Short Range Communication,专用短距离通信),这个标准是由美国推出的,与 Wi-Fi 类似,在测试中最大传输距离可达300m。DSRC 技术与标准已较为成熟,美、日和欧洲一些国家通过强制法规手段大力推动,其应用主要限于安全相关的领域。

另一种是 LTE-V2X(基于蜂窝移动通信的 V2X),这种技术由我国的大唐与华为公司主导开发。LTE-V2X 针对车辆应用定义了两种通信方式:集中式(LTE-V-Cell)和分布式(LTE-V-Direct)。集中式也称为蜂窝式,需要基站作为控制中心,集中式定义车辆与路侧

图 7.13 利用 V2X 通信技术，可优化交通路况

通信单元以及基站设备的通信方式；分布式也称为直通式，无需基站作为支撑，在一些文献中也表示为 LTE-Direct(LTE-D) 及 LTE D2D(Device-to-Device)，分布式定义车辆之间的通信方式。

LTE-V2X 正在国际范围内加快推进，可能在中国成为主流车联网通信系统。随着时间的推移，由于 LTE-V2X 技术可以向 5G 平滑过渡，其发展对 DSRC 造成越来越大的压力。

现有的研究表明，相比 DSRC，LTE-V2X 拥有更大的带宽，因而能更好地支持非安全性应用，例如文件下载和互联网连接。然而，LTE-V2X 的通信延时较大，阻碍了它在安全性相关的场景中的应用。DSRC 在碰撞预警等安全性相关的场景中的表现，优于 LTE-V，如图 7.14 所示。

图 7.14 成熟且可部署的 DSRC 技术和方兴未艾的 LTE-V2X 技术

无论是应用哪种技术标准，通过 V2P、V2I、V2V 的互相通信，可以了解行人、红绿灯、车辆行驶状况等，为无人驾驶、智慧决策奠定基础。

3. 信息安全与隐私保护技术

汽车信息安全随着车辆网联化比例的提升，而得到越来越高的关注。为了防范黑客入侵非法获取数据，甚至远程控制车辆等潜在的威胁，必须高度重视信息安全，出台汽车信息安全标准与评价体系。

目前，国内外车企都在积极布局汽车安全体系。随着车辆开放连接的逐渐增多，相关设备系统间数据交互更为紧密,网络攻击、木马病毒、数据窃取等互联网安全威胁也逐渐延伸至汽车领域。一旦车载系统和关键零部件、车联网平台等遭受网络攻击,可导致车辆被非法控制,进而造成隐私泄露、财产损失甚至人员伤亡。与此同时,未来车辆会引入越来越多的信息化技术,如自动驾驶、V2X等,每种新技术都可能会成为一个新的攻击点。车辆智能化和信息化程度会越来越高,这也就意味着攻击者可以利用信息化中的漏洞获得更多的控制权限,导致更严重的功能安全问题,比如,利用车联网平台中的漏洞实现车辆的群体控制等。所以,在汽车产业智能化和网联化的过程中,信息安全一定会成为其首要考虑的问题,成为汽车功能安全的一部分。从近三年来智能网联汽车信息安全标准法规发展轨迹来看,我国正在不断完善智能网联汽车信息安全相关的法律制度,出台了智能网联汽车信息安全相关的战略政策,正在建立健全智能网联汽车信息安全的协调机制,加强了智能网联汽车信息安全标准的国家统筹部署。

4. 导航定位技术

车辆高精度定位技术,是实现智慧交通、自动驾驶不可或缺的关键技术。智能网联汽车需要通过定位技术准确感知自身在全局环境中的相对位置以及所要行驶的速度、方向、路径等信息。高精度定位已经不再是此前用于一般的路径导航或是单纯给人用的一种工具了,而是逐渐发展成影响路径规划和车辆控制决策的一种技术。

定位精度是定位服务中最基本的要求,在不同的业务应用、不同的场景下,对定位的精度要求是不同的,例如,辅助驾驶对车的定位精度要求在米级,而自动驾驶业务对定位的精度要求在亚米级甚至在厘米级。

通常采用多种技术的融合来实现精准定位,包括 GNSS(全球导航卫星系统)、无线电(如蜂窝网、局域网)、惯性测量单元、传感器以及高精度地图。

其中,以卫星为基础的卫星导航定位系统,由于其具有天体导航覆盖全球的优点,所以从出现就得到人们的重视,相继出现以及计划实施的卫星导航系统有美国的全球定位系统(GPS)、俄罗斯的全球卫星导航系统(Global Navigation Satellite System,GLONASS)、欧洲空间局的伽利略(Galileo)卫星定位系统、我国的北斗卫星导航系统(BeiDou Navigation Satellite System,BDS),如图 7.15 所示。

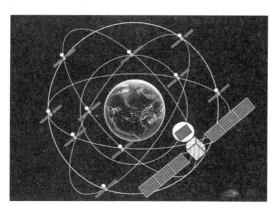

图 7.15　北斗卫星导航系统(BDS)

科技报国、自主创新——全国北斗地基增强系统

　　1993年7月23日，美国无中生有地指控中国"银河"号货轮将制造化学武器的原料运往伊朗。当时，"银河"号正在印度洋上正常航行，突然船停了下来。事后大家才知道，这是因为当时美国局部关闭了该船所在海区的GPS导航服务，使得船不知道该向哪个方向行驶。"银河号事件"使我们清楚地意识到：卫星导航，我们一定要自己搞出来！

　　对中国来说，把诸多的关键应用寄生在美国的GPS之上是极其危险的。因此，中国决定搞自己的全球定位系统，并把这一系统命名为北斗卫星导航系统。2020年6月中旬，中国成功发射北斗卫星导航系统的最后一颗组网卫星，至此北斗就是真正意义上的全球卫星导航系统了，这也预示着中国国家能力的跃升。北斗系统不仅是中国在科技发展史上一个里程碑的进步，更是展现中国作为一个发展中的大国对全世界人民的担当与责任。

　　北斗地基增强系统是一套可以使北斗定位精度达到厘米级的系统，于2014年9月正式启动研制建设，2018年5月23日，北斗地基增强系统已完成基本系统研制建设，具备为用户提供广域实时米级、分米级、厘米级和后处理毫米级定位精度的能力。北斗高精度定位服务将成为全社会共享的一项公共服务，在其赋能之下，智慧城市、自动驾驶、智慧物流等各种应用都将真正实现大规模商用。

5. 车载网络技术

　　目前汽车上广泛应用的网络有CAN、LIN和MOST总线等，它们的特点是传输速率低，带宽窄。随着越来越多的高清视频应用进入汽车，如ADAS、360°全景泊车系统和蓝光DVD播放系统等，传输速率和带宽已无法满足需要。以太网最有可能进入智能网联汽车环境下工作，它采用星形连接架构，每一个设备或每一条链路都可以专享100Mb/s带宽，且传输速率达到万兆级。同时，以太网还可以顺应未来汽车行业的发展趋势，即开放性兼容性原则，从而可以很容易地将现有的应用嵌入到新系统中。

6. 先进驾驶辅助技术

　　先进驾驶辅助技术通过车辆环境感知技术和自组织网络技术，对道路、车辆、行人、交通标志、交通信号等进行检测和识别，对识别信号进行分析处理，传输给执行机构，保障车辆安全行驶。先进驾驶辅助技术是智能网联汽车重点发展的技术，其成熟程度和使用多少代表了智能网联汽车的技术水平，是其他关键技术的具体应用体现。

7. 信息融合技术

　　信息融合技术是指在一定准则下，利用计算机技术对多源信息分析和综合，以实现不同应用的分类任务而进行的处理过程。该技术主要用于对多源信息进行采集、传输、分析和综合，将不同数据源在时间和空间上的冗余或互补信息依据某种准则进行组合，产生出完整、准确、及时、有效的综合信息。智能网联汽车采集和传输的信息种类多、数量大，必须采用信息融合技术才能保障实时性和准确性。

8. 人机界面技术

　　人机界面技术，尤其是语音控制、手势识别和触摸屏技术，在全球未来汽车市场上将被大量采用。全球领先的汽车制造商,如奥迪、宝马、奔驰、福特以及菲亚特等都在研究人机界面技术。不同国家汽车人机界面技术发展重点也不同,美国和日本侧重于远程控制,主要通过呼叫中心实现;德国则把精力放在车主对车辆的中央控制系统,主要是奥迪的 MMI、宝马的 iDrive、奔驰的 COMMAND。智能网联汽车人机界面的设计,其最终目的在于提供良好的用户体验,增强用户的驾驶乐趣或驾驶过程中的操作体验。它更加注重驾驶的安全性,这样使得人机界面的设计必须在好的用户体验和安全之间进行平衡,很大程度上,安全始终是第一位的。智能网联汽车人机界面应集成车辆控制、功能设定、信息娱乐、导航系统、车载电话等多项功能,方便驾驶员快捷地从中查询、设置、切换车辆系统的各种信息,从而使车辆达到理想的运行和操纵状态。未来车载信息显示系统和智能手机将无缝连接,人机界面提供的输入方式将会有多种选择,通过使用不同的技术允许消费者能够根据不同的操作、不同的功能进行自由切换。

7.2.6　基于支持向量机的车辆识别技术

要保证无人驾驶汽车在复杂拥挤的交通环境中能够安全行驶,就需要对前方车辆的动态信息感知具有较高的精度。基于视觉传感器的前方车辆识别技术主要包括基于先验知识的方法、基于机器学习的方法。

其中,基于机器学习的方法是通过对大量目标样本集和非目标样本集进行学习并提取出能识别目标的一系列统计特征,然后利用分类算法对这些特征进行训练并得到分类器,最后利用该分类器完成待检测样本中的车辆识别任务。

本节我们介绍一种基于支持向量机的前方车辆识别技术。

由于我们所要识别的目标是运动中的车辆,如果能在识别之前先将运动区域提取出来,再对获得的运动区域进行车辆识别,将大大减少被检测的区域,从而减少检测识别时间;同时,因为去除了背景区域,减少了背景干扰,最终的车辆识别率会提高很多。无人驾驶汽车要求监控系统能够实时地进行目标的检测识别,因此采用了基于简单背景减法的运动目标检测算法,在利用 SVM 分类器进行运动车辆识别之前,先介绍利用简单背景减法将运动目标提取出来,流程图如图 7.16 所示。

1. 基于背景减法的运动目标提取

基于背景减法的运动目标提取需要经过混合高斯模型运动目标检测、中值滤波处理、形态学处理、运动目标提取等多个步骤,目的是排除各种干扰因素,得到完整的目标区域。此过程可以看作车辆识别之前的预处理。由于篇幅所限,此处不做过多介绍,感兴趣的读者可以参考资料。

2. 关键技术——支持向量机

支持向量机(Support Vector Machines,SVM)是一种以统计学习理论为基础的学习方法,是由 V. Vapnik 提出的。SVM 的理论过程是利用结构风险最小化和最大间隔分类的原则来建立学习的模型。由于支持向量机坚实的理论基础以及在众多领域中表现出的优秀推广能力,国内外正广泛展开对支持向量机的研究。

SVM 分类器可作为一种二类分类模型,基本方法是在特征空间上建立一个使分类间隔

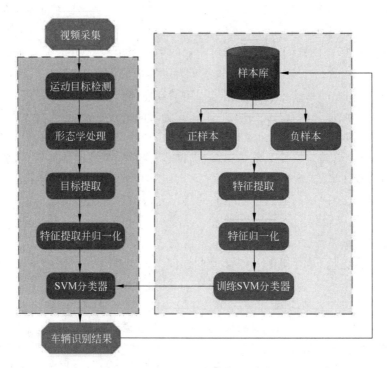

图 7.16　基于 SVM 的车辆识别流程图

最大化的线性分类器,即 SVM 的学习策略是间隔最大化,它可以找到一个最优分类超平面来使类间距离最大化,完成最优分类。

给定一组样本集$(x_1,y_2),(x_2,y_2),\cdots,(x_i,y_i)$,其中 $i=1,2,\cdots,n,x_i\in R^l\{+1,-1\}$,$N$ 为训练样本集的样本个数,x_i 表示第 i 个 l 维的样本向量,y_i 表示样本所属类的标签,用 $+1$ 和 -1 分别表示正负样本。最大间隔分类面的问题可通过凸二次规划的对偶问题求解,其分割超平面可表示为:

$$f(x) = \sum_{i=1}^{n} \alpha_i y_i K(x \cdot x_i) + b$$

其中,$K(x,x_i)$ 为核函数,$f(x)$ 决策出测试样本 x 属于哪一类。通过寻求一组非零数 α_i 来构建超平面,对应于 α_i 的训练样本 x_i 为支持向量,其表示的是距离最优分类超平面最近的点。例如,采用高斯核函数:

$$K(x,x_i) = \exp\left\{-\frac{\mid x-x_i\mid^2}{\sigma^2}\right\}$$

在目标识别过程中,对于一个输入的测试样本 x_T,对应分类器的输出是:

$$f(x_T) = \sum_{i=1}^{n} \alpha_i y_i K(x_T \cdot x_i) + b$$

SVM 分类器给出的即为使分类间隔最大的目标,则认为其为识别出的目标区域。基于特征融合的 SVM 分类器设计过程如下。

(1) 训练样本库建立。假如选取 3000 个正样本,9000 个负样本建立样本训练库,其中正样本为人工从大量视频图像中截取的车辆图像,负样本为从环境背景中提取的图像,并将其缩放到相同尺寸,部分样本图像如图 7.17 所示。

(a) 正样本图像

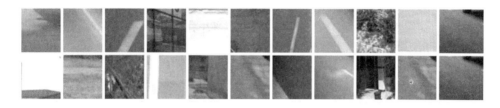

(b) 负样本图像

图 7.17　样本库建立

（2）特征提取及归一化。数据标准化（归一化）处理是数据挖掘的一项基础工作,不同评价指标往往具有不同的量纲和量纲单位,这样的情况会影响到数据分析的结果,为了消除指标之间的量纲影响,需要进行数据标准化处理,以解决数据指标之间的可比性。原始数据经过数据标准化处理后,各指标处于同一数量级,适合进行综合对比评价。

假如针对于特定场景中车辆的特征信息,选取如下几种与场景中其他运动目标的特征区别较大的几组特征参数：

① 圆形度。圆形度是用来表示物体圆形程度的指标,最常用的第一个指标如下：

$$C = \frac{P^2}{S}$$

其中,P 为周长,S 为面积,上式表示周长的平方与面积的比,对于圆形取最小值,物体形状越细长,值越大。第二个相关的圆形度指标是边界能量,表示为：

$$E = \frac{1}{P} \int_0^e \mid K(\rho) \mid^2 \mathrm{d}\rho$$

其中,$K(\rho)=1/r(\rho)$,P 为物体的周长,在面积相同的条件下,圆具有最小边界能量。第三个指标利用了从边界上的点到物体内部某点的平均距离：

$$\bar{d} = \frac{S}{\bar{d}^2} = \frac{N^3}{\left(\sum\limits_{i=1}^{N} x_i\right)^2}$$

其中,x_i 是从具有 N 个点的物体中的第 i 个点到与其最近的边界点的距离。

② HOG 特征。方向梯度直方图（Histogram of Oriented Gradient,HOG）特征是一种在计算机视觉和图像处理中用来进行物体检测的特征描述子。它通过计算和统计图像局部区域的梯度方向直方图来构成特征。HOG 特征结合 SVM 分类器已广泛应用于图像识别中。

HOG 特征提取步骤为:第一步,把彩色图转化为灰度图 $I(x,y)$,采用 Camma 校正法压缩灰度图像;第二步,计算图像中各像素的水平梯度 G_x 和垂直梯度 G_y;第三步,将图像划分为像素数为 $n×n$ 的细胞单元,为细胞单元分配一个 9 通道向量,代表方向的角度范围为 $0~180°$,根据像素的梯度方向,计算每个通道的梯度和,从而生成一组 9 维特征向量;最后,将细胞单元组合成区块,区块串联而成 HOG 特征描述。HOG 特征处理结果如图 7.18 所示。

图 7.18 HOG 特征提取结果

③ 特征归一化。训练 SVM 分类器之前,对提取的特征进行归一化可以在建立分类超平面时,避免动态范围大的特征削弱动态范围小的特征的影响,使它们在训练分类器时具有同等的作用,同时在特征向量内积计算时避免因特征值过大引起计算的溢出。样本特征的每一个维度的量纲可能不同,若在量纲数量级差别很大时对每一个样本进行归一化,则样本中数量级较低的特征属性趋于零,使原始信息过多丢失。设有 M 个样本,每个样本特征数为 L,则样本集可表示为:

$$X = \begin{bmatrix} x_{1,1} & \cdots & x_{1,L} \\ \vdots & \ddots & \vdots \\ x_{M,1} & \cdots & x_{M,L} \end{bmatrix}$$

归一化后的特征向量集为:

$$Y = \begin{bmatrix} y_{1,1} & \cdots & y_{1,L} \\ \vdots & \ddots & \vdots \\ y_{M,1} & \cdots & y_{M,L} \end{bmatrix}$$

其中,

$$y_{i,j} = \frac{2x_{i,j} - x_{\max} - x_{\min}}{x_{\max} + x_{\min}}$$

$$x_{\max} = \max\{x_{1,j}, x_{2,j}, \cdots, x_{M,j}\}$$

$$x_{\min} = \min\{x_{1,j}, x_{2,j}, \cdots, x_{M,j}\}$$

$$i = 1, 2, \cdots, M, \quad j = 1, 2, \cdots, L$$

(3) 特征加权组合融合。设 A 和 B 为样本空间 Ω 上两组特征集,C 为另一组特征集,任意样本 $\xi \in \Omega$,其对应的特征向量 $\alpha \in A, \beta \in B$,这两个特征集的加权组合特征向量 $\gamma \in C$,加权组合公式如下:

$$\gamma = \begin{bmatrix} \omega_1 \cdot \alpha \\ \omega_2 \cdot \beta \end{bmatrix}$$

其中,$\sum_i \omega_i = 1, 0 \leqslant \omega_i \leqslant 1, i = 1, 2$,可以采用加权组合的融合方法对提取的特征进行

融合。

（4）SVM 在线增量训练。增量支持向量机是支持向量机的一种改进训练方法，即当新的样本加入到训练库中，通过增量方法对 SVM 模型进行更新，再训练可以更新分类器的最优分界面，这样得到的 SVM 模型能更好地适应目标变化，可以使分割效果具有更高的准确性和稳定性。其步骤如下：

第一步，根据初始样本库训练出原始的 SVM 分类器，利用初始 SVM 对前面方法中提取出的运动目标进行识别分类。

第二步，将第一步中识别的目标加入训练样本库，将新得到的样本与初始训练样本集统一归一化并训练新的 SVM 分类器。

第三步，利用更新后的 SVM 分类器对当前目标进行识别，然后重复以上步骤，实现 SVM 分类器的在线更新训练。

3. 结果与分析

在实验测试中，首先我们对 3000 个正样本、9000 个负样本进行预处理，提取特征，由于样本图像规格为 32×32，其 HOG 特征即为 324 维，对提取的特征进行归一化后，再做降维处理。在对训练 SVM 分类器参数的选取上，采用格点搜寻法，对训练集进行交叉验证，选择惩罚参数和 RBF（Radial Basis Function，径向基函数，是某种沿径向对称的标量函数，作用是根据与每一个支持向量的距离来决定分类边界的）核参数为 $(0.25, 0.0625)$。根据选取的惩罚参数和 RBF 核参数，由建立的样本库训练出 SVM 分类器，得到的分类器模型的支持向量总个数为 366 个。利用此 SVM 分类器，对一组 30 个正样本，30 个负样本的测试样本组进行测试，输出的结果中，正样本全部正确识别出，负样本有一个被识别为正样本，结果显示分类准确率为 98.3%，准确率较高。

7.3　人工智能技术在智能交通领域的落地应用

7.3.1　车牌识别

目前，车牌识别算法是人工智能在智能交通领域最为理想的应用。传统图像处理与机器学习算法的很多特征都是人为设定的，比如 HOG、SIFT 等。在目标检测与特征匹配方面，这些特征占据着非常重要的地位，安防领域很多算法使用的特征都源于这两大特征。根据以往的经验，因为理论分析难度较大，且训练方法需要诸多技巧，人为设计特征与机器学习算法需要 5～10 年才能取得一次较大的突破，而且对算法工程师的要求越来越高。

深度学习则不同，利用深度学习进行图像检测与识别，无需人为设定特征，只需准备好充足的图像进行训练，不断迭代就能取得较好的结果。从目前的情况看，通过不断加入新数据，持续增加深度学习的网络层次，可以持续提高识别率。相较于传统方法来说，这种方法的使用效果要好得多。

目前，车辆颜色识别、无牌车检测、车辆检索、人脸识别、非机动车检测与分类等领域的技术日趋成熟。

过去,光照条件不同、相机硬件误差等因素会导致车辆颜色发生改变。目前,在人工智能技术的辅助下,因图像颜色变化导致识别错误问题得到了有效解决。统计数据显示,卡口车辆颜色的识别率提升了5%,达到了85%,电子警察车辆主颜色的识别率超过了80%。

过去,车辆厂商标志识别一般使用传统的HOG、LBP、SIFT、SURF等特征,借助SVM机器学习技术开发一个多级联合的分类器进行识别,错误率相对较高。目前,引入大数据和深度学习技术之后,车辆厂商标志的识别率从89%提升到了93%。

7.3.2　车辆检索

车辆检索,也称为"以车搜车",是智能交通系统中最重要的组成部分之一。由于车辆图片数目的快速增多以及车辆类别数的不断增加,传统的检索方法已经无法满足大规模车辆图像的检索需求。随着深度学习技术的迅猛发展,卷积神经网络已经在图像处理领域取得了优异的表现,并且深度学习模型可以快速地完成特征提取,具有更高的灵活性和普适性。

电子警察监控系统是智慧交通发展的一项最基础的工程应用。电子警察监控属于交通信息采集系统的前端,它通过在交通路口建立相关的设备和设施,对当前道路区域进行实时监控,进而将收集到的信息传输到后端进行信息挖掘和数据处理,最终将处理结果发送到各种终端设备进行展示。在日常生活中,路口随处可见的电子摄像头时时刻刻保持着"工作"的状态。车辆在道路上一些不按指定标线行驶、压线行驶、闯红灯、逆行等举动,都会被其拍摄到。违章瞬间的图片以及车辆识别信息将会上传到交通管理系统,经过后期人工审核,如果违章属实,那么违章车辆将会收到罚单和处罚。但是,在实际的交通场景中往往会出现车辆套牌或使用虚假车牌的情况,这给监控系统带来了很大的挑战。同时,这些套牌或使用虚假车牌的车辆大多都与违法犯罪活动紧密相关。如何打击并且惩处这些违法犯罪活动,是建设"平安城市"主题中的主要工作之一。"智慧交通"和"平安城市"工程项目收集的车辆图片数据是海量的。对相关视频或图像研究判断需投入大量的人力,而且人工查找速度缓慢。

例如国内某科技公司研发的一款车辆分析检索系统是基于视频流、图片流的智能车辆识别系统,是国内第一个车辆全信息识别检索系统,利用先进的深度学习技术,实现对卡口设备采集的车辆图片进行全信息识别,通过大数据分析和挖掘手段,为公安交警部门打击嫌疑、假牌、套牌、驾驶人违章等各类违法行为提供有力保障。车辆大数据分析检索系统的出现有效弥补了传统"平安城市"项目中对于智慧交通和车辆治安管控的极大不足,能够极大提升城市治理和治安管控的水平,促进智慧公安和智慧交通向更高的科技水平发展。

7.3.3　交通大数据

人工智能可将城市民众的出行偏好、生活方式、消费习惯等因素作为依据,对城市人流与车流迁移、城市建设、公共资源等数据进行有效分析,并利用分析结果辅助城市规划决策,指导公共交通基础设施建设。

在治理城市道路拥堵问题上,如何利用大数据进行有效交通诱导,是利用大数据探求的方向之一。交通诱导技术最关键的就在于技术,传统的诱导技术受限制最大的是数据采集。大数据能够最大限度地发挥信息资源的优势,减少交通诱导措施中数据的模糊性,大数据能够更加全面地监测道路上车辆的通行情况,避免因少量样本的不准确而造成诱导错误。大数据对车辆通行信息的采集更加综合、更加便捷,不仅仅通过单纯的车辆行驶数量和速度来判断,还可以借助司机的地图导航数据、乘坐公共交通的刷卡数据以及车辆定位技术。大数据克服了以往交通诱导技术采集数据的局限性和存储成本较大的问题,突破了以往静态数据的模式,利用动态的数据模式,将原本数据较大的图像、视频资源转化为数据,不仅解决了存储数据大、成本高的难题,更是通过实时掌控动态资料,为交通诱导提供翔实的基础数据。

此外,行车难、停车更难已经成为有车一族的困扰,解决车辆停车的困难已经成为治理交通拥堵的关键部分。智能交通系统利用大数据,采用车辆诱导技术,将车辆的行驶终点和停车场信息完美结合,及时将有关停车信息推送给所需的车主,减少因停车位难找而造成的交通通行效率低下。智能交通系统可以利用定位技术及时将车辆停靠的位置、时间等信息发送给车主,解决因不按规则停放而造成的交通堵塞。

7.3.4　智能交通信号系统

对城市道路交叉路口的交通信号灯的智能控制,能够有效实现交通合理性管理的控制。现代化信息技术的应用实现了交通信号灯的智能化控制,同时也提高了交通信号灯的管理效率和管理质量。

城市道路交通信号灯智能控制系统主要由信号灯、红外信号发射器、信号灯终端显示设备等组成。每一个路口的交通信号灯都具有一定的独立控制系统,可以实现个别路况控制和道路交通情况的适应。要实现对城市道路交通信号灯智能控制,首先要结合城市道路的路况信息监控,准确收集道路路口的车流量与车辆通过数量,掌握高峰时间段的信息,并依据道路交通的实际情况来进行交通信号灯的智能控制调节。其次,为车辆提供交通路况信息和路线分析,以达到疏导交通的目的。这就需要利用计算机与卫星导航进行联网配合,同时使用计算机软件进行数据分析和计算,结合路径信息和交通信号灯时间进行不同车速的计算,再将路况信息进行反馈,由反馈信息与当前时间段路况进行结合,确定对交通信号灯闪烁时间的智能化控制。

计算机技术智能算法在信号灯智能控制系统设计中已得到了成熟的应用。计算机技术智能算法,主要是以路口射频识别设备所收集的信息为主要依据数据来进行路况和车流量以及信号灯变换时间的分析,并自动计算出最佳的调整方案,同时,也可以将信息反馈至交通控制中心,进行智能控制信号灯时间的调整。一般来讲,交通信号灯的设定要充分考虑实际的情况,通常是白天的通行量较大,而夜间车辆和行人较少,对信号灯的调整除应对白天的路况拥堵现象外,也要考虑信号灯间隔时间,以适应白天与夜间的识别。计算机智能算法是与交通控制总端模块实时联网的,从设计人员的角度考虑,通过智能算法参照预设定数据进行相应的设置,才是对信号灯智能控制系统作用的体现。

习题 7

一、简答题

1. 阐述人工智能在交通领域作用。

2. 什么是智能网联汽车？它有哪些特点？

3. 智能交通系统的作用有哪些？

4. 简述我国 ITS 体系框架。

二、思考题

现如今，人工智能迅猛发展，已经成为未来的趋势。当今中国大城市，道路拥堵的情况仍未解决，如何通过人工智能来缓解甚至解决该问题？

第8章

智 能 商 务

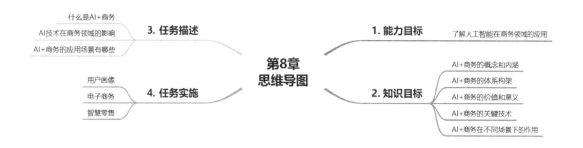

在全球宏观经济社会格局中,以人工智能、大数据、云计算、区块链为代表的现代数字技术,将重塑各个产业的商业模式和系统架构。5G和人工智能等新技术正在驱动数字经济向智能化经济升级。当前自动驾驶、工业机器人、智能医疗、无人机、智能家居助手等人工智能产品孕育兴起,人工智能与经济社会各行各业各领域融合创新水平不断提升。本章围绕人工智能的商务应用,对人工智能是如何构建智能商业时代的逻辑内涵进行深入分析,对其具体应用策略进行全方位、立体化的系统解读。

8.1 人工智能商务概述

2021年3月11日,全国两会闭幕,十三届全国人大四次会议表决通过"十四五"规划纲要,智能经济被寄予厚望。在"十四五"规划纲要中,"科技"一词出现36次,"数字"一词出现17次,"智能"一词出现7次,规划纲要指出:"发展数字经济,推进数字产业化和产业数字化,推动数字经济和实体经济深度融合,打造具有国际竞争力的数字产业集群。加强数字社会、数字政府建设,提升公共服务、社会治理等数字化智能化水平。"明确要"推动互联网、大数据、人工智能等同各产业深度融合,推动先进制造业集群发展,构建一批各具特色、优势互补、结构合理的战略性新兴产业增长引擎,培育新技术、新产品、新业态、新模式。"

人工智能不仅仅是一种新技术,更是推动经济发展社会进步的动力源泉。人工智能的本质是通过大数据、物联网、云计算等技术,对庞大的行业数据进行搜集、分析和应用。人工智能技术的应用已经遍布人们生产生活的各个方面,小到智能家居大到量子计算、空间技术,都得到了人工智能技术的支持。商务智能是人工智能技术应用的主战场之一,也是直观效益最明显的场景之一。人工智能技术在商务领域的应用大大促进了智能商务的发展,在制定决策、提升效率、创造收益和提升用户体验上等方向发挥了重要的作用。如图 8.1 所示,对于用户,人工智能技术的应用可以帮助用户提升个人消费体验,包含语音服务、图像服务、新闻推荐、产品推荐和广告过滤等智能服务;对于商家,使用人工智能技术可以分析用户的个人信息、浏览历史和兴趣爱好等数据,建立用户的个人画像。利用用户画像,商家可以以用户感兴趣产品需求为导向,制定针对市场需求的产品产销策略。商家可以在多个方面运用人工智能技术提升其市场竞争力,包含市场需求分析、产品品质把控、客户群定位、广告精准投放、智能客服、动态定价等,提高企业商家的经营效率。

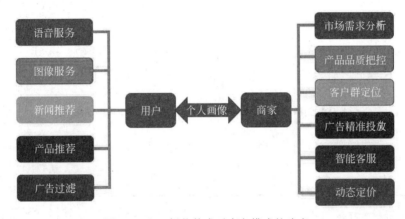

图 8.1　人工智能技术对商务模式的改变

8.1.1　智能商务的概念和内涵

商务是指通过货币进行的商品和服务的交换,一般指商业或贸易。传统商务一般指利用书面单据、现金等传统结算方式进行的直接交易活动,包括商场、店铺、超市、仓储式销售等模式。电子商务指以电子化的方式实现整个商贸过程中各阶段活动,包括供应链管理、电子支付、电子交易市场、在线营销、在线交易处理、电子数据交换等。随着人工智能、大数据、云计算等技术的快速进步,电子商务正朝着智能化方向发展。商务行为越来越多地依赖于机器学习和人工智能,在商务交易的过程中,人的作用日益降低,平台和系统自动服务的功能日益强大。智能商务是指电子商务的智能化,就是利用大数据和人工智能、云计算等现代先进技术,促进商业贸易活动的交易过程实现电子化、网络化、在线化。智能商务向着更多的数据分析、交易推荐、人机互动、商务拓展、体验升级等方向发展,让网络交易系统能够像人一样推理、思考和行动,自主解决和处理商业过程中出现的问题,完成以往需要人的智力才能胜任的活动。

智能商务主要包括辅助智能交易、智能化拓展业务和企业商务智能化三个方面。

(1)辅助智能交易,是指智能交易系统按照委托人设定好的范围与要求,自动搜集、整理、分析资料,自动出价,帮助交易双方自动完成交易。

（2）智能化拓展业务，对于顾客而言，一方面可以在众多电商网站和海量信息中快速精准锁定自己的需求，找到想要购买的商品和服务；另一方面，可以根据顾客的历史消费记录、行为和习惯，分析顾客的可能潜在消费需求，为顾客提供有针对性的广告和商品服务。对于商家，可以帮助电商企业在海量的消费群体挖掘购买力和潜在购买力，开发新的用户和业务。

（3）企业商务智能化，帮助企业实现产品的网络化销售和服务，进一步完善企业内部商务运营的智能化。运用大数据、神经网络、数据挖掘等技术，将企业收集到的海量、无序数据转化为可供决策的、有价值的情报和知识，将商业智能化的范围从前端的对外交易拓展到整个企业的商务管理。

智能商务的一大特点就是网络交易系统能够代替人来直接做决策行动，决策的内容包括商品服务的选择、交易的自动完成、互动的自动实现、业务的挖掘和开发等。具体而言有3个特征。

1. 人的商务干预度不断降低

在电子商务中，以大数据为支撑，智能商务可以辅助人们进行决策，并在数据支撑下完成交易，获得比人工处理更高的效率。随着数据的不断增长和人工智能理论技术的不断进步，深度神经网络与大数据结合的优势将越来越明显，智能商务系统的功能和服务满意度将得到持续提升。

2. 精准满足每个客户的个性化需求

顾客看到的就可能是其想要的商品。顾客的感受就像是专人在为其提供高级 VIP 服务一样，比机器更人性化，比人更细致。顾客的每一次点击浏览，都将成为其个人用户画像的足迹，当这种足迹达到一定程度时，就可以演化出顾客的个人画像。顾客的个人画像包含性别、年龄、家庭状况、个人兴趣爱好等信息。依据顾客的个人画像，商家可以精准地对市场的需求进行定位，提升交易的成功率和服务的满意度。

3. 低成本实时自动服务海量客户

智能交互机器人系统可以提供 24 小时不间断的咨询和售后服务，接收顾客的反馈信息，并对信息进行整理，而且不会疲劳和情绪化。大量的问题和信息可以不断地训练机器人，提升其智能化水平，不断改善用户的消费体验。

8.1.2 新型消费模式下的顾客需求

伴随当今信息产业的日益发展与完善，电子商务已然成为人们日常生活与工作当中不可缺少的组成部分。随着在网上购物的人数日益增多，此种足不出户便可获得想要商品的购物方式，正在被越来越多的顾客认可、接受与喜爱。对于网络商家，了解顾客的消费行为与习惯，是抓准商机、提升自身竞争优势的基本前提和保证。

2019 年，阿里巴巴围绕人工智能在商业上的应用，对顾客最期待的智能生活领域和顾客对新型购物方式的偏好程度进行了一次社会调查，如图 8.2 所示。在顾客对新型购物方式的偏好程度上，人们更加关注智能辅助、智能推荐、虚拟体验、图像搜索、智能客服、语音购物等。

图 8.2　顾客期待的生活领域和新型购物方式

　　商家的目标是将产品销售给对产品有需要且能产生交易的顾客。到底谁是产品的顾客,谁能够购买商品,在大数据出现之前,没有明确答案。企业销售的第一步就是知己知彼,需要了解顾客的购买行为,也就是顾客的消费行为路径。2019 年,波士顿咨询联合阿里和百度,共同对顾客的消费行为路径进行了调查研究。调查结果显示,顾客的消费行为路径可划分为 6 个不同的阶段,即商品发现、商品研究、商品购买、商品付款、商品配送和商品售后。

　　(1) 在商品发现阶段,顾客首先会从一些网站、媒体以及电商处了解个人需要的产品;

　　(2) 在商品研究阶段,顾客会从产品品质、价格以及口碑等多方面来评估产品的性价比;

　　(3) 在商品购买阶段,经过货比三家后,顾客会选择以线上或者线下的方式进行购买;

　　(4) 在商品付款阶段,数字货币交易成为当前主流的商品支付方式;

　　(5) 在商品配送阶段,支付完成后,商品会以物流或线下自提的方式送到顾客手中;

　　(6) 在商品售后阶段,完成交易后,顾客为产品品质和产品服务流程做出评价,商家以反馈积分和优惠券的方式来鼓励顾客进行下次购买。遍观顾客的消费行为路径,顾客频繁在线上和线下进行切换成为一个亮点。

8.1.3　智能商务的体系架构

　　人工智能的核心要素是数据、算力和算法,利用深度学习、数据挖掘和大数据等相关技术,开采数据矿山中的价值资源。如图 8.3 所示,智能商务是在数据、算力和算法定义的世界中,以商务数据流的分析推理,化解复杂系统的不确定性,实现商务资源的优化配置。智能商务可以划分为三层:基础层是以数据、算力和算法为核心的底层技术理论;功能层表现为企业在正常运营过程中需要解决问题的服务机理,包含描述、诊断、预测和决策;应用层则表现为作为供给端的企业,针对消费端客户的个性化需求,如何实现二者的高效协同,精准匹配,实现提升品质、降低成本、优化流程、优化资源配置的效率的效果。在商务决策中面临很多问题,生产什么,卖给谁,谁来做,多久能做好,放在哪,在哪卖,如何卖等。如何给出最优化的决策,解决面临的挑战和问题,关系到企业的生存和发展。人工智能技术可以应用在企业生产和管理的各个环节,帮助企业解决优化问题和决策问题。

　　新零售场景的出现,在为顾客和商家带来丰富的零售体验的同时,也给商家带来更多的挑战。一方面企业需要整合企业内部各部门之间的关系,以大数据为支撑,从生产、营销和销售等多个方面优化企业生产销售流程,提升企业的竞争力;另一方面,在外部信息生态圈,

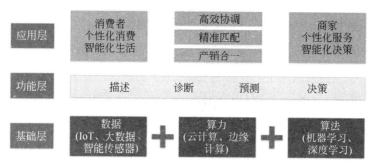

图 8.3 智能商务的结构形态

企业需要以多种购物和社交平台为媒介,获取用户的个性化需求信息,以大数据为支撑,全方位了解顾客,优化企业的产品方向和营销方向。

8.1.4 智能商务的价值和意义

1. 人工智能对实体经济的影响

智能商务在其发展过程中对实体经济产生了巨大的影响,总体上体现在以下两个方面。

(1)提高实体经济运行效率:人工智能是一种新型生产要素,为实体经济提供了虚拟劳动力,可以协助取代人工,完成各种任务。智能系统可以自主学习、思考、决策并执行,不但可以完成简单工作,还能处理复杂任务,这将有效降低生产成本,提高实体经济运营效率。

(2)人工智能将带来数据经济:数据产业是高新技术产业的典型代表。大数据、云计算、人工智能等技术的发展,为发掘海量数据的潜在价值提供了技术基础。基于人工智能的开放平台能够打破沟通壁垒,实现供给方与需求方的无缝对接,减少商品流通环节,有效降低交易成本。更为关键的是,机器学习算法的应用能够快速整合优质资源并高效配置,从而满足用户日益个性化、多元化的品质消费需求。

2. 人工智能的应用价值

企业在发展过程中想要实现人工智能的应用价值,就要在发挥人工智能大脑作用功能的同时,运用人工智能来提高工作效率,发挥两者之间的协同效应。人工智能在企业中的应用价值主要体现在决策制定、设备运维、系统交互三个领域。

(1)决策制定:企业可以应用人工智能来综合分析各类影响因素,据此制定最佳的价格与营销策略调整方案。使用人工智能技术制定决策的基础是数据,通过分析企业的各项历史数据,可以提高企业决策制定的合理性以及识别企业的异常状况。

(2)设备运维:在制造业企业中,设备的维护保养是实现产能和自动化生产的必要性保障。依据传感器收集到的信息,使用人工智能技术可以寻求设备的最佳保养时间,减少维护成本,提高资产生产效率。将人工智能技术应用到决策优化方面,可以实现自动化员工调度,在设备运维环节实现资源的充分利用与优化配置。

(3)系统交互:利用人工智能语音助手,企业能够以自动化方式代替人工操作来完成一些简单的任务。当前 AI 助手已经被广泛应用在企业的客户服务部门。

8.2 AI＋电子商务

受益于数字化与人工智能技术的发展,近年来电子商务领域的运营成本正在逐年下降,并且由于其低门槛的、人人都可为商家的销售模式,电子商务扩展极其迅速。中国是全球规模最大、最活跃的电商市场,B2C的销售额、顾客人数均占据全球第一。根据阿里研究院的报告,据不完全统计,有近80%的电子商务卖家使用过人工智能相关工具,而随着盈利的增加,人工智能工具的使用频率也在日益增长。人工智能技术的广泛使用,推动了电子商务的智能化。

8.2.1 用户画像：精准分析用户需求

用户画像是真实用户的虚拟代表,是建立在一系列真实数据之上的目标用户模型。简而言之,用户画像是根据用户的个人数据(包含社会属性、生活习惯和消费行为等信息)抽象出一个具有代表性的标签化用户虚拟模型。用户的每一次点击、操作、咨询等行为都是建立用户画像的基本元素,商家以大量的用户基本元素为数据基础,以大数据、深度学习等技术为手段,以用户的个人产品喜好为目标,构建用户的个人画像虚拟模型。下面通过父亲为儿子买风筝的案例来了解用户画像的构建过程,如图8.4所示。在确定用户的个人标签信息后,商家就可以针对用户的个性化需求做出有针对性的产品推荐:男孩、喜欢的花色、防护线轮等。

用户画像构建流程可划分为三个阶段:基础数据搜集、行为建模和构建画像,如图8.5所示。

(1) 基础数据收集大致分为网络行为数据、服务内行为数据、用户内容偏好数据、用户交易数据等四类。网络行为数据包含活跃人数、页面浏览量、访问时长、激活率、外部触点、社交数据等;服务内行为数据包含浏览路径、页面停留时间、访问深度、唯一页面浏览次数等;用户内容偏好数据包含浏览或收藏内容、评论内容、互动内容、生活形态偏好、品牌偏好等;用户交易数据包括贡献率、单价、连带率、回头率、流失率等。当然,收集到的数据不会是100%准确的,都具有不确定性,这就需要在后面的阶段中通过建模来再判断,比如某用户在性别一栏填的是"男",但通过其行为偏好可判断其性别为"女"的概率为80%。

(2) 行为建模阶段是处理收集到的数据,注重大概率事件,通过数学算法模型尽可能排除用户的偶然行为,进行行为建模,抽象出用户的标签。行为建模的算法包含文本挖掘、自然语言处理、机器学习、预测算法、聚类算法等人工智能算法。行为建模的过程就是使用算法提取数据中的数据特征,并将这种数据匹配对应的标签。

(3) 构建画像是在行为建模的基础上,将第(2)阶段的标签与用户的基本属性(年龄、性别、职业)、购买能力、行为特征、兴趣爱好、心理特征和社交网络等大致地标签化。用户画像只是大概描述一个人某一阶段的虚拟模型。伴随年龄、环境、地域的不同,用户画像会不断地进行修正。

用户画像是商家制定个性化营销推荐的基础,其应用主要有以下几方面。

父亲：买风筝

　　　　商家：大人放？小孩放？　　数据采集

父亲：小孩　　　　　　　　　　　　标签1：小孩

　　　　商家：男孩，女孩？　　数据采集

父亲：男孩　　　　　　　　　　　　标签2：男孩

　　　商家：男孩就拿这个灰色的老鹰，　产品推荐：

　　　　　　　这个卖得最好了　标签1：孩子-规格：小号

　　　　　　　　　　　　　　　标签2：男孩-男孩常买花色排行

父亲：儿子喜欢吗？

儿子：喜欢！　　　　　　　　推荐成功

父亲：多少钱？

　　　　　　　商家：30元

父亲：微信扫哪里？　　　　　标签3：不还价，直接买，宠孩子

　　商家：小孩子玩的话，最好换这个　二次推荐：

　　　　安全线轮，只要30元，　标签3：宠孩子-不伤手，更安全

　　　　这个线不会割伤孩子的手

父亲：（拿起普通线轮，放在手上试一试）　推荐失败

没事就这个了

　　　　　　商家：微信支付扫这里

　　　　　　构建用户画像：　标签1：有孩子

　　　　　　　　　　　　　标签2：男孩

　　　　　　　　　　　　　标签3：宠孩子

图 8.4　用户画像构建典型案例

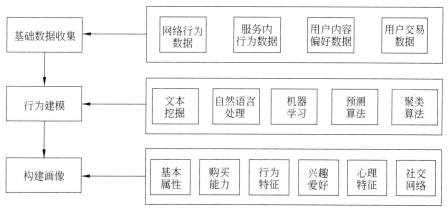

图 8.5　用户画像的构建过程

（1）营销决策：基于用户画像对人群各维度的刻画，洞察目标受众的偏好，指导媒体进行投放优化，提升营销效果。如在化妆品检索用户中，分析发现 25 岁以上的女性居多，且大

部分是北京、上海、广东等经济发达地区的上班族,从而帮助化妆品行业的广告业主实现目标人群的高效投放,提升营销效果。

(2) 个性化推荐:根据用户画像获得的用户兴趣偏好、购买行为等,向用户推荐其感兴趣的信息和商品。推荐信息的点击率和转化率反映了推荐的准确性,其核心就是用户画像。

(3) 广告投放:利用用户画像,更加精准地定位目标受众,进行产品营销、广告投放等。针对不同的群体采用不同的广告策略,比如母婴产品,主要针对女性、孕期、育儿人群进行广告投放,提高产品转化率。

8.2.2 智能搜索:简化用户操作流程

1. 图像智能搜索

电商平台的商品展示与顾客的需求描述之间是通过搜索环节产生联系的。不过,基于文字的搜索行为有时很难直接引导用户找到他们想要的商品。通过计算机视觉和深度学习技术,可以让顾客轻松搜索到他们要寻找的产品。顾客只需将商品图片上传到电商平台,人工智能技术就会提取图片中包含的商品款式、规格、颜色、品牌等特征,并依据这些特征数据进行搜索,同时为顾客提供同类型商品的销售入口。图片搜索的应用,建立了商品从线下到线上的联系,极大地缩短了顾客搜索商品的时间,降低了时间成本,提高了用户体验度。在提升顾客消费体验的同时,商家也可以通过顾客的搜索行为,获取顾客与商品之间的数据对应,并将这些特征信息作为依据指导营销决策,向顾客做出有针对性的产品营销策略。

在检索原理上,无论是基于文本的图像检索还是基于内容的图像检索,主要包括三方面:一方面对用户需求的分析和转化,形成可以检索的索引数据库;另一方面,收集和加工图像资源,提取特征,分析并进行标引,建立图像的索引数据库;最后一方面是根据相似度算法,计算用户提问与索引数据库中记录的相似度大小,提取出满足阈值的记录作为结果,按照相似度降序的方式输出。

2. 关键技术:信息检索

信息检索是计算机科学的一大领域,主要研究如何为用户访问他们感兴趣的信息提供各种便利的手段,即信息检索涉及对文档、网页、联机目录、结构化和半结构化记录及多媒体对象等信息的表示、存储、组织和访问。信息的表示和组织必须便于用户访问他们感兴趣的信息。

在范围上,信息检索的发展已经远超出了其早期目标,即对文档进行索引并从中寻找有用的文档。如今,信息检索的研究包括用户建模、Web搜索、文本分析、系统构架、用户界面、数据可视化、过滤和语言处理等技术。

信息检索的主要环节包括信息内容分析与编码、组成有序的信息集合,以及用户提问处理和检索输出。用户提问信息与信息集合的匹配和选择,是整个环节中的重要部分。当用户向系统输入查询时,信息检索过程开始,接着用户查询与数据库信息进行匹配。返回的结果可能是匹配或不匹配查询,而且结果通常被排名。大多数信息检索系统对数据库中的每个对象与查询匹配的程度计算数值,并根据此数值进行排名,然后向用户显示排名靠前的对象,信息检索流程如图8.6所示。

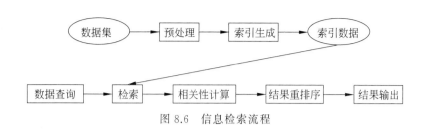

图 8.6　信息检索流程

8.2.3　智能推荐：提升产品销售渠道

1. 智能推荐引擎

随着电子商务规模的不断扩大,商品个数和种类快速增长,顾客需要花费大量的时间才能找到自己想买的商品。智能推荐引擎利用深度学习算法,在海量数据集的基础上分析顾客日常搜索、浏览与购买行为数据;分析、预测哪些产品可能会引起顾客购买欲望,将得到的合理购买建议推送到顾客个人页面。智能推荐引擎可以帮助顾客快速找到所需要的产品,提高用户购物体验,同时也可以挖掘客户的潜在需求,促进交易进行。个性化的推荐系统可以节省用户购物时间成本,切实改善用户购买体验。智能推荐引擎利用电子商务网站向客户提供商品信息和建议,帮助用户决定应该购买什么产品,模拟销售人员帮助客户完成购买过程。

2. 关键技术：推荐系统

推荐系统(Recommendation System,RS)是指利用信息过滤技术,从海量项目(项目是推荐系统所推荐内容的统称,包括商品、新闻、微博、音乐等产品及服务)中找到用户感兴趣的部分并将其推荐给用户。推荐系统在用户没有明确需求或者项目数量过于巨大、凌乱时,能很好地为用户服务,解决信息过载问题。

如图 8.7 所示,一般推荐系统模型通常由 3 个重要的模块组成:用户特征收集模块、用户行为建模与分析模块、推荐与排序模块。推荐系统通过用户特征收集模块,收集用户的历史行为,并使用用户行为建模和分析模块构建合适的数学模型分析用户偏好,计算项目相似度等,最后通过推荐与排序模块计算用户感兴趣的项目,并将项目排序后的推荐结果推荐给用户。

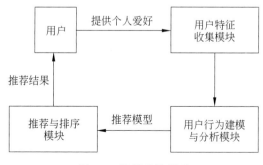

图 8.7　推荐系统模型

8.2.4 智能营销：提升商家运营效率

1. 内容营销

内容营销(Content Marketing)，指的是以图片、文字、动画等媒体介质推送有关企业的内容信息，促进销售，通过合理的内容创建、发布及传播，向用户传递有价值的信息，从而实现网络营销的目的。内容营销要求企业能生产和利用内外部价值内容，吸引特定用户"主动关注"，重中之重是特定人群的主动关注，也就是说，你的内容要有吸引力，让顾客来找你。内容营销是不需要做广告或做推销就能使客户获得信息、了解信息，并促进信息交流的营销方式，它通过印刷品、数字、音视频或活动提供目标市场所需要的信息，而不是依靠推销行为。米其林享誉世界的《米其林指南》，LV 从 1998 年就开始推出的《城市指南》，这些优质内容的目标不是直接卖货，而是让顾客永远驻足，将其作为偶像。米其林和 LV 的这种营销策略，就是典型的内容营销。

2. 预测营销

预测营销是指通过对市场营销信息的分析和研究，寻找市场营销的变化规律，并以此规律去推断未来的过程。预测营销的作用主要表现在：预测营销为企业战略性决策提供依据，企业通过预测，可以对顾客需求和顾客行为等变化趋势做出正确的分析和判断，确定企业的目标市场；通过预测把握市场的总体动态和各种营销环境因素的变化趋势，从而为企业确定资金投向、经营方针、发展规模等战略性决策提供可靠依据。预测营销是企业制定营销策略的前提条件，企业营销的最终目的是为了获取利润，企业要实现自己的利润目标，就需要在产品、定价、分销、促销、原料采购、库存运输、销售服务等方面制定正确的营销策略，而正确营销策略的制定取决于相关市场情况的准确预测。预测营销有利于提高企业的竞争能力，在当前的激烈的竞争市场中，企业与竞争对手的优劣势是在不断变化的，通过及时、准确预测，企业就能掌握市场发展和转化的规律，以便企业扬长避短，挖掘潜力，适应市场变化，提高自身的应变能力，增强竞争能力；企业不仅应预测自己产品的市场份额，还应预测市场同类产品、替代产品等的未来发展趋势，同时，还必须预测竞争对手产品、市场的发展趋势，以便企业采用相应的竞争策略。

8.2.5 智能客户机器人：提供极致购物体验

智能客服机器人涉及机器学习、大数据、自然语言处理、语义分析和理解等多项人工智能技术。其主要功能是能够自动回复顾客咨询的问题，对顾客发送的文本、图片、语音进行识别，能够对简单的语音指令进行响应。智能客服机器人可以有效减少人工成本的投入，提升对客户的服务质量，优化用户体验以及最大限度地挽留夜间访客流量，同时也可以替代人工客服回复重复性问题。据相关资料显示，目前有超过 80% 的零售业顾客互动都是由人工智能来完成的。

智能客服机器人是经由对话或文字进行交谈的计算机程序，能够模拟人类对话。研发者把自己感兴趣的回答存放在数据库中,当一个问题被抛给聊天机器人时,它通过算法,从数据库中找到最贴切的答案给予回复。其核心在于,研发者需要将大量网络流行的俏皮语言加入词库,当你发送的词组和句子被词库识别后,程序将通过算法把预先设定好的回答回复给你。而词库的丰富程度、回复的速度,是一个聊天机器人能不能得到大众喜欢的重要因素。借助人工智能技术,企业可以打造客服机器人,实现 24 小时在线解决用户提出的问题,如图 8.8 所示。

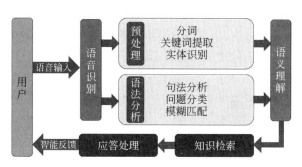

图 8.8　智能客服

8.2.6　动态定价：提升商家产品收益

传统模式下,企业需要依靠数据和自身的经验制定商品的价格。然而,在日趋激烈的市场竞争环境中,商品价格也要随着市场的变动做出及时调整。这种长期持续的价格调整,即便是对于一个只有小规模库存的线上零售商来说,也是一项很大的挑战。而这种定价问题正是人工智能所擅长的,通过先进的深度学习算法,人工智能技术可以持续评估市场动态以解决商品定价问题。动态定价算法通过持续的数据输入和机器学习训练,使商品的净利润和销售额目标达到一个平衡的状态,并计算出一个最科学合理的价格,从而促进交易效率的大幅度提升。与此同时,通过对各个要素的综合建模进行判断,制定出一个最优的促销策略。

动态定价指的是随渠道、产品、客户和时间变化频繁调整价格的商业策略。动态定价策略利用互联网赋予的强大优势,根据供应情况和库存水平的变化,迅速、频繁地实施价格调整,为顾客提供不同的产品、各种促销优惠、多种交货方式以及差异化的产品定价。在此策略下,网络商家无须不断以牺牲价格和潜在收益为代价,便可及时清理多余库存。Uber 使用动态定价策略来平衡车辆供给和用户需求之间的关系。某一时段,当 Uber 平台上的车辆无法满足需求时,将提升费率来确保用户用车的需要。提升费率不是简单的提价,而是利用算法,制定出智能的动态定价策略,在某个时间或某个地点,用户需求有比较陡峭的上升趋势时,便会触发这个算法,由系统自动加价。这种加价一方面可以吸引更多的车主上线服务,提高供给量;另一方面也可以过滤一部分用户,使其选择其他的出行方式,这样就达到了需求和供给之间的平衡。

8.3　AI＋实体零售

8.3.1　无人零售：减少人力成本，提升用户体验

基于深度学习、计算机视觉、智能传感器等人工智能技术的无人零售是实体零售的重要发展方向，它可以让顾客高效率地实现商品的选购和付款流程，同时降低商家的人力成本。此外，无人零售建立的客户大数据，也将为精准营销提供强有力的数据支持。在无人零售场景中，商家可以快速实现对某种或某一类商品的用户数据进行有效分析，根据用户的浏览记录、购买记录等相关数据，确定产品的有效客户群。随着人工智能相关技术逐渐成熟和移动支付服务的快速发展，以无人零售为代表的新零售得到全球零售巨头的重点关注。

1. 亚马逊无人超市

亚马逊无人超市是当前智能零售领域的一项重要突破。无人超市并不是要"消除"所有人工环节，店内也不是不出现任何店员，而是"消除"导购员、收银员这类人工成本相对较高的职位，一定程度上节约人力成本，更大的意义是将线下场景数字化、提升运营效率、实现精准营销等，并通过提供更便捷的结账方式，提升用户体验。通过人工智能的卷积神经网络、计算机视觉、深度学习、生物识别等前沿技术，打造一个人工智能零售系统，实现零售无人或少人的智能升级。

无人售货系统通过智能传感器（摄像头、货架上感应商品重力的传感器和手机）来判别和执行用户的购买行为。顾客在进入超市之前，需要通过手机端下载 APP 软件 Amazon Go，注册并登录，然后通过软件生成的二维码扫码进店，生成的二维码可以对应多个人，这主要是为了应对家庭购物场景。进入超市后，顾客的注册信息将成为每个顾客唯一的终身 ID。ID、手机定位和体态行为检测算法可以精准识别用户，并辅助系统完成对用户整个购物流程的追踪定位。顾客手机中的亚马逊 Amazon Go 可以与店内的蓝牙信标网络进行通信，而店内密集的蓝牙信标网络可以把顾客的位置精确到半米之内。

在购物环节，顾客在货架中取商品、将商品放回、行走等用户行为，都会被摄像头记录下来。系统利用压力传感装置、红外传感器、载荷传感器等识别顾客的选购行为，其主服务器中的判别模型会对顾客是否购买某件商品做出最终判断，并将判断结果体现在虚拟购物车中。当一个商品被拿走或是被放回时，货架上的摄像头和重量感应器可以监测到商品的图像、重量信息，并将这些信息输入其人工智能系统，而店内的人工智能系统可以通过这些数据以及商品放置的位置来推测出是什么商品被放置或是被拿走了。当顾客浏览商品时，他们从货架上拿下的货物都会被自动加入 APP 的虚拟购物车，但如果顾客拿下商品后又不想要了，直接放回货架就可以了，APP 会在虚拟购物车里自动加减商品。完成购物后，客户不需要排队，人工智能可以自动识别每个用户的商品购买信息，并在客户离开超市后，在顾客绑定的亚马逊账户中自动扣款，同时将订单详情发送至用户的手机上。

2. 关键技术

无人零售是深度学习、计算机视觉、智能传感器等人工智能技术与超市购物场景结合的新型零售模式。无人零售的关键技术主要体现在用户在场景内的个人商品购买行为的精准

识别,包含身份认证与顾客追踪、商品识别和支付技术三方面。

(1) 身份认证与顾客追踪。身份认证又称验证、鉴权,是指通过一定的手段,完成对用户身份的确认。顾客追踪是指对进入无人零售场景的顾客进行有效的行为追踪。顾客追踪的前提是身份认证,也就是说进入无人零售场景的顾客需要一个相对完整的客户信息,以保证其在整个购物过程中身份的唯一性。在无人零售场景内,身份认证与顾客追踪可以对顾客的商品购买行为提供有效的数据支撑,降低商品损坏、丢失率。在无人零售场景外,商家可以提取顾客的行为数据、分析消费行为、预测消费方向等。

在身份认证与顾客追踪的识别方式上,国内外商家采取了不同的技术路线。有些超市的技术方案是利用监控、音频捕捉和手机端定位共同构建顾客的身份认证与顾客追踪系统。当顾客扫码进入超市后,监控系统就会认出顾客是谁并一路"跟踪",店内麦克风会根据周围环境声音判断顾客所处的位置。此外,用户手机的 GPS 以及 Wi-Fi 信号也能协助定位的实现。当顾客站在货架前准备购物时,货架上的相机系统便会启动,拍下顾客拿取了什么商品,以及离开货架时手里有什么商品。

(2) 商品识别。商品识别主要涉及计算机视觉,是对货架上商品信息变更的识别。可以通过手势识别、红外传感器、压力感应装置、荷载传感器来判断用户取走了哪些商品以及放回了多少商品。有的技术方案则采用结算意图识别和交易系统。顾客需经过两道结算门,对商品的识别过程就是在这两道门之间完成(误判率 0.1%)。有分析认为,系统利用了RFID 技术。据工程师内测,把商品放进书包里、塞进裤兜里,多人拥挤在一个货柜前抢爆款、戴墨镜等行为下,系统基本都能识别,并自动扣款。

8.3.2 智能试衣:增强现实,人机交互

智能试衣场景主要应用了增强现实、语音识别、手势识别等技术。比如 MagicMirror 公司测试的智能试衣镜项目,使顾客不需要将衣服穿在身上,即可看到该衣服的 3D 效果。该项目的智能系统会自动根据客户的性别、年龄、身高、肤色、外貌等数据与门店里的合适服装进行匹配,实现个性化推荐。向顾客推荐的服装将会以 3D 服装模型的形式在人体模型上呈现出来,让顾客可以方便快捷地了解自己的试穿效果。与此同时,智能系统还会利用语音交互设备等与顾客进行沟通,让用户获得更高的满意度。

首先,顾客需要使用智能搜索技术(包含语音搜索或者图像搜索等),将感兴趣的服饰在终端上找到并显示出来;其次,触发智能识别,识别目标界面中的服饰图像;接着,对获取的图像进行算法识别,如图像的属性信息,包括颜色、大小、款式、类型(上衣、帽子、裤子等)等;然后,通过相机或数据图像输入,获取目标(用户)的人体模型图像;最后,将服饰图像叠加显示在目标的 3D 人体模型上。服饰图像的属性,如上衣、裤子,显示在 3D 人体模型的对应区域。之后生成并显示 3D 效果的试穿图像,查看穿戴效果。

8.3.3 智慧物流:优化流程生态供应

人工智能技术使物流业发生了巨大变革。首先,人工智能改变了制造业物流链。产品在

仓库中的搬运过程耗费人力,而利用人工智能机器人可自动完成该工作。其次,人工智能实现了从仓库到企业运营的整体资源优化调度,如为了最大限度降低燃油成本,选择最低成本路线,或优化装载量。例如,美国的UPS,其整个物流系统都根据人工智能的分析进行了优化,在配送方面,也实现了用户尚未下单,货物已到达顾客附近的前置仓,还推出了空中飞船物流中心。

1. 供应链决策

该场景主要应用的知识图谱、线性模型、决策树集成学习等技术,比如在京东的智慧零售布局中,京东无人超市中的顾客数据将与京东平台中的数据及第三方数据充分融合,并利用智能算法对未来一段时间的市场需求进行有效预测,更为关键的是,这些需求预测信息能够转变成为工作指令,指导上游厂商设计制造,物流服务商合理配置运力资源,品牌商制定采购计划等,使供给与需求更趋平衡。

2. 货物智能分拣

随着电商行业的不断发展,我国物流行业配送范围迅速拓展,从包裹品种角度来讲,包括大件包裹、小件包裹、活物件、医疗件等。目前,快递包裹数量增加,配送的站点增多,快递分拣呈现出小批量、多品种的特点。单凭传统的人工分拣无法快速、准确地实现分拣任务,同时影响了物流配送效率与服务质量。智能机器人分拣不仅灵活性高,同时还有较强的适应性,对场地适应性较高,可以根据需要分拣包裹的数量来对机器人数目进行增减。智能分拣使得货物分拣更加及时、准确,同时在分拣环节中,货物的搬运次数也随之减少,使得货物的安全性与完整性更有保障。

3. 库存智能预测

多渠道库存规划管理是困扰电子商务最大的问题之一。库存不足时,补货所浪费的时间会对商家的收入带来很大的影响。但如果库存过多,又会使营业风险和资金需求增加。因此,想要准确预测库存并不是一件容易的事情。这时,人工智能和深度学习算法可以在订单周转预测中发挥重要作用,它们可以识别订单周转的关键因素,通过模型计算出这些因素对周转和库存的影响。此外,学习系统的优势在于,它可以随着时间的推移不断学习而变得更加智能,这就使库存的预测变得更加准确。

习题 8

一、简答题

1. 简述智能商务的特点。
2. 简述预测营销的作用。
3. 简述人工智能在企业中的应用价值。

二、思考题

1. 请论述一下你理解中的智能商务应用。
2. 无人超市是真的没有人吗?它如何保证消费者商品购买过程中购买行为的准确性?

第9章

智 能 司 法

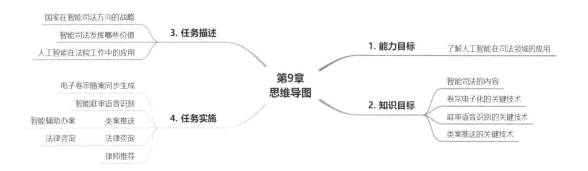

国家在智能司法方向的战略
智能司法发挥哪些价值 ——— 3. 任务描述
人工智能在法院工作中的应用

电子卷宗随案同步生成
智能庭审语音识别
智能辅助办案 —— 类案推送 —— 4. 任务实施
法律咨询 —— 法律咨询
律师推荐

第9章
思维导图

1. 能力目标 ——— 了解人工智能在司法领域的应用

2. 知识目标 ——— 智能司法的内容
卷宗电子化的关键技术
庭审语音识别的关键技术
类案推送的关键技术

　　路边有人借手机打电话,手机被卷走,这样的案件在全国很多地方时有发生。然而,当查询全国法院裁判文书网时,可以发现,类似的案件判决结果不尽相同,有的定诈骗罪、有的定盗窃罪,定性的不同直接影响到定罪量刑。

　　具有中立性、终局性、亲历性的司法工作和素来以"严肃、正派、不苟言笑"形象示人的司法机关,看似与人工智能毫无关系,但随着"互联网＋"时代各类法律纠纷呈规模出现,案多人少的矛盾以及疑难复杂的新类型案件增多,迫使司法体制加速改革进程,加大与现代科技融合的力度。依托人工智能、互联网技术建立起全面覆盖、高效透明、移动互联的司法工作体系,以科技的客观性、规范性、高效性回应公众关注、缓解司法压力成为可能。人工智能渗透司法应用,使得审判过程智能化,尤其类案推送能给法官以参考,帮助法官准确判定案件,大大减少甚至杜绝同类案件不同判决结果的问题。

　　本章介绍人工智能与司法的结合。首先概述了智能司法,包括发展历程,内容及价值,然后分别从人工智能在法院工作中的应用和人工智能与法律结合两个方面介绍了人工智能在司法领域的应用。通过本章的学习,我们更加深入地了解人工智能为司法领域带来的机遇,对司法现代化有所理解。

9.1 智能司法概述

9.1.1 智能司法的发展历程

司法是国家司法机关和司法人员依照法定职权和法定程序,使用法律处理案件的活动,同时也是一门科学。人工智能成为司法改革的新热点,得益于信息技术的迅猛发展,也得益于人工智能促进司法公正的潜力。人工智能时代的到来,为实现司法现代化提供了重大战略机遇,人工智能在司法领域的深度融合与应用,促进了司法质量、司法效率、司法公信力的提升,让司法成为真正的科学。

短短50年,人工智能在司法领域的飞速发展令人惊叹。在国外,人工智能应用于司法领域的例证可追溯至20世纪70年代,美国等发达国家研发了基于人工智能技术的法律推理系统、法律模拟分析系统、专家系统并运用于司法实践。

我国最初将人工智能应用于司法是在20世纪80年代,由朱华荣、肖开权主持建立了盗窃罪量刑数学模型;1993年,赵廷光教授开发了实用刑法专家系统,具有检索、咨询刑法知识和对刑事个案进行推理判断、定性量刑的功能;2007年出台的《关于全面加强人民法院信息化工作的决定》和《人民法院审判法庭信息化建设规范(试行)》就有涉及法院智能化的政策出现;2011年出台了《人民法院审判法庭信息化基本要求》;2013年出台了《关于推进司法公开三大平台建设的若干意见》,并第一次在全国第四次司法统计工作会议上提出"大数据、大格局、大服务"的具体理念;中国审判流程信息公开网、诉讼服务网在2014年投入使用;律师服务网络平台在2015年开通;最高人民法院也在2015年第一次提出了"智慧法院"概念,随后,浙江法院的电子商务网上法庭正式上线开始运行;随着2016年周强院长提出的智慧法院的宏大蓝图,最高人民法院发布了人民法院信息化3.0版的建设规划,"智慧法院"在当年正式进入了国家信息化发展战略纲要里面;2017年7月,习近平总书记强调:"要遵循司法规律,把深化司法体制改革和现代科技应用结合起来,不断完善和发展中国特色社会主义司法制度。"国务院在《新一代人工智能发展规划》中也将建设智慧法院列入推进社会治理智能化的重大任务,并具体指出:"建设集审判、人员、数据应用、司法公开和动态监控于一体的智慧法庭数据平台,促进人工智能在证据收集、案例分析、法律文件阅读与分析中的应用。"2019年1月,习近平总书记指出:"要深化诉讼制度改革,推进案件繁简分流、轻重分离、快慢分道,推动大数据、人工智能等科技创新成果同司法工作深度融合。"这些都指明了将现代科技应用与司法工作紧密结合的发展方向。

目前,"智慧法院""智慧检务"被列入国家信息化发展战略,各地司法机关也相继推出了自己的人工智能法律工具。北京法院的"睿法官"智能研判系统、上海法院的刑事案件智能辅助办案系统、贵州省高级人民法院的"法院云"大数据系统、苏州法院还形成了以"电子卷宗+庭审语音+智能服务"为主要内容的"智慧审判苏州模式"、河北的"智审1.0"审判辅助系统等,实现了科技与司法的融合,全面实现了司法改革。

9.1.2 智能司法应用的内容

司法与人工智能的深度结合在理论界讨论得热火朝天,智能司法应用体系初具规模,但仍需不断完善。智能司法应用体系如图 9.1 所示,在卷宗、判决书、法条、人员等多个海量数据支撑下,利用人工智能要素提取、事件分析、语义比较、知识图谱、文本生成、对话系统等技术,为不同司法场景的提供帮助。

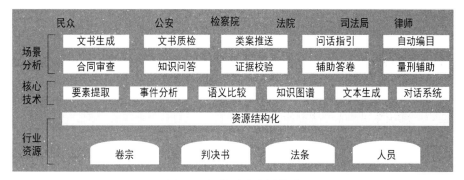

图 9.1 智能司法应用体系

人工智能早期在司法领域的应用是各类法律数据库,如我国的北大法宝、中国裁判文书网、法信——中国法律应用数字网络服务平台等。随着互联网的发展,开始出现利用"互联网+"提供法律服务的进程,如律师与客户的在线沟通等。如今,运用大数据分析、统计优化诉讼策略、预测案件结果,开发法律问答机器人、研发人工智能辅助办案系统等各类法律人工智能成为潮流。

人工智能在我国司法领域的应用总结为以下 4 方面。

1. 智能辅助文书处理

文书自动化处理是通过 OCR、语义分析等技术自动识别并提取信息,实现文书中当事人信息、诉讼请求、案件事实等关键内容的固定格式一键生成,并按法律要素对法律文书进行结构化管理,辅助法官完成法律文书撰写。对于大部分简单案件,如危险驾驶、小额借贷纠纷、政府信息公开等可以简化说明并且能够使用要素化、格式化的裁判文书自动生成。

北京市高级人民法院的智慧法院建设走在全国前列,安装了能实现文书自动生成功能的"睿法官"系统,裁判文书的撰写通过语音直接录入,庭审中当事人的发言自动转化为庭审笔录,审判系统自动生成裁判文书模板,极大地缓解了一线办案人员的事务性工作压力,减少了部分简单、重复工作。河北省高级人民法院自主研发的"智审 1.0"审判辅助系统于2016 年 7 月上线,也包含这样的自动化功能,在河北省 194 个法院中得到应用,不到一年的时间共处理案件 11 万件,生成 78 万份文书,以此积累从而建立自己的案例信息库,通过分门别类、匹配标记实现类案检索,在法官办案时自动筛选以往相似度较高的案例,实现类案推送提醒,为法官对相似案件的审判提供参考。

2. 智能转换庭审笔录

司法感知智能应用逐步成熟,在法律检索、信息处理上呈现电子化、数据化的趋势,运用庭审语音识别、证据识别等技术手段形成数据化材料,为进一步推动人工智能在司法领域的应用打下数据基础。科大讯飞的"灵犀语音助手"特别针对中文口音问题进行了识别优化,语音识别率已能达到 90%以上。与书记员在庭审中手动输入文字材料相比,庭审语音识别技术提高了庭审记录效率,对比显示,庭审时间平均缩短 20%~30%,复杂庭审时间缩短超过 50%,庭审笔录的完整度达到 100%。

3. 智能辅助案件审理

在案件分析的初期,智能分案系统可以通过设置分流原则和调整繁简区分要素,对各类案件进行精细化处理。针对刑事、民事、行政等不同案件的特点,综合各项权重系数,科学估测每个案件所需的办案力量,帮助法院实现对案件的繁简分流,合理配置司法资源。法官办案时,智能辅助系统依托自身的审判信息资源库,自动推送案情分析、法律条款、相似案例、判决参考等信息,为法官提供统一、全面的审理规范和办案指引。同时,当法官的判决结果与同类案件判决发生重大偏离时,系统会自动预警,起到智能化监督效果。

"上海刑事案件智能辅助办案系统"是智能辅助办案系统的代表,它的最大亮点是证据标准、证据规则指引功能,这一功能实现了证据资料的智能审查,为办案人员提供了标准化指引。

领跑者

"上海刑事案件智能辅助办案系统"研发的成功,是人工智能在司法领域中的深度应用,意义重大,不论在国内还是在国际上都成为了"领跑者"。

- 首创最全的证据标准、证据规则和办案指引体系;
- 首创证据校验、审校系统;
- 首创智能辅助审讯系统;
- 首创智能辅助庭审系统;
- 首创电子签章捺印系统;
- 首创网上换押一体化平台;
- 全国首次实现公检法司刑事办案信息数据的互联互通,一网运行。

杭州市西湖区人民法院的"人工智能法官"智能庭审机器人系统支持高频词分析、内容检索、争议焦点归纳、法官庭审习惯分析、当事人画像、案件预判、知识挖掘等,能够迅速分析案情并在极短时间内向法官提出判案建议。在一起案件中,原告、被告均在异地,庭审现场仅有法官一人,还有担当"书记员"的庭审机器人,在技术的支撑下完成了案件审理工作,不但改变了审案模式,还大大提高了审案效率。

4. 智能辅助司法服务

在智能辅助司法服务方面,北京互联网法院开发的"在线智慧诉讼服务中心"可以实现24 小时在线服务。利用互联网进行的在线调解、开庭、电子送达,都反映了司法服务的智能化水平,节省了司法的人力资源,也方便了诉讼参与人。

9.1.3 智能司法发挥的价值

在大数据、人工智能新时代,我们站在人类的"智慧之巅"。我们要把现代科技和司法人员创造力更好地结合起来,形成科技理性和司法理性融合效应,努力创造具有中国特色、引领时代潮流的司法运行新模式,更好地维护社会公平正义。如今,人工智能走进司法一线,我们深刻体会到它的价值。

1. 看得见的公正,防范冤假错案

通过技术手段将证据标准化、程序化、模块化之后,人工智能技术可以将所有的证据完

整地呈现在控辩双方及法官面前,证据的质证、辩论全程可视,证据之间的瑕疵也会被立即发现并提示给所有的人。而且,所有的证据均是从一开始就被固定下来,不可被篡改。当然,现在的人工智能辅助审判系统正在往与区块链技术结合方向发展,证据的可靠性会更强,任何人都无法对其做手脚,可以真正实现"阳光下的审判"和"可视化的公正"。正是因为"公正能够看得见",所以能有效避免冤假错案的产生,实现法律最本色的公正价值。

在司法实践中会出现公安、检察院、法院意见不同的情形,究其缘由,不只是办案人员的认知和能力问题,根本原因在于证据标准的不统一。"上海刑事案件智能辅助办案系统"中内置了证据标准指引功能,系统会及时告诉办案人员某一类案件应当查证哪些事实、应当收集哪些证据。当没有按照标准指引完成证据录入时,下一阶段的工作就难以展开。系统还具有证据校验、审查判断等功能,及时发现、提示证据中的瑕疵和证据之间的矛盾,防止"一步错、步步错、错到底"的现象发生。这样一来,克服了办案人员个人判断的差异性、局限性、主观性,证据审查判断的科学性、准确性大大提高,确保无罪的人不受刑事追究,有罪的人受到公正惩罚。

2. 辅助判决,避免"类案不同判"

人工智能的司法应用让证据数据化,并按照算法设定的证据标准、证据规则、证据分析,综合成千上万个同类案件的智能学习、归纳、总结,在审判中将裁判信息汇聚、储存、整理、实现可检索,帮助法官准确地理解立法原意以及其他法官在适用法律过程中的社会导向,这样将会大大减少甚至杜绝同类案件不同判决结果的问题。大数据给所有法官画出了同样的"一把尺",类案不同判的现象也就难再发生。借助人工智能提升办案质量,最终的体现就是判决的公正。大数据和人工智能技术帮助法官高效及时地从过往判例中获得精确、精准的参考,增强法官的内心确认,提高法官自由裁量权的运用水平,司法公正就会更好地呈现。

3. 提高司法效率,破解"案多人少"难题

"案多人少"是各级司法部门普遍存在的问题,法官们正面临着前所未有的工作压力。随着人工智能技术的不断发展与应用,互联网法院、无纸化办案、人工智能辅助审判等提高了审判效率。

人工智能在司法领域快速应用是未来的发展方向,但是还面临很多挑战,尚需在实践中不断探索。审时度势地做好这道司法人工智能的加法题,让"人工"和"智能"各归其位、各取所需、强强联合,相信未来,会有以互联网技术、人脸识别身份认证、语音识别技术、智能文书生成、大数据分析等核心技术,以"人工智能+"的模式,整合优化资源,实现多元调解纠纷全流程在线办理、公证仲裁、司法确认、心理咨询等,解决司法局、法院、调解委员会等各职能单位多方联动、调解前置、诉讼倒查等问题的线上"一站式"便民服务。

9.2 人工智能在法院工作中的应用

最高人民法院发布的评价报告和第三方评价报告均显示,全国智慧法院已初步形成。随着智慧法院建设全面提速,现代科技与法院工作愈发深度融合,信息时代审判运行新模式正在逐步形成。本节主要从电子卷宗随案同步生成、智能庭审语音识别和类案推送来介绍

AI 技术在法院工作中发挥的作用。

9.2.1　电子卷宗随案同步生成

全国法院在案件审理过程中,需要将案件卷宗进行电子化并且上传到法院办案系统内,为法官网上办案实质化、审判辅助智能化创造条件。2018 年 1 月,最高人民法院印发《最高人民法院关于进一步加快推进电子卷宗同步生成和深度应用工作的通知》,进一步强调电子卷宗随案同步生成和深度应用技术要求和管理要求。电子卷宗扫描伴随案件从立案、庭审、文书撰写、结案到归档各环节。根据诉讼规律及审判流程,设置卷宗扫描节点,对每一个节点的案卷材料随收随扫,并随着案件的办案流程在法院内部流转,结案时完整的电子卷宗同步生成完毕。如图 9.2 所示,无论是在法院办案还是目前快速发展的网上办案,电子卷宗有其重要作用,从材料收发到综合送达管理系统辐射办案整个流程。

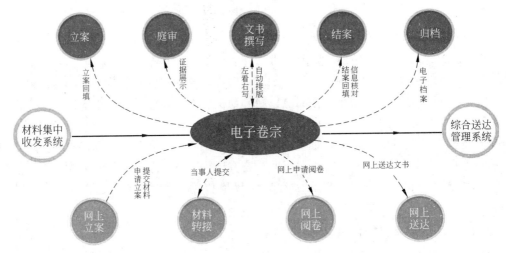

图 9.2　电子卷宗辐射办案整个流程

在法院的办案过程中,每个案件在各个阶段都会持续一段时间,在这期间会堆积大量的纸质诉讼文件,如起诉书、立案通知书、应诉通知书、诉讼代理人、法定代表人委托授权书、开庭通知、传票、判决书、调解书、裁定书等,整理这些文件占据了书记员和法官助理的大量时间,是一项烦琐而机械性的工作。纸质化的文书容易破损,并且每个过程都要不断地更新文件,烦琐的整理工作无疑加重了法官的负担,一旦文件丢失或者法官整理出错,就会影响案件的整个进程。把诉讼文件同步电子化上传到系统中就能完美解决这个问题,法官查找案件信息方便快捷,不用担心出错,也不用不断地手动归档,系统可自动识别。根据统计材料显示,我国目前已经有百分之八十的法院实现了卷宗电子化,其中北京、江苏、浙江等地区的法院已经全面实现了电子卷宗同步生成。浙江省法院开发出了一个“电子卷宗同步生成”系统,利用此系统,案件的卷宗不仅可以随时实现电子化,还可以自动分类排序,避免二次扫描和手动分类。河南省的基层法院则利用现在最流行的二维码技术,在卷宗电子化生成的同时可以自动跟踪管理,一扫二维码就可迅速在手机上掌握案件已有的诉讼文书,方便后续材料的跟进和补充。

卷宗电子化是利用光学字符识别(Optical Character Recognition,OCR)技术进行图文转换,对扫描形成的电子文件文档化、数据化、结构化,再通过自主学习和云计算技术将这些材料进行了细分,实现自动提取结构化案件信息并及时回填到相关系统,辅助生成法律文书。如图9.3所示为电子卷宗形成过程。

光学字符识别技术是计算机视觉领域的一个重要分支,是一种对文本或图像中的文字进行识别的技术,其大致可分为基于人工特征工程的传统方法以及基于深度学习的主流方法两种。基于人工特征工程的传统方法的步骤是,首先进行人工特征设计,然后进行相关特征提取,最后分类得出结果。这类方法对人工特征工程依赖较大。而基于深度学习的主流方法避免了这个问题,从而成为了光学字符识别的主流技术。

主流的光学字符识别主要包含文字检测与文字识别两个任务。由于图像中的文本多以长矩形形式存在、文字间存在间隔、无明显的闭合边缘轮廓等特点,提出了YOLO、YOLO9000、YOLOv3系列模型用于目标检测。

传统的文字识别使用投影法等方法进一步切割出单个字符,然后进行单字符图像的分类,这类方法的性能严重依赖单字符图像切分的精度。人工智能神经网络出现后,均采用基于深度学习的端到端的文字识别,利用深度神经网络,将文字识别看作多分类问题。文本往往不是单独出现,而是以序列的形式出现,这就使得识别时不只是识别当前的文字,还需要与前边的单词相关联,预测时不再是预测单独的标签,而是需要预测一系列对象标签。将文字识别看作是序列问题提出了RNN,用RNN生成任意长度的序列标签,不用进行字符分割,再使用CTC进行序列解码,这种方式使得RNN通过训练数据自动学习,呈现字符型语言模型,此过程即CRNN文字识别算法。

在开始进行图像处理操作前,先对卷宗图像进行一系列预处理操作。常用的图像预处理操作包括灰度化、二值化、图像去噪、倾斜校正等。经过图像预处理,可使得图像的前景和背景更为清楚,同时整幅图像的数据量也会随着灰度化等操作减少,这为后续处理提供了方便。基于YOLOv3与CRNN的文字检测及识别是一个开源的光学字符识别系统,通过YOLOv3目标检测算法进行图像的文本区域检测,然后使用CRNN文字识别算法识别出文本区域中的文本,此流程如图9.4所示。

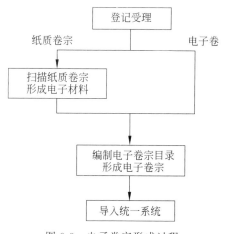

图9.3　电子卷宗形成过程

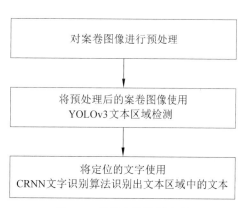

图9.4　光学字符识别流程

CRNN 网络架构图如图 9.5 所示,将特征提取、序列建模、转录集成到一个网络中,由三部分组成,由下往上包括卷积层 CNN、循环层 LSTM、转录层 CTC。输入图片经过 CNN,提取出特征序列,特征序列作为输入传入 LSTM,输出是特征序列的预测标签,CTC 将预测翻译为标签序列,即由多个网络架构集合后,用一个损失函数 ctc-loss 进行训练。CRNN 的优点在于可以端到端训练,可以用来识别任意长度的字符串,不用再进行复杂的字符分割,因而训练速度变快,且模型变小,受到广泛应用。

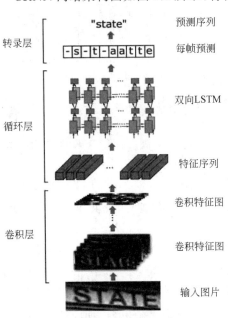

图 9.5　CRNN 网络架构图

9.2.2　智能庭审语音识别

近年来,随着人工智能的兴起,语音识别技术在理论和应用方面都取得了很大突破,开始从实验室走向市场,庭审语音识别新时代到来了。

在庭审时,通过法庭内的收录设备,当事人及法官发言时语音会被智能语音识别系统自动收录,经数据分析,即可完成实时转出。书记员不再需要记录太多笔录,完整性、准确率都非常高,极大地节约了书记员的记录时间,大幅减轻了庭审记录的工作强度,庭审效率明显提高。智能语音识别系统不仅可以应用在庭审语音记录文字转录,还可以为会议、传唤、审讯、裁判员记录等多个场景提供语音转写服务。此外,这一技术的推广还能够解决运用录音、录像技术记录庭审过程的最大弊端,即我国的方言问题,这就避免了后期因录音识别难度大所造成的理解困难。其次,识别转化后的电子书面材料与录音、录像这一载体相比,查阅起来也更加有针对性,更加方便快捷,已经起到解放书记员的作用。

捷通华声公司针对公检法等领域双人会话询问场景推出的"灵云智录问讯系统",通过自动区分对话人双方角色快速生成笔录,并提供笔录审批、笔录管理等一系列功能,凭借面对大量审讯工作,调配自如的能力,获得多地公检法机关一致好评。"人民法院语音云"全面建成,截至 2020 年 6 月 30 的数据显示,可以支持 29 种方言,普通话累计调用 7.4 亿次,支撑庭审 287 万次,转写超 130 亿条。

目前法院已经上线的智能语音识别系统,主要包括以下 6 个模块。

(1)基础能力平台。基础能力平台主要为智能语音庭审系统提供底层多种能力的调用,包括语音合成、语音识别、角色分离和 OCR。

(2)语音合成。语音合成主要为智能庭审系统提供机器自动播报的能力。针对开庭后审判长需要宣读的法庭纪律、当事人的责任与权利以及相关规章制度等内容,将利用语音合成能让系统自动播报出来,帮助法官节省庭审时间。

(3)语音识别。语音识别主要为智能语音庭审系统提供语音转换为文字的能力。庭审过程中当事人各自所陈述的语音由法庭内设备传送给语音识别系统后即可获取到对应的文字内容,这就需要语音识别能够针对陈述人的口音、案件词语、法言法语等进行优化适配,以提升它的识别效果。

（4）标准庭审软件。标准庭审软件包括案件模板选择、多角色区分识别、庭审笔录智能修正、智能模糊替换、庭审信息自动播报、智能消息提示、导出/打印/同步。

（5）个案识别组件。庭前快速录入个案信息,可快速提升识别效果,同时针对庭审过程中识别的某些个性化词语(例如人名、公司名、地名等)可能会出现错误的情况,在书记员客户端软件界面上提供个性化词库添加的功能,书记员将所遇到的个性化词语添加到系统中后,系统将会自动修正这些文字的识别结果。

（6）庭审测听组件。书记员在庭审记录过程中,因记录不及时、陈述人语速过快的情况,通过客户端软件标记记录不及时的位置,在闭庭或休庭时,按照标记的位置,可以回听之前的庭审音频,再快速修正记录内容。

语音识别的本质是一种基于语音特征参数的模式识别,即通过学习,系统能够把输入的语音按一定模式进行分类,进而依据判定准则找出最佳匹配结果。一般的模式识别包括预处理、特征提取、模式匹配等基本模块。如图9.6所示,首先对语音输入进行预处理,其中预处理包括分帧、加窗、预加重等。其次是特征提取,选择合适的特征参数尤为重要。将语音转换成文本的语音识别系统要有两个数据模型,一是可与提取出的信息进行匹配的声学模型,二是可与之匹配的文本语言模型。这两个模型需要提前对大量数据进行训练分析,也就是所说的自学习系统,从而提取出有用的数据模型构成数据库;另外,在识别过程中,自学习系统会归纳用户的使用习惯和识别方式,然后将数据归纳到数据库,从而让识别系统对该用户来说更智能。

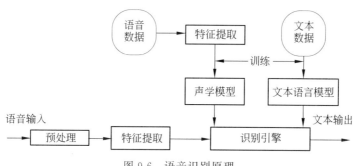

图 9.6 语音识别原理

从语音识别算法的发展来看,语音识别技术主要分为三大类,第一类是模型匹配法,包括矢量量化(VQ)、动态时间规整(DTW)等;第二类是概率统计方法,包括高斯混合模型(GMM)、隐马尔可夫模型(HMM)等;第三类是辨别器分类方法,如支持向量机(SVM)、人工神经网络(ANN)和深度神经网络(DNN)等以及多种组合方法。下面对主流的识别技术做简单介绍。

1. 支持向量机(SVM)

支持向量机是建立在 VC 维理论和结构风险最小理论基础上的分类方法,它是根据有限样本信息在模型复杂度与学习能力之间寻求最佳折中。从理论上说,SVM 就是一个简单的寻优过程,它解决了神经网络算法中局部极值的问题,得到的是全局最优解。SVM 已经成功地应用到语音识别中,并表现出良好的识别性能。

2. 人工神经网络(ANN)

人工神经网络于 20 世纪 80 年代末被提出,其本质是一个基于生物神经系统的自适应非线性动力学系统,它旨在充分模拟神经系统执行任务的方式。尽管 ANN 模拟和抽象人脑功能很精准,但它毕竟是人工神经网络,只是一种模拟生物感知特性的分布式并行处理模型。ANN 的独特优点及其强大的分类能力和输入输出映射能力促成在许多领域被广泛应用,特别在语音识别、图像处理、指纹识别、计算机智能控制及专家系统等领域。但从当前语音识别系统来看,由于 ANN 对语音信号的时间动态特性描述不够充分,大部分采用 ANN 与传统识别算法相结合的系统。

3. 深度神经网络/深信度网络-隐马尔可夫(DNN/DBN-HMM)

当前诸如 ANN 等多数分类的学习方法都是浅层结构算法,与深层算法相比存在局限。深度学习可通过学习深层非线性网络结构,实现复杂函数逼近,表征输入数据分布式,并展现从少数样本集中学习本质特征的强大能力。在深度结构非凸目标代价函数中普遍存在的局部最小问题是训练效果不理想的主要根源。为了解决以上问题,提出基于深度神经网络(DNN)的非监督贪心逐层训练算法,它利用空间相对关系减少参数数目以提高神经网络的训练性能。

4. 循环神经网络(RNN)

语音是一种各帧之间具有很强相关性的复杂时变信号,这种相关性主要体现在说话时的协同发音现象上,一般前后几个字对正要说的字都有影响,也就是语音的各帧之间具有长时相关性。采用拼接帧的方式可以学到一定程度的上下文信息。但是由于 DNN 输入的窗长是固定的,学习到的是固定输入到输入的映射关系,从而导致 DNN 对于时序信息的长时相关性的建模是较弱的。

考虑到语音信号的长时相关性,一个自然而然的想法是选用具有更强长时建模能力的神经网络模型。于是,循环神经网络(Recurrent Neural Network,RNN)近年来逐渐替代传统的 DNN 成为主流的语音识别建模方案。如图 9.7 所示,相比前馈型神经网络 DNN,循环神经网络在隐层上增加了一个反馈连接,也就是说,RNN 隐层当前时刻的输入有一部分是前一时刻的隐层输出,这使得 RNN 可以通过循环反馈连接看到前面所有时刻的信息,这赋予了 RNN 记忆功能。这些特点使得 RNN 非常适合用于对时序信号的建模。

5. 卷积神经网络(CNN)

卷积神经网络(CNN)早在 2012 年就被用于语音识别系统,并且一直以来都有很多研究人员积极投身于基于 CNN 的语音识别系统的研究,但始终没有大的突破。最主要的原因是没有突破传统前馈神经网络采用固定长度的帧拼接作为输入的思维定式,从而无法看到足够长的语音上下文信息。另外一个缺陷是只把 CNN 视作一种特征提取器,因此所用的卷积层数很少,一般只有一到二层,这样的卷积网络表达能力十分有限。针对这些问题,提出了一种名为深度全序列卷积神经网络(Deep Fully Convolutional Neural Network,DFCNN)的语音识别框架,使用大量的卷积层直接对整句语音信号进行建模,更好地表达了

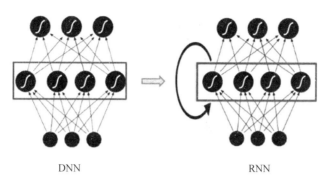

DNN   RNN

图 9.7   DNN 和 RNN 示意图

语音的长时相关性。

DFCNN 的结构如图 9.8 所示,它直接将一句语音转化成一张图像作为输入,即先对每帧语音进行傅里叶变换,再将时间和频率作为图像的两个维度,然后通过非常多的卷积层和池化层的组合,对整句语音进行建模,输出单元直接与最终的识别结果比如音节或者汉字相对应。

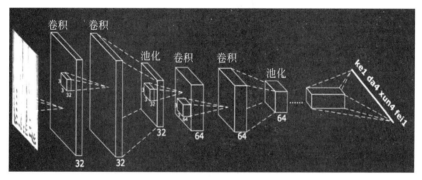

图 9.8   DFCNN 示意图

必须引起注意的是,庭审录音录像的文字化和数据化同样是一个庭审录音录像数据积累的过程,因为必须经过数据的大量积累,计算机才可能寻找到法庭环境中语言的客观规律,在对这些存在的规律进行充分和全面学习后,才能实现对庭审语言的准确识别,逐步提高文字化和数据化的准确性。完成这个过程,有两个巨大的难关需要攻克:一个是庭审语言并非全是法律专业术语和规范化的法律文书的口头表达,对其规律进行系统总结的难度比较大;另一个是我国各地域方言、语系众多,并不是建立一个庭审语言识别系统就能一劳永逸地解决所有庭审录音录像的文字化和数据化转化的。这两大难关的攻克都要依赖于较长时间的数据积累、人工纠错和学习过程,才能够积累准确的数据和总结符合绝大多数案件的语言规律。

9.2.3   类案推送

"同案不同判"一直是我国法院在审判实务中的难题。相似的案件出现相差很大的判决结果,会引发舆论的声讨,影响法院的权威性和公信力。为了避免此类情况的发生,法官及时掌握类似案件的信息就非常有必要。人工智能的司法应用,使得审判过程智能化,类案推送功能能给法官信息参考,帮助法官准确判定案件,大大减少甚至杜绝了同类案件不同判决结果的问题。

类案推送的过程是通过运用大数据和云计算等技术手段,法官、检察官等办案人员将案件的基本类型和主要事实输入系统后,系统就会自动在案例数据库中检索和匹配与待处理案件在法律关系、主要事实等方面相似的案件,从而实现缓解办案人员因经验不足造成的类推困难问题,并大大提高了类似案件检索与相似性判断的效率,为统一法律适用和裁判尺度提供了技术支持。

类案推送是在从成千上万个文本中找出与指定文本相似的文本,先判断文本的所属类别,进行初步筛选,再在同类文本中寻找相似文本进行更精细的匹配。首先,对大量的某类型案例进行分析,并结合司法工作者的建议和意见,建立一个实用的多维度分类标签体系。在案例分类时,考虑到人工标注案例的代价很大,因此将主动学习运用在标注案例集的构造中,使用主动学习的案例的标签生成方法,以实现小样本条件下获取较高的标注准确率,减少对训练集大小的依赖。其次,计算同类案件相似度。

基于标签匹配的案例筛选的步骤如下:

(1) 建立一个实用的多维度标签体系;

(2) 使用主动学习的方法为案例生成分类标签;

(3) 根据分类标签的匹配程度进行相似案例的推送。

1. 标签生成

标签生成方法主要有无监督学习中的聚类算法和监督学习中的分类算法。基于聚类的标签生成方法适用于标签不能预先确定的问题,将文本对象划分为若干个相似的簇集,由人工分析和选取每个簇集的代表词,作为一个潜在的标签,经过整合和筛选,得到最终的标签。基于划分方法、层次方法、密度方法以及网格方法的聚类算法都可以用于生成案例的标签。

对于标签可以预先确定的问题,通常使用监督学习中的分类算法进行标签生成。与基于聚类的标签生成方法相比,它的生成方法效果更好。首先,根据标签体系人工标注若干案例,组成训练集;接着,在该训练集上训练分类器,分类算法可以选择 SVM、朴素贝叶斯、逻辑回归、决策树等机器学习分类器;最后,在测试集上对分类器的准确率、精确率和召回率进行评测,选择分类效果最好的分类器,对案例进行分类,从而生成标签。

2. 主动学习

主动学习(Active Learning)是机器学习领域的一种学习方法,适用于标注样本少,标注代价大的情况,在较少的训练集下,得到较高的分类准确率。主动学习通过某种查询策略,从大量的未标注样本集中查询出最值得标注的样本,交由专家标注后,加入到训练集中,从而最小化获取标注数据的代价。主动学习的过程如图 9.9 所示。

主动学习的模型如下: $A=(C,Q,S,L,U)$,其中 C 为一组或者一个分类器,L 是用于训练已标注的样本,Q 是查询函数,用于从未标注样本池 U 中查询信息量大的信息,S 是督导者,可以为 U 中样本标注正确的标签。学习者通过少量初始标记样本 L 开始学习,通过一定的查询函数 Q 选择出一个或一批最有用的样本,并向督导者询问标签,然后利用获得的新知识来训练分类器和进行下一轮查询。主动学习是一个循环的过程,直至达到某一停

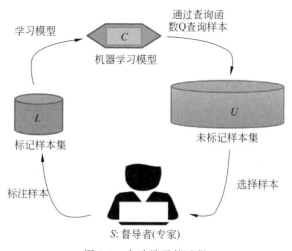

图 9.9 主动学习的过程

止准则为止。从图中可以看出,样本选择策略和停止条件的选择较为重要。

3. 文本相似度计算

关于文本相似度的研究众多,文本相似度算法主要分为四大类:基于字符串(String-based)的方法、基于语料库(Corpus-based)的方法、基于世界知识的方法和基于句法分析的相似度算法。随着文本数量的急剧增长以及统计学习方法的兴起,基于语料库的方法成为一类最为常见的文本相似度计算方法,包括经典的向量空间模型,主题模型以及神经网络模型等。该类方法通常将文本表示为 n 维空间的实数向量,进而衡量文本的相似度。在通用领域的文本相似度问题中,该类算法表现出了较好的效果。下面主要对基于语料库方法的神经网络模型进行介绍。

在 2003 年,Bengio 等人提出了神经网络语言模型,在训练神经网络语言模型时,可以得到词语的词向量。词向量一般是维度固定,如 100、200 的向量,用来表示一个特定的词语,词向量的每一维的值代表词语的一个潜在特征,该特征捕获了有用的句法和语义特征。在计算文本相似度时,首先使用语料库训练神经网络语言模型,得到词向量;接着,对文本中的每个词的词向量进行加权平均得到文本向量,与传统的向量空间模型相比,该文本向量具有低维度,包含语义信息等特点;最后,使用余弦距离计算文本的相似度。

基于语料库的方法在计算文本相似度时不涉及领域知识,即基于语料库的方法没有考虑到法律文本的长文本,且原告诉称、被告辩称、审理查明、法院举证、本院认为等段落在内容上存在大量冗余的特点,使得文本的特征不突出,从而精确度不高。有学者研究提出基于事件的相似度算法的类案推荐,具有较好的准确性,由此实现的类案推荐系统可以满足实际应用的需求。基于事件相似度的算法是一种较为实用的领域文本相似度算法,可以显著降低冗余信息对相似度计算的影响。算法首先对文本中的重点信息进行提取,组成事件,然后进行事件的相似度计算,能够充分发挥领域文本中重点信息对相似度的影响,且易与领域知识相结合,设计出不同的事件模板,从而满足不同领域文本相似度计算的不同需求。

9.3 人工智能与法律

9.3.1 法律咨询

在现代的科技水平下,数据整合的效率大大提高,法律条文能够以数据库的形式存储在人工智能的"头脑"中。借助计算机技术自身的演进和信息系统理解能力,社会生活中的部分法律问题已经可以被机器"运算"了。由此,大量专注于法律服务的人工智能产品便诞生了。

如果当事人遇到法律问题,可以使用智能问答平台进行咨询,平台通过自然语言的识别,根据案情对问题理解、分析后给出相关法律建议。常见平台基本都可以实现针对婚姻、劳务、民间借贷、知识产权等工作生活中的简单纠纷,代替律师进行回复,但复杂问题仍需求助律师。

智能咨询平台获取案情的两种方式:对话式机器人和搜索引擎,如图 9.10 所示。对话式机器人在了解咨询者问题方面效果较好,以大量知识图谱做支撑,能够比较准确地对问题进行全面的描述。搜索式是通过搜索引擎直接理解自然语言,存在口语和法律语言的转换问题,对自然语言中关键词依赖比较强。平台根据问题给出相关结论和建议,但要帮助咨询者更好的理解内容,实际上还需要问题的具体解析、引用的法律条文、类案情况、后续做法引导等。法律咨询机器人基本流程如图 9.11 所示,经过明确领域,缩小问题范围,再明确问题细节给出结论建议。智能咨询机器人国内外发展较为迅速,国内案例有搜狗大律师、法狗狗、律品、"民法知道"智能法律助手等;国外案例有 DoNotPay、Winston 等。

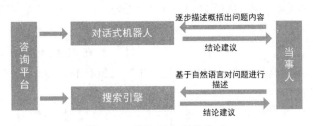

图 9.10 咨询平台工作方式

1. "法狗狗"智能咨询机器人

这是类似于 AlphaGo 的法律领域的程序机器人,能提供类似真人律师的专业答案,而且是 7×24 全天候随叫随答的服务。当事人在线自然语言提问,"法狗狗"给出结果。目前支持婚姻家庭、员工纠纷、交通事故、企业人事、民间借贷、公司财税、房产纠纷、知识产权、刑事犯罪、消费维权等 10 个类别的咨询,能够回答较清晰的口语化问题,并给出可能判决结果,执行建议及相关的法律条款。目前,"法狗狗"拥有 3000 万案例数据、6000 多案情分析点及海量的法律知识库,还能进行拟人化交流等(见图 9.12)。对于一些初入行的律师,利用它能够快速应答当事人的问题,因此形象地称之为"接案神器",对于需要法律咨询的人而言,通过它可以得到大概的预判。这款人工智能程序只需要关注微信公众号后就可以使用,首次下载后有 10 次的试用机会,而且试用次数满后每次使用只需要付费 1 元钱。

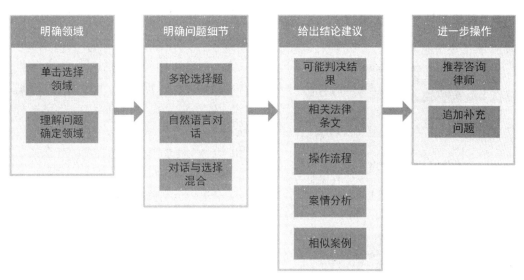

图 9.11 法律咨询机器人基本流程

图 9.12 "法狗狗"智能咨询机器人

2."民法知道"智能法律助手

检察日报联合科大讯飞开发的民法典微信小程序"民法知道",在2020年5月29日

正式上线。"民法知道"旨在民法典领域打造一款集理论解读、知识讲解、互动咨询、培训等内容于一体的集成式法律平台,以及民事检察工作的连接器和显示平台,共收录法律法规173 080余条,收录类案资料1700万余条。运用人工智能技术包括基于自然语言的检索方式、基于语言模型的语义纠正、基于阅读理解的要素提取及基于知识图谱的最优推送的技术,是一款易用、好用、愿用程序,如图9.13所示。

在"民法知道"微信小程序里,不仅能搜索到民法典法条,还能搜索到检察官法、刑法等法律法规的条文。假如你在日常生活中遇到"在网上遇到人身攻击怎么办""申请破产还要还钱吗""不必要的医疗检查是否侵权,可否要求医院赔偿"等问题,也可以在这个微信小程序里进行法律咨询,查找类似案例及其裁判文书,疑解答惑。数据统计截至2020年6月30日,累计用户数30 140人,累计访问次数146 015次。

图9.13　"民法知道"智能法律助手工作界面

9.3.2　律师推荐

律师推荐平台也是通过对话类和搜索类的方式了解当事人案件信息,智能推荐匹配的律师。搜索类律师匹配平台通过对自然语言进行处理,识别自然语言提出的要求,为当事人推荐律师,如图9.14所示。对话式机器人则先进行机器问答,根据用户提供的案件具体情况,为当事人智能匹配相应律师。典型案例有法里、法律谷等。

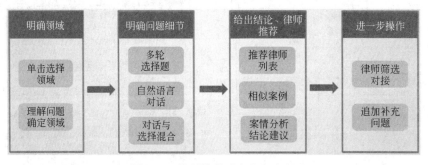

图9.14　律师推荐平台基本流程

1. "法里"律师推荐

主要面向律师在线咨询的匹配,需要提出至少10个字的问题进行提问,在引导下完成问题描述。系统会根据收集到的问题要点给出法律报告,并推荐相应的律师,用户可以付费邀请律师进行深入回答。问题内容主要覆盖婚姻、劳动、借贷、交通、继承、公司事务、合同事务等7个领域。法里平台上还有付费咨询、法律事务委托、代写文书等功能,如图9.15所示。

图9.15　"法里"律师推荐工作界面

2. "法律谷"律师匹配

通过对判决文书分析,基于语义搜索技术,挖掘出"律师擅长案型""律师处理案件数量""律师诉讼胜率"等信息,根据输入案情的关键词,推荐合适的律师,过程如图9.16所示。

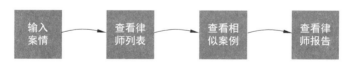

图9.16　"法律谷"匹配律师过程

习题 9

一、简答题

1. 简述人工智能时代的到来对实现司法现代化的影响。
2. 简述人工智能在我国和国外司法领域应用的不同。

3. 庭审语音识别系统的作用有哪些?

4. 简述人工智能技术在患者康复阶段的作用。

5. 卷积神经网络(CNN)是如何对语音信号建模的?

6. 简述类案推送的过程,以及涉及的技术方法有哪些。

7. 简述主动学习的过程。

8. 标签生成方法有几种? 它们各有什么特点?

9. 简述法律咨询机器人工作基本流程。

二、思考题

"法律文书写作"是一门非常重要的课程,但是,随着人工智能的广泛应用,起诉书、上诉书、代理词、辩护词、判决书等各类法律文书可以通过人工智能直接生成,而且,机器按照固定算法和程序写出来的法律文书有时可能比人工写得还要好,甚至毫无差错。面对这种变化,我们该怎样应对?

第10章

智 能 教 育

随着教育信息化与人工智能技术的快速发展,人工智能与教育相结合已经成为教育变革与创新的重要内容。人工智能技术的发展及其在教育中的应用,推动了教育智能化进程;人工智能技术与教育的融合,为教育的新生态构建奠定了基础。因此,智能教育将成为教育行业的发展方向,同时也面临更多的机遇和挑战。

10.1 智能教育概述

10.1.1 智能教育发展

近年,人工智能技术得到迅猛发展,同时也得到国家的高度重视。当前,我国充分认识到人工智能与教育融合发展,即"人工智能+教育"能够极大的促进教育公平和教育资源合理分配,因此,国家对基于人工智能的教育进行了相关规划布局,提出了一系列国家政策。2017年,我国政府发布《新一代人工智能发展规划》,提出加快人工智能高端人才培养,建设人工智能学科,发展智能教育;2018年,教育部发布了《高等学校人工智能创新行动计划》,从高等教育领域推动落实人工智能发展;2019年2月,《中国教育现代化2035》发布,提出加快推进信息化时代的教育变革,建设智能化校园,统筹建设一体化智能化教学、管理与服务平台,利用现代技术加快推动人才培养模式改革。

10.1.2 智能教育应用场景

基于对教育领域需求的分析,《人工智能+教育》蓝皮书(2018)从智能化的基础设施、学习过程的智能化支持、智能化的评价手段、智能化的教师辅助手段和智能化的教育管理等五个方面,提出了智能教育的五个典型应用场景,具体如下。

(1) 智能教育环境。利用普适计算技术实现物理空间和虚拟空间的融合、基于人工智能技术作为智能引擎,创建支持多样化学习需求的智能感知能力和服务能力,实现以泛在性、社会性、情境性、适应性、连接性等为核心特征的泛在学习。

(2) 智能学习过程支持。基于人工智能技术构建认知模型、知识模型、情境模型,并在此基础上针对学习过程中的各类场景进行智能化支持,形成智能学科工具、智能机器人学伴、特殊教育智能助手等工具,从而实现学习者和学习服务的交流、整合、重构、协作、探究和分享。

(3) 智能教育评价。在试题生成、自动批阅、学习问题诊断等方面发挥重要的评价作用,同时,能够对学习者学习过程中知识、身体、心理状态进行诊断和反馈,如学生问题解决能力的智能评价、心理健康检测与预警、体质健康检测与发展性评估、学生成长与发展规划等。

(4) 智能教师助理。替代教师日常工作中重复、单调、规则的工作,缓解教师各项工作的压力,成为教师的贴心助理。另外,还可以增强教师能力,为学生提供个性化、精准的支持,更好的关注每个学生的身心全面发展。

(5) 教育智能管理与服务。通过大数据的收集和分析创建起智能化的管理手段,管理者与人工智能协同,形成人机协同的决策模式,洞察教育系统运行过程中问题本质与发展趋势,实现高效资源配置,从而有效提升教育质量并促进教育公平。

10.2　智能化导学课堂

本节首先对智能化导学课堂中的智能导学系统进行介绍,然后详细介绍 VR 虚拟课堂和 AR 实训课堂,最后简要介绍所涉及的关键技术。

智能化导学课堂的核心是智能导学系统。20 世纪 80 年代,认知科学与计算机科学交叉研究兴起,研究者创建智能导学系统来理解和验证认知科学实验的研究成果。智能导学系统既能使用先进的计算机技术,又符合学生的认知规律,并能实际解决一些教学问题,为智能教育的相关研究奠定了良好的基础。20 世纪 90 年代至今,各种不同的智能导学系统不断被提出,并在各学科教学中显示了其有效性,如教授物理的 Andes,教授代数的 Algebratutor,以对话形式教授学生信息技术、物理、生物等学科的 AutoTutor,以虚拟 3D 环境辅助学生探究学习的 Crystalisland 等。

智能导学系统所覆盖的学科不断扩大,表现形式也从单一地让学生练习、解题,衍生出了各种不同的学习方式。借鉴了教育心理学中"Learning by Teaching"的可被教学的智能代理,让学生通过教授智能代理知识进行学习,或者让学生教授实体机器人来进行知识的学习与巩固。游戏化学习理论(Game-based Learning)通过设计教育游戏,让学生能够愉悦地进行学习。自然语言对话形式学习在对话中融入知识讲授,以及学生的情感关注,创建动态模型进行学习,深度理解实际场景中各种不同变量间的动态关系。

随着智能教育的发展,教育心理学、认知科学和人工智能技术的有效融合,使得智能导学系统对学习者行为和决策的捕捉与反馈不断细化和多元化,在提高学习者知识水平的同时,辅助学习者提升自身学习的能力。

10.2.1　VR 虚拟课堂

智能化导学课堂离不开虚拟现实技术(VR技术)和增强现实技术(AR技术),采用VR和AR技术创设学习情景,实现模拟训练,打造趣味生动的沉浸式课堂,辅助学习者提升学习效果和学习能力。

VR虚拟课堂授课时先为学生播放课件视频,以虚拟场景为载体,有效地把场景中的各个元素和学生所需要学习的知识结合起来,利用简洁有趣的交互方式将注解、图文、动画等生动地展现在学生眼前,使专业知识形象化,激发学生的学习兴趣。学生可戴上VR头盔/眼镜等外置设备学习课程包含的知识,将抽象概念具体化,将宏观、微观、难懂的概念进行可视化,通过沉浸式、交互式的方式简化学习过程,提升学生在课堂上的专注度。期间对于较难理解的知识,通过虚拟教师进行重点提醒,对难点问题进解释。

下面以临床医学VR虚拟课堂为例进行介绍,VR虚拟课堂示意图如图10.1所示。

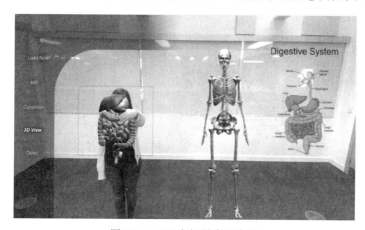

图 10.1　VR 虚拟课堂示意图

临床医学是一门对实践操作技能要求较高的学科,但是,当前临床教学资源非常有限,能够给予学生的实践操作机会非常少,极大地影响了学生临床实践技能的提升,导致学生难以做到知行合一、理论融于实际以及形成完整的临床思辨能力。VR虚拟课堂可以很好地缓解以上问题,主要应用于以下几个方面。

(1)虚拟解剖教学:通过计算机软件技术构建虚拟的人体结构,学生可以选择任意器官、任意位置进行解剖,并且可以借助动画技术观察人体内部的神经和血管等各个部位,从而使学生充分了解复杂的人体结构。

(2)虚拟实验教学:通过构建虚拟的实验室环境,打破时空的局限,学生可以更直观地了解实验基本原理和操作步骤,了解药物试剂、分子质子结构等。

(3)虚拟手术云观摩:通过佩戴VR设备,直观地感受手术的完整流程,可以从不同角度观看手术,在主刀医生、患者和助手这三种视角之间灵活切换。

(4)VR医院:利用VR技术创建虚拟医院,创建一套虚拟的医疗机构服务流程,学生对虚拟患者进行病例分析和诊断,与虚拟患者进行沟通交流,从而锻炼、提升自己的实践技能。

VR 虚拟课堂可以让传统的平面知识立体化,并与互动技术结合,构建更为直观的知识体系和感知过程;可以规避传统实验室、户外教学活动的安全隐患,满足那些不具有"教学实验条件"的科学过程的"真实"再现教学;可以实现"跨时代和地域"学习体验。

10.2.2　AR 实训课堂

AR 实训课堂利用增强现实等技术模拟实验和实训条件,打造多元化实践环境,提升学生实际操作能力,有效地理解和掌握所学知识。

AR 技术的直观性、丰富性、可视化等,能够打造真实与虚拟的情景教学、推进跨学科学习,打破固定时间与空间限制,支持开展多元化的教学实践活动。在 AR 实训课堂中,教师无须佩戴任何体感设备,纯手势就可以进行互动教学,能够完成危险的、难操作的、难观察的教学内容。另外,可以避免操作失误带来的风险,节约实验素材资源的损耗等。图 10.2 给出了 AR 实训课堂示意图。

图 10.2　AR 实训课堂示意图

目前,我国很多高等医学院校通过创建临床实践技能培训中心,借助临床教学模型、计算机教学软件等仪器设备来锻炼学生的实际操作能力,提高临床教学质量。部分高校还借助模拟教学设备、远程教学平台来对学生进行临床技能和理论知识的培训,通过设置临床理论和实践操作的相关网络课程,学生可以通过回看的形式反复学习和锻炼临床知识和实践技能。虽然,当前的临床教学体系已经尽可能地利用现有的教学资源来达到培训学生的目的,一定程度缓解了教学资源的紧张,但模型和网上教学终归缺少真实体验,难以激起学生的兴趣;由于模型和网上教学没有与真实的临床诊疗情境相结合,导致学生忽略一些临床实际操作过程中的细节,难以锻炼学生的观察力和细心程度;另外,由于无法与患者进行沟通,不利于学生的医学人文素养和批判思维的养成。

因此,针对当前临床教学体系中存在的问题,可以采用 AR 实训课堂对学生进行医学技能培养,图 10.3 给出了一种 AR 临床实训课堂示意图。

AR 实训课堂能够有效节约临床资源,实现资源信息共享,提高了教学质量和效率。例如,通过 AR 技术将患者的数据转化为全息化的人体三维解剖学结构,学生可以进行虚拟解剖学训练,完成各种手术模拟;可以增加学生的感官真实性,尝试不同的诊断方案和手术方式。AR 实训课堂的最大优势是允许试错,学生可以通过虚拟实践中错误的不断积累,减少

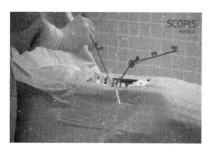

图 10.3　AR 临床实训课堂示意图

未来临床工作中犯错的概率,从而提高临床技能水平。

10.2.3　核心技术

本节对 VR 虚拟课堂和 AR 实训课堂中涉及的人工智能相关技术进行介绍。首先,介绍 VR 虚拟课堂涉及的虚拟现实和智能问答系统两大核心技术,以及 AR 实训课堂涉及的增强现实技术;然后,对其中涉及的相关技术进行简单介绍。

VR 虚拟课堂主要涉及两大核心技术,即虚拟现实和智能问答系统。

(1) 虚拟现实技术是一种可以创建和体验虚拟世界的计算机仿真系统。VR 依托计算机生成的模拟环境,在交互式的三维动态场景下,实现系统仿真。VR 技术涉及多技术融合,主要包括三维计算机图形技术、广角立体显示技术、语音输入输出技术等。这些技术以计算机模型产生图形图像为目标,在不同光照的条件下,呈现出不同的精确图像,根据眼睛位置的不同,由远及近地获得不同的信息。在 VR 系统中,双眼立体视觉具有重要作用,用户双眼看到的图像是分别产生的。采用不同的单个显示器分别产生双眼所要看到的图像,戴上 VR 眼镜设备后,就能看到的立体图像。由于该立体图像并不是现实世界真实存在的,而是通过计算机技术模拟得到,因此,称之为虚拟现实。如图 10.4 给出了 VR 所涉及的核心技术示意图。

(2) 智能问答系统是一种基于大量语料数据,通过数学模型,使用相关编程语言实现的能与人进行对话和解决问题的软件系统。即用户输入信息,对其进行处理并计算,返回结果以答复用户的过程。智能问答系统的关键技术包括自然语言处理、解析技术、语音识别、语义识别、SQL 和相关数据库、机器学习与深度学习等。

目前智能问答主要包括以下 3 类。

(1) 任务型:任务型问答是指在特定场景下,具有比较稳定流程的问答。通过多轮对话逐渐完善,然后给予用户回答。任务型问答一般包含自然语言理解模块、对话管理模块、自然语言生成模块等。

(2) 检索式:检索式问答中没有自然语言生成,而是有一个特定的回答集和一个模型。该模型是通过问句、问句上下文和回答训练得到的。当输入一个问句,训练模型会对回答集中的不同回答进行评分,并选出得分最高的回答作为输出。

(3) 问答式:问答式是一种人与机器无障碍沟通的问答方式,既最简单又困难。简单是因为很多公司都将这种接口免费公开,困难是因为聊天的语料集难以获取,智能化程度非常有限。

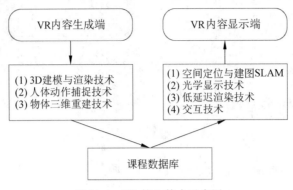

图 10.4　VR核心技术示意图

当前应用最广泛的还是任务型问答,其流程如图 10.5 所示。

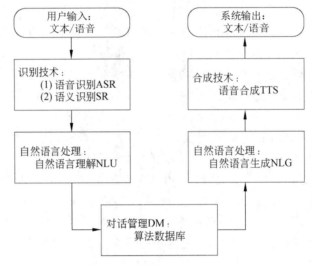

图 10.5　任务型问答系统流程

　　AR 实训课堂涉及的核心技术是增强现实,对现实的增强主要体现在虚拟影像和现实影像的融合方面。AR 技术具有虚拟现实融合、实时交互、三维注册三大特征。三维注册是 AR 最为标志性的特点,它是指计算机生成物与现实环境的对应。

　　AR 的技术流程如图 10.6 所示。首先,通过摄像头和传感器采集真实场景数据,然后传入处理器进行分析和重构,再通过 AR 头显或智能移动设备上的摄像头、陀螺仪、传感器等配件,实时更新用户在现实环境中的空间位置变化数据,从而得出虚拟场景和真实场景的相对位置,实现坐标系的对齐并进行虚拟场景与现实场景的融合计算,最后将其合成影像呈现给用户。用户可通过 AR 头显或智能移动设备上的交互配件,如话筒、眼动追踪器、红外感应器、摄像头、传感器等设备采集控制信号,进行相应的人机交互及信息更新,实现增强现实的交互操作。其中,三维注册作为 AR 技术的核心,需要以现实场景中二维或三维物体为标识物,将虚拟信息与现实场景信息进行对位匹配,即虚拟物体的位置、大小、运动路径等与现实环境必须完美匹配,达到虚实相生的效果。

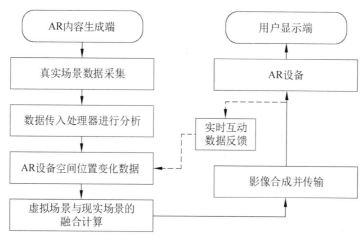

图 10.6 AR 技术流程

下面简单介绍 VR 虚拟课堂和 AR 实训课堂涉及的相关技术。

1. 三维建模与渲染技术

三维建模是使用计算机以数学方法描述物体以及它们之间的空间关系。例如，计算机辅助设计程序可在屏幕上生成物体，使用方程式生成直线和形状，依据它们相互之间以及与所在的二维或三维空间的关系精确放置。采用三维制作软件，通过虚拟三维空间构建出具有三维数据的模型。三维建模大概可分为两类：NURBS 和多边形网格。

渲染技术就是利用有限数目的像素将图像空间连续函数表现成颜色。渲染技术主要包括：

（1）扫描线渲染和栅格化。

（2）光线投射：从眼睛投射光线到物体的每个点，查找阻挡光线的最近物体，也就是把图像当作一个屏风，每个点就是屏风上的一个正方形。

（3）辐射着色：将表面当成漫反射表面，只考虑面与面之间漫反射的相互作用。

（4）光线跟踪：跟踪从眼睛发出的光线而不是光源发出的光线，把编排好的场景的数学模型显现出来。当前渲染研究工作主要集中在模型改进（光照模型等）及高效应用（GPU 实时加速等）。

2. 动作捕捉技术

动作捕捉技术是在运动物体的关键部位设置跟踪器，对动作进行实时采集，涉及尺寸测量、物体定位及方位测定等。在运动物体的关键部位设置跟踪器，由动作捕捉系统捕捉跟踪器位置，再经过计算机处理后得到三维空间坐标的数据。当数据被计算机识别后，可以应用于动画制作、步态分析、生物力学、人机工程等领域。动作捕捉可以分为机械式运动捕捉、声学式运动捕捉、电磁式运动捕捉、光学式运动捕捉、惯性导航式动作捕捉等。

3. 三维重建技术

三维重建是指对三维物体创建适合计算机表示和处理的数学模型，是在计算机环境下对其进行处理、操作和分析其性质的基础，也是在计算机中创建表达客观世界的虚拟现实的关键技术。

在计算机视觉中,三维重建是指根据单视图图像或多视图图像来重建三维信息的过程。由于单视图的信息不完全,需要利用经验知识进行三维重建。多视图的三维重建相对比较容易,首先对摄像机进行标定,计算出摄像机的图像坐标系与世界坐标系的关系;然后利用多个二维图像中的信息重建出三维信息。在计算机内生成物体三维表示主要有两类方法:一类是使用几何建模软件通过人机交互生成人为控制下的物体三维几何模型;另一类是通过一定的手段获取真实物体的几何形状。前者实现技术已经十分成熟,现有若干软件支持,比如 3ds Max、Maya、AutoCAD、UG 等,它们一般使用具有数学表达式的曲线和曲面来表示几何形状。后者是指利用二维投影恢复物体三维信息(形状等)的数学过程和计算机技术,包括数据获取、预处理、点云拼接和特征分析等步骤。

4. SLAM 技术

SLAM(Simultaneous Localization And Mapping,即时定位与地图构建)是指同时进行场景的建模和相机自身位置的定位,估计设备在场景中的位置和相对运动轨迹。简单地理解,SLAM 就是机器在一个完全陌生的环境中,可以依靠视觉和传感器来即时构建周边环境数据。

5. 显示技术

显示技术是指利用电子技术提供变换灵活的视觉信息的技术。根据人的心理和生理特点,采用适当的方法改变光的强弱、光的波长(即颜色)和光的其他特征,组成不同形式的视觉信息。视觉信息的表现形式一般为字符、图形和图像。

6. 交互技术

VR 输入设备如动作捕捉、手势识别、眼球追踪、声音感知等体感类设备,通过感知用户的输入信息,与虚拟世界进行交互,输入设备是实现使用者交互、获得沉浸感的重要技术。

7. 语音识别

语音识别是指对语音信号进行识别和理解,将其转换为文本或命令。语音识别技术主要包括特征提取、模式匹配、参考模式库三个基本单元。语音识别技术涉及信号处理、模式识别、概率论和信息论、发声机理和听觉机理等。

8. 自然语言理解

自然语言理解是使用自然语言同计算机进行通信的技术,使计算机能理解和运用人类社会的自然语言如汉语、英语等,实现人机之间的自然语言通信,以代替人的部分脑力劳动,包括查询资料、解答问题、摘录文献、汇编资料以及一切有关自然语言信息的加工处理。

9. 自然语言生成

自然语言生成主要做的是根据自然语言理解之前处理的信息,在有组织结构的数据上创建,通过将结构良好的数据放置在精心配置的模板中,自然语言生成可以自动以内容开发者所希望的格式输出,并提供可记录的数据形式,例如分析报告、产品描述的相关文字。

10. 语音合成

语音合成是一种通过机械的、电子的方法产生人造语音的技术,能将任意文字信息实时转化为标准流畅的语音朗读出来。因此,语音合成又称文语转换技术。文语转换过程首先将文字序列转换成音韵序列,再由系统根据音韵序列生成语音波形,该过程不仅要应用数字信号处理技术,而且必须有大量的语言学知识的支持。

11. 机器学习

机器学习是一门多领域交叉学科,涉及概率论、统计学、逼近论、凸分析、算法复杂度理论等多门学科,专门研究计算机怎样模拟或实现人类的学习行为,以获取新的知识或技能,重新组织已有的知识结构,使之不断改善自身的性能。它是人工智能核心,是使计算机具有智能的根本途径。

12. 深度学习

深度学习是机器学习的一种,学习样本数据的内在规律和表示层次,让机器能够像人一样具有分析学习能力。深度学习通过组合低层特征形成更加抽象的高层来表示属性类别或特征,以发现数据的分布式特征表示。研究深度学习的动机在于创建模拟人脑进行分析学习的神经网络,它模仿人脑的机制来解释数据,例如图像、声音和文本等。

10.3　智能教育的其他应用

10.3.1　文本答案自动评价

在多数教育场景中,自动评价意味着自动总结性评价,充当自动评分的作用。而自动评分的实际应用主要包括:一是大规模考试;另外一个是作为智能导学系统中的测评器。美国教育考试服务机构(ETS)早在 2004 年便发布了用于短文本答案自动评分的 C-rater 以及作文自动评分的 E-rater,这些自动评分工具被广泛地用于 ETS 考试和考试辅导当中。大规模考试中的自动评分工具,其最终目标就是将学生答案根据评分规则,进行精确分类。学术界的研究者则更希望利用文本答案自动评分模型,构建适应性学习体验。著名智能导学系统 AutoTutor 中的测评模块是这方面应用的最典型代表。该测评器用于诊断学生对问题的回答并自动分类,以便给予相应的反馈信息。因此,智能导学系统中的测评器实际也要完成一个自动分类的任务。因此,以统计机器学习的视角来看,无论场景如何,自动评分实际完成的是一个分类问题。

另外,在作文自动评价场景中,分数总结性评价的意义显得微不足道,学生更需要对自身作文的形成性评价。近几年,随着优质文本大数据的积累以及算法的提升,计算机可以比较容易地从这些文本中提取出词语搭配的习惯用法,进而给出形成性评价的反馈。但是,在语义层面或内容思想上,很难给予学习者足够的帮助。因此,还需要自动评分算法结合智能导学系统的设计,才可能比较好地实现。

10.3.2　学习分析

国际学习分析社区(SoLAR)对学习分析做出了明确定义:学习分析即测量、收集、分析并报告关于学习者和学习环境的数据,以此来理解和优化学习过程以及学习环境。

具体来讲,学习分析包括 5 方面的内容:

(1) 解释学习行为;

（2）识别高效成功的学习模式；

（3）检测低效错误的学习模式；

（4）引入合适的教学干预；

（5）帮助学习者更加清晰地认识到自己的学习进度。

不断利用数据证据对学习者的学习情况、学习态度、学习习惯等方面的评估进行探索研究。数据收集手段不断地丰富和多样化，从单一的日志文件和问卷调查，到近些年的多模态数据（例如，EEG 脑电信号、眼动仪、皮电信号、表情识别等）。数据分析手段也从描述性统计分析，到了近期利用自然语言技术进行语义理解，以及利用深度神经网络进行学习状态预测等。

然而，在技术取得进步的同时，学习分析缺乏教育理论的支持，致使解释不够充分。教育理论框架在学习分析中的缺失，可能导致实验数据以及教学影响因素的误读。另外，学习分析的实验设计也经常不是清晰地创建在一种教学模型之上，容易导致后续研究对已有研究进行大量无意义的重复。尽管学习分析通过不断的发展成功地将计算科学的软硬件先进技术融入到了教学实验数据分析当中，但是仍然有许多地方有待提升。

学习分析中对学习者数据类型的获取将不断丰富，数据量越来越大，但还需要更加关注学习分析背后的教育理论基础，才能使得学习分析更加系统化。

10.3.3　高校智慧校园管理

高校智慧校园是指以促进信息技术与教育教学融合、提高学与教的效果为目的，以物联网、云计算、大数据分析、人工智能等新技术为核心技术，提供一种环境全面感知、智慧型、数据化、网络化、协作型一体化的教学、科研、管理和生活服务，并能对教育教学、教育管理进行洞察和预测的智慧学习环境。高校智慧校园具有互联性、智能化、交互性、移动性、开放性、共享性等特点。

高校智慧校园主要有以下三个核心功能。

（1）为广大师生提供一个全面的智能感知环境和综合信息服务平台，提供基于角色的个性化定制服务。

（2）将基于计算机网络的信息服务融入学校的各个应用与服务领域，实现互联和协作。

（3）通过智能感知环境和综合信息服务平台，为学校与外部世界提供一个相互交流和感知的接口。

高校智慧校园旨在打造一个智能的工作、学习和生活一体化环境，以各种应用服务系统为载体，将教学、科研、管理和校园生活进行充分融合。采用物联网技术连接各类人员、设备、物体和环境，进行实时动态的各类数据采集和信息通信，从而实现智能化识别、定位、追踪、监控和管理，从而实现智慧校园一体化智能感知环境和综合信息服务平台的目标。

针对现有高校智慧校园中物联网实际部署应用方案中存在的问题，可以通过以下方式进行改进增强。一是对原有的传统有线数据采集方案的改造利用，通过打通数据接口利用有线网络或 Wi-Fi 等无线通信技术转发数据采集终端的各类数据，上报到高校统一的综合信息服务平台，实现大数据的收集、分析和利用；另外则是通过引入部署新的无线传感器物联网数据采集方案，实现对传统有线方案的替代或全新应用场景的拓展。

高校智慧校园系统拓扑图如图 10.7 所示,利用 RFID 技术实现的校园一卡通,在食堂、校园超市、浴室、水电卡、图书馆借阅、上课考勤等场景的应用;利用 Wi-Fi、ZigBee、蓝牙等技术实现的建筑物室内照明管理、实验室用电设备安全管理、能耗监控等场景的应用;利用 3G/4G 技术实现的校园视频安防监控等场景的应用。

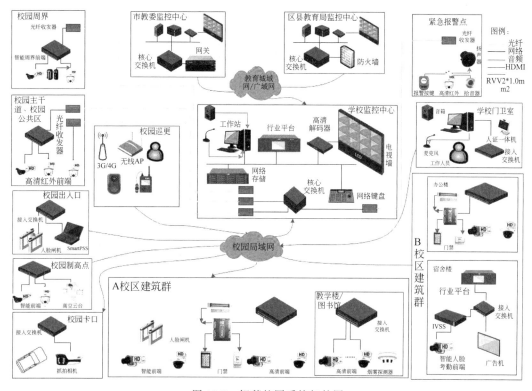

图 10.7 智慧校园系统拓扑图

习题 10

一、简答题

1. 阐述人工智能的加入,对教师和学生分别起到了怎样的作用。

2. 智能教育的主要类别有哪些?每类分别包含哪些内容?

3. 简述 VR 虚拟课堂的优点。

4. 简述"人工智能+教育"未来的五个发展趋势。

二、思考题

如今在将人工智能与教育相结合后,市场上智能教育的产品不断涌现,并在辅助教学、陪伴成长、学生管理等领域不断发挥作用。但这些仍然不能脱离传统的教育评价体系,即以课程分数来评定学生素质的现状。我们在充分发挥人工智能的优点的基础上,应该朝着哪些方向进行体系改革呢?

第11章

智能医疗

随着社会经济水平的提高，人们对身体健康更加关注。当你每天忙碌于紧张的工作时，很难抽出时间去医院做一次综合性的体检，也无法根据自己的身体需要，为自己做出一份合理的饮食与运动安排规划。而智能医疗的出现，使这些将不再是问题，随身监测设备时刻监测我们的身体状况，并且可以在出现问题的第一时间为我们安排最优的医疗资源。

本章将介绍人工智能与医疗的结合。首先概述了智能医疗的整个框架，然后分别从疾病的防控、患者诊断、患者治疗，到患者后期的康复等各阶段，介绍了人工智能在医疗方面的应用，以及相关技术，展现了智能医疗对医院和患者带来的共同便利。通过本章的学习，我们将更加深入地了解人工智能为医疗带来的优势，为我们以后的学习起到引导作用。

11.1 智能医疗概述

近年来，随着相关技术的飞速发展，人工智能在医疗领域中的应用得到快速推广，包括医学影像、临床决策支持、病例分析、语言识别、药物挖掘、健康管理、病理学等众多场景。而且，随着医学数据集的扩增，硬件设备的提升，AI算法的不断优化改进，AI在医疗场景中的技术积累愈发成熟，越来越多的AI研究开始落地于医疗领域。

智能医疗是以互联网为依托，通过基础设施的搭建及数据的收集，将人工智能技术及大数据服务应用于医疗行业中，提升医疗行业的诊断效率及服务质量，更好地解决医疗资源短缺、人口老龄化的问题。具体来说，AI特别适用于医学影像诊断、慢性病管理和生活方式指导、疾病排查和病理研究、药物开发等领域,并在精准医学方面帮助填补基因型与表现型的区别。

智能医疗已经成为传统医疗巨头和互联网科技公司的未来战略方向。西门子医疗、通用医疗、飞利浦医疗、联影医疗以及东软医疗等设备公司纷纷成立智能医疗部门。谷歌、阿里巴巴、腾讯等企业也均表示会将医疗领域作为本公司 AI 的发力点,成为公司未来战略的重要组成部分。同时很多新生的 AI 公司,比如联影智能、推想科技、科大讯飞、深睿医疗等也在着力研发 AI 医疗产品,为医院和医生提供全链条的智能服务。

智能医疗可以分为三层:应用层、技术层和基础设施层,如图 11.1 所示。其中应用层是人们所熟悉的,也是与患者和医生接触最为紧密的。技术层和基础设施层则需要涉及相关专业知识。

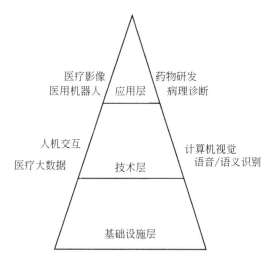

图 11.1 智能医疗的三层结构

1. 应用层

应用层中的病理诊断和医疗影像可以帮助医生做出更加快速准确的诊断,不仅减少了医生的压力,而且帮助患者及时的治疗,防止患者病情的加重。在药物研发中,利用人工智能相关技术,可以减少传统药物研发的时间成本与精力成本,降低失败率。医用机器人种类很多,按照其用途不同,有临床医疗机器人、护理机器人、医用教学机器人和为残疾人服务机器人等。

2. 技术层

技术层的语音/语义识别主要使用了深度学习中的自然语言处理知识,不仅可以用于智能机器人,还可以用于患者就诊及检查阶段。在就诊及检查阶段,医生通过 AI 语音电子病历系统,自动生成患者的就诊报告,从而提升病历录入效率,提高病历质量。计算机视觉包括人脸识别、目标检测和图像增强等知识。目前,在医疗应用中最多的是医疗影像,用于提高医生的诊断效率。人机交互智能导诊服务机器人和护理机器人,让医院和患者双方达到共赢。深度学习是人工智能的主要分支,使用多层的神经网络训练大量的医疗数据,为医生的诊断提供便利。

3. 基础设施层

基础设施层是 AI 医疗的基石,当医院拥有了这些完备的设施,才能使 AI 更好地赋能于医疗。这些基础设施的完善,使我国的医疗体系更加完善,资源分配更加公平。

11.2　智能医疗的发展历程

随着大数据、互联网和信息科技的发展,人工智能被广泛试点应用于智慧医疗、智慧教育、智慧城市等领域。近几年全球各地纷纷提出"大健康"、医疗大数据等概念,将民生健康置于战略性地位,也促进了人工智能在医疗领域的发展。

11.2.1　国外人工智能医疗发展史

20 世纪 70 年代,国外开始出现了在医疗领域的人工智能探索尝试。

1972 年,利兹大学研发的 AAPHelp 能根据病人的症状计算出产生剧烈腹痛的可能原因。到 1974 年,资深医生诊断的准确率已经不如该系统。

20 世纪 90 年代,CAD(Computer Aided Diagnosis,计算机辅助诊断)系统问世,它是比较成熟的医学图像计算机辅助应用,包括乳腺 X 射线 CAD 系统。

进入 21 世纪,IBM 的 Watson 成为人工智能医疗领域最知名的系统,取得了非凡的成绩。例如,在肿瘤治疗方面,Watson 能够在几秒内对数十年癌症治疗历史中的 150 万份患者记录进行筛选,并提出治疗方案供医生选择。目前,癌症治疗领域排名前三的医院都在使用 Watson,并且中国也正式引进了 Watson。

2016 年 2 月,谷歌 DeepMind 宣布成立 DeepMind Health 部门,并与英国国家健康体系(NHS)合作。DeepMind 还参与了 NHS 的一项利用深度学习开展头颈癌患者放疗疗法设计的研究。

11.2.2　国内人工智能医疗发展史

20 世纪 80 年代初,我国开始进行人工智能医疗领域的开发研究,虽然起步落后于发达国家,但发展迅猛。

1978 年,北京中医医院关幼波教授与计算机科学领域的专家合作开发了"关幼波肝病诊疗程序",第一次将医学专家系统应用到我国传统中医领域。

进入 21 世纪以来,我国人工智能在医疗的更多细分领域都取得了长足的发展。

2016 年 10 月,百度发布百度医疗大脑,它类似于谷歌和 IBM 的同类产品。百度医疗大量采集与分析医学专业文献和医疗数据,通过模拟问诊流程,基于用户症状,给出诊疗的最终建议。2018 年 11 月,百度发布人工智能医疗品牌"百度灵医",目前已有"智能分导诊""AI 眼底筛查一体机""临床辅助决策支持系统"三个产品问世。

2017 年 7 月,阿里健康发布医疗 AI 系"Doctor Yo",包括临床医学科研诊断平台、医疗辅助检测引擎等。2018 年 9 月,阿里健康和阿里云联合宣布,阿里医疗人工智能系统"ET

医疗大脑"2.0 版本问世。

2018 年 11 月,腾讯牵头承担的"数字诊疗装备研发专项"启动,该项目作为国家重点研发计划首批启动的 6 个试点专项之一,基于"AI＋CDSS"(人工智能的临床辅助决策支持技术)探索和助力医疗服务升级。

11.3 智能医疗的应用

2020 年年初,由于新型冠状病毒疫情的爆发,国内的医疗卫生体系受到了巨大考验。人工智能技术的加入极大地缓解了整个医疗体系的压力,从疫情的防控、病情的诊断、患者的治疗,到患者后期的康复,贯穿了整个医疗体系。2020 年 2 月 4 日工信部发布的《充分发挥人工智能赋能效用协力抗击新型冠状病毒感染的肺炎疫情倡议书》,呼吁人工智能企业和应用单位、上下游企业,尤其是人工智能产业创新重点任务入围揭榜企业,能够在疫情发现、预警、防治等方面积极做出应有贡献。下面从疫情防控、病情诊断、患者治疗、患者康复四个阶段探讨人工智能在医疗方面的应用。

11.3.1 疫情防控阶段

1. AI 检测

在疫情的初期,新型冠状病毒患者的主要症状是发热、咳嗽。在测试人体温度方面,传统测量体温的方式包括水银温度计及红外体温枪等,缺点比较明显:需要一定的测量时间,需要接触及配合。在当时的态势下,接触及配合可能导致新风险,并且在大人流量环境下不可行。为解决此问题,诸多医院和安检引入 AI 人脸识别＋体温测量系统(见图 11.2),可快速对多人进行高精度体温测量。AI 人脸识别＋体温测量系统的优点明显:远距离、非接触、多目标,适用于机场、地铁、铁路入口等。

图 11.2 AI 人脸识别＋体温测量系统

AI 人脸识别＋体温测量系统方案的特点:

① 基于深度学习的嵌入式人脸识别算法,识别速度小于 1s。

② 内置测温传感模组,能快速测出人脸体表温度。

③ 主机运行 Android 8.1 操作系统,采用人脸检测、识别模型,快速捕捉人脸,智能人脸质量判断,精准人脸比对识别。

④ 利用技术提取人脸特征,最大化减轻了因人脸角度、光线、表情等不利因素对比对结

果的影响。

⑤ 一体式设计,易于安装,简单可靠。

⑥ 活体检测,照片防伪,无空可钻。

⑦ 环境适应性强,稳定性高,白天黑夜无忧识别。

⑧ 支持继电器开关信号,门禁管理,安全省心。

人脸识别算法流程如图 11.3 所示,分为两部分:注册部分和识别部分。注册部分经过注册图片、图片质量评估、人脸检测、特征提取和人脸特征数据集五个单元;识别部分经过摄像头拍摄、视频采集、人脸检测、特征提取和特征对比五个单元,最终输出识别结果。

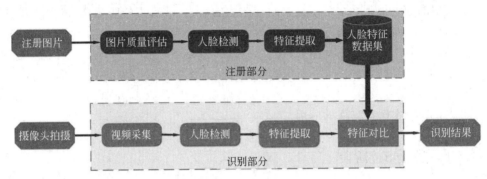

图 11.3 人脸识别算法流程

2. 关键技术

在人脸识别算法中,对于注册的图片和视频采集的图片均要进行人脸检测和特征提取操作。人脸检测是指在检测到人脸并定位面部关键特征点之后,主要的人脸区域就可以被裁剪出来,经过预处理之后,传入后端的识别算法中。人脸识别算法要完成人脸特征的提取,并与库存的已知人脸进行比对,判断视频采集的图片是否为已经注册图片的用户。

无论是在特征提取还是人脸检测过程中,都会用到卷积神经网络(CNN)。CNN 是人脸识别中最常见的深度学习网络。CNN 通常由三部分组成:神经元(Cell)、损失函数(Loss Function)和激活函数(Activation Function)。其中,神经元可分为输入层、隐含层和输出层三类;损失函数会在每次网络训练后衡量本次分类结果与真实类别之间的差距,并基于此不断地更新网络参数;激活函数将线性的分类问题进行非线性转化,使得神经网络可以更好地解决较为复杂的问题,通常由 sigmoid、tanh 和 ReLU 等函数构成。

用户注册的图片和摄像头拍摄的图片,通常由若干个像素组成,图片中的数字表示像素亮度,0 是黑色,255 是白色。因此,一张图片在计算机中可以简化为若干个数字组成的多维矩阵。在 CNN 的输入层中,输入格式保留了图片本身的结构。对于黑白的图片,CNN 的输入是一个二维的神经元;对于 RGB 格式(彩色)的图片,CNN 的输入则是一个三维神经元(RGB 中的每一个颜色通道都有一个的矩阵)。如图 11.4 所示,左边输入的是二维的神经元,右边输入的是三维神经元。

CNN 隐含层的卷积层和池化层是实现卷积神经网络特征提取功能的核心模块。该网络模型通过采用梯度下降法和最小化损失函数,对网络中的权重参数逐层反向调节,通过频繁的迭代训练来提高网络的精度。

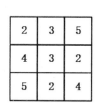

图11.4　图像的输入格式

CNN 中的卷积层由一组过滤器组成,过滤器可以视为二维数字矩阵,其对应的长度和宽度可自行设置。图11.5 表示对一组 4×4 的二维黑白图片进行卷积运算,过滤器为 3×3。

卷积运算的具体步骤如下:

① 在图片的某个位置上覆盖过滤器。

② 将过滤器中的值与图片中的对应像素的值相乘。

③ 把上面的乘积加起来,得到的和是输出图片中目标像素的值。

④ 将过滤器从左向右,从上到下移动,对图片的所有位置重复此操作。

以图11.6 为例,在重叠的图片和过滤器元素之间逐个进行乘法运算,按照从左向右、从上到下的顺序移动过滤器,最终得到 2×2 的二维新矩阵。

图11.5　黑白图片和过滤器　　　　　图11.6　卷积结果

同理,如果对于彩色图片,输入的 RGB 图像是三维的神经元,那么卷积层对应的过滤器也是三维的,具体运算方法与二维相似,也是重叠元素之间逐个进行乘法运算,最后累加。

卷积层的作用通常是对图片进行特征提取,但当卷积得到的特征图的长宽还是比较大时,可以通过池化层来对每一个特征图进行降维操作。

池化的方法也是用一个过滤器进行扫描,扫描的过程中扫描步长、扫描方式同卷积层一样,先从左到右扫描,再从上到下。

池化的方法通常有两种,分别为最大池化和平均池化,图11.7 分别是最大池化和平均池化。

① 最大池化(Max Pooling):取"池化视野"矩阵中的最大值。"池化视野"是指过滤器覆盖的部分。

② 平均池化(Average Pooling):取"池化视野"矩阵中的平均值。

在注册过程和识别过程中均需要使用以上技术,将识别过程中提取的特征与人脸数据集中的特征进行比对,最终输出识别结果。

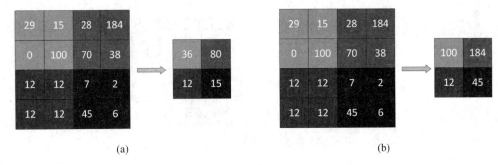

图 11.7　(a) 最大池化；(b) 平均池化

11.3.2　病情诊断阶段

1. 诊断方法

最常用的方法就是采取核酸检测的方法，但是核酸检测连续阴性的，最终依然被确诊为新型冠状病毒患者的案例时有发生。由于假阴性问题一直存在，在疫情初期，就有院内专家提出，应重视 CT 影像在新型冠状病毒诊断中的作用，随后 CT 影像也被纳入国家版诊断救治方案之中。

影像科医生资源有限。在以往的人工操作中，放射科医生需要根据患者 CT 结果，凭借肉眼读片找病灶，然后手动写入报告。而此次北京新发地疫情以轻症为主，早期肺部病灶影像呈淡淡的毛玻璃样，如果不仔细看或注意力不集中，可能会漏掉。

为了解决上述问题，医院引入了一台搭载有 AI 智能软件的 GE 公司的 Revolution CT 设备。AI 智能软件可自动筛查病灶、分析生成报告，医生在其整体筛查的基础上，可进行快速判断，提高了病变的检出率和工作效率，减少了漏诊的可能，尤其是对于类似新冠肺炎的小病变的小片造影、结节影，都可以做到标记和给出结论。

2. 关键技术

人工智能的加入极大地提高了医生对疾病诊断的效率。目前用于医学影像的深度学习知识有图像分割、图像识别和目标检测等。

在医学影像分割方面，主要使用的神经网络有 CNN、全卷积神经网络(FCN)和 U-Net。

(1) FCN。FCN 是在 CNN 基础上实现的，通常，CNN 在卷积层之后会接若干全连接层，将卷积层产生的特征图映射成一个固定长度的特征向量。FCN 就是将 CNN 的全连接层转换为卷积层。

FCN 的基本原理如图 11.8 所示。

① 图片经过多个卷积层加一个最大池化层变为特征图 1，宽高变为 1/2。

② 特征图 1 再经过多个卷积层加一个最大池化层变为特征图 2，宽高变为 1/4。

③ 特征图 2 再经过多个卷积层加一个最大池化层变为特征图 3，宽高变为 1/8。

④ 继续上述操作，直到特征图 5，宽高变为 1/32。

在图 11.8 中，对于 FCN-32s，直接对特征图 5 进行 32 倍上采样获得 32 倍上采样特征，再对 32 倍上采样特征的每个点做逻辑回归(softmax)预测，获得 32 倍上采样预测图(即分

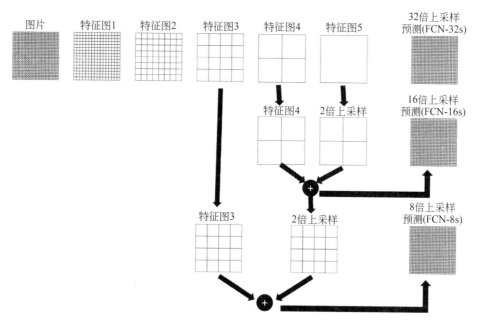

图 11.8　FCN 的基本原理示意图

割图)。对于 FCN-16s,首先对特征图 5 进行 2 倍上采样获得 2 倍上采样特征,再把特征图 4 和 2 倍上采样特征逐点相加,然后对相加的特征进行 16 倍上采样,并做 softmax 预测,获得 16 倍上采样预测图。对于 FCN-8s,首先进行特征图 4 加 2 倍上采样逐点相加,然后又进行特征图 3 加 2 倍上采样逐点相加,即进行更多次特征融合。此时每个像素都得到了分类预测,得到更加精准的分割图像,所以 FCN 全卷积神经网络是一种端到端、像素到像素的良好分割网络。

网络的上采样部分采用反卷积过程。反卷积过程与卷积过程相反。卷积的目的是提取更深层次的特征信息,而反卷积的作用是在浅层区域一定程度上还原原始图像的位置信息。

(2) U-Net。U-Net 分为两个阶段,第一个阶段是收缩阶段,这部分的网络结构是常规的卷积神经网络,可以利用 ResNet、VGG、Inception 等成熟的模型作为卷积网络的结构。收缩阶段进行了多次操作,每次操作以两次 3×3 卷积核卷积和一次 2×2 最大池化为单位,每层卷积层之间都用激活函数 ReLU 进行处理,每进行一次操作,特征通道数将会扩大一倍。

最后一次的卷积和池化后得到的特征图是具有较深层抽象的特征提取信息,由于该应用以分割为目的,需要将每个像素进行分类并还原原图的位置信息,所以第 2 阶段是扩张阶段,通过上采样还原原图的位置信息。整个网络结构如图 11.9 所示。

U-Net 之所以应用于医学影像,是因为医学图像边界模糊、梯度复杂,需要较多的高分辨率信息。高分辨率用于精准分割。人体内部结构相对固定,分割目标在人体图像中的分布很具有规律,语义简单明确,低分辨率信息能够提供这一信息,用于目标物体的识别。U-Net 结合了低分辨率信息(提供物体类别识别依据)和高分辨率信息(提供精准分割定位依据),完美适用于医学图像分割。

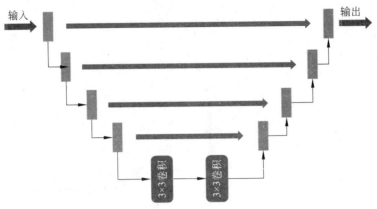

图 11.9　U-Net 网络结构

11.3.3　患者治疗阶段

1. 智能机器人

火神山医院是湖北首个"小汤山模式"医院,收治的全部是新冠确诊病例。患者病情存在随时恶化风险,AI 在治疗中的角色不只是入院诊断,还包括全流程的监测、对比、观察和不同阶段的精细化诊断。

火神山医院的患者全部为新冠肺炎感染患者,医院任何地方都需要消毒。如果全部采用人工进行消毒,将耗费大量的人工资源,而且对于一些重污染地区,一旦防护措施没有做好,很容易造成感染。医院使用智能消杀机器人进行作业,如图 11.10 所示,有效地解决了这一问题。医院还使用智能机器人进行送药和送饭,极大地减少了医患之间的接触,降低了感染的风险。

图 11.10　消毒机器人

现在的智能机器人不仅有送药、送饭和消毒的功能,还具有导诊的作用。例如,国家高新技术企业和广州科技创新小巨人企业共同研发的今甲智能医院导诊服务机器人,如

图 11.11 所示。它可以介绍医院的情况,引导患者就医,帮助患者更好、更快地就医,让患者感到快乐,减轻医生工作量,提高医院的品牌形象。

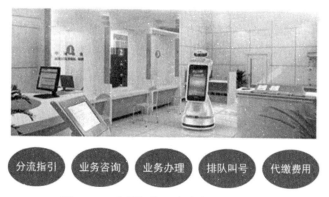

图 11.11　今甲智能医院导诊服务机器人

智能手术机器人也是智能医疗不可缺少的一部分。谈到手术机器人,人们第一想到的可能就是达芬奇手术机器人。达芬奇机器人由三部分组成:外科医生控制台、床旁机械臂系统、成像系统,如图 11.12 所示。

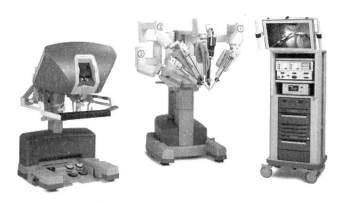

图 11.12　达芬奇手术机器人

2. 关键技术

自然语言处理(Natural Language Processing,NLP)是智能机器人用到的最重要的深度学习知识之一。自然语言处理是指利用人类交流所使用的自然语言与机器进行交互通信的技术。自然语言处理的相关研究始于人类对机器翻译的探索。虽然自然语言处理涉及语音、语法、语义、语用等多维度的操作,但简单而言,自然语言处理的基本任务是基于本体词典、词频统计、上下文语义分析等方式对待处理语料进行分词,形成以最小词性为单位,且富含语义的词项单元。

自然语言具有序列特性,循环神经网络(Recurrent Neural Network,RNN)对具有序列特性的数据非常有效,它能挖掘数据中的时序信息以及语义信息,利用了 RNN 的这种能力,使深度学习模型在解决语音识别、语言模型、机器翻译以及时序分析等 NLP 领域的问题时有所突破。为什么要用 RNN? 我们来看下面这个例子。

现在有两句话：

第一句话：I like eating apple!

第二句话：The Apple is a great company!

现在的任务是要给 apple 做标记。我们都知道第一个 apple 是一种水果，第二个 Apple 是苹果公司。假设我们现在有大量的已经标记好的数据以供训练模型，当使用全连接的神经网络时，我们做法是把单词 apple 的特征向量输入到模型中（见图 11.13）。在输出结果时，让正确的标记概率最大来训练模型。但在语料库中，有的 apple 标记是水果，有的标记是公司，这将使得在训练的过程中，模型的预测准确程度取决于训练集中哪个标记多一些，这样的模型对于上面的例子来说完全没有作用。问题就出在了没有结合上下文去训练模型，而是单独训练单词 apple 的标记，这也是全连接神经网络模型所不能做到的，于是就有了循环神经网络。

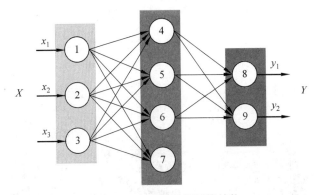

图 11.13　全连接神经网络结构

循环神经网络的结构如图 11.14 所示，如果忽略右边的 W，这就是一个如图 11.13 的全连接神经网络。如果把图 11.14 按时间线展开，就如图 11.15 所示。

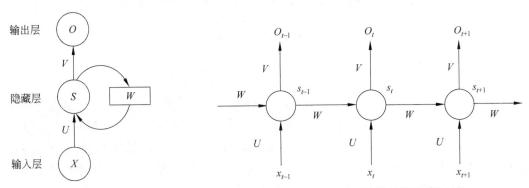

图 11.14　循环神经网络结构　　　　图 11.15　展开后的循环神经网络结构

对于图 11.15，以 I love you 这句话为例，图中的 x_{t-1} 代表的就是 I 这个单词的向量，x 代表的是 love 这个单词的向量，x_{t+1} 代表的是 you 这个单词的向量，以此类推。我们注意到，在图 11.15 展开后，W 一直没有变，W 其实是每个时间点之间的权重。RNN 之所以可以解决序列问题，是因为它可以记住每一时刻的信息，每一时刻的隐藏层不仅由该时刻的输入层决定,还由上一时刻的隐藏层决定,其中O_t代表t时刻的输出,S_t代表t时刻的隐藏层的值。

3. 自然语言处理的其他应用

自然语言处理包括语言认知、理解、生成等部分,它不仅应用于智能机器人,而且其主要处理的范畴还有文本朗读和语音合成、语音识别、中文自动分词、自然语言生成等。综合运用以上多种语言处理技术,自然语言处理还可应用于智能辅诊和电子病历语音录入两方面。

(1) 智能辅诊。在挂号阶段,通过 AI 交互式对话平台,可对患者提供的语音或文本内容进行症状记录和症状分析,提供就诊建议。在候诊阶段,AI 导诊机器人可提供常见问题的就诊和导诊解答。这个交互平台具备 24 小时不间断服务功能,能极大地解决患者在非常规时间段的导诊问题。在就诊及检查阶段,医生通过 AI 语音电子病历系统,自动生成患者的就诊报告,从而提升病历录入效率,提高病历质量。

(2) 电子病历语音录入。电子病历的广泛应用极大地提升了可供医生、研究者和患者使用的数据量。借助 AI 技术,电子病历的录入效率和质量可以得到大幅度提高。在规范的电子病历和健康大数据的基础上,医生可结合患者症状和病历信息,个性化定制诊治方案(检查化验、药物处方、手术建议等)。通过语音交互系统,快捷建立诊疗流程,将医生从烦琐的记录和输入操作中解放出来,使其更专注于诊疗决策环节,提高诊断效率。

4. 药物研发

在患者的治疗阶段,不仅需要智能机器人的帮助,最重要的是能对症下药。药物的疗效是治疗成功与否的关键因素。AI 在药物发现中发挥重要的作用。随着新型冠状病毒的爆发,2020 年 1 月 25 日,中国科学院上海药物研究所和上海科技大学联合研究团队综合利用虚拟筛选和酶学测试相结合的策略,发现了一批可能对新型肺炎有治疗作用的老药和中药。由图 11.16 可见,新药研发过程复杂漫长,面对突然爆发的新型冠状病毒肺炎疫情,全新药物设计很不现实。因此利用人工智能技术从已有药物中发现对新型冠状病毒有抑制作用的药物显得非常迫切。

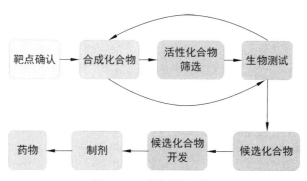

图 11.16　药物研发过程

虚拟药物筛选可以有效避免实体药物筛选产生的巨额资金投入问题。实体药物筛选需要构建大规模的化合物库,提取或培养大量实验必需的靶酶或者靶细胞,同时还需要一定的设备支持。然而,虚拟药物筛选通过在计算机上模拟药物筛选的过程,预测化合物可能的活性,对比较有可能成为药物的化合物进行有针对性的实体筛选,极大地降低了药物开发的成本。尽管虚拟筛选的准确性有待提高,但是其快速廉价的特点,使其成为发展最为迅速的药物筛选技术之一。

11.3.4 患者康复阶段

1. 患者体征检测应用

医疗器械领域涉及国计民生,发展潜力巨大,作为快速增长的新兴技术领域,发展新型穿戴式医疗设备及体征检测设备具有重要意义。发展医疗级可穿戴式医疗设备是《中国制造2025》的战略要求,也是信息技术时代我国智能化发展的要求,发展可穿戴式智能医疗设备,将增强我国的创新发展能力,提升我国在全球医疗设备市场的竞争力。

(1) 光电容积描记法。光电容积描记法(Photo Plethysmograph,PPG)是借光电手段在活体组织中检测血液容积变化的一种无创检测方法。当一定波长的光束照射到指端皮肤表面,每次心跳时,血管的收缩和扩张都会影响光的透射(例如在透射PPG中,通过指尖的光线)或是光的反射(例如在反射PPG中,来自手腕表面附近的光线)。在具体的应用层面,结合深度学习和压缩感知技术,通过实现低采样率PPG信号的重建,在不损失信息的前提下,可以降低硬件功率和成本,提高便携设备的续航和寿命。AI技术针对房颤等在内的心律失常可以有效地进行监控,在心律失常事件发生的第一时间预警并记录数据,并在后续就诊过程中为医生提供重要参考依据。国内多家公司,例如小米、华为等公司,做出了不同应用场景下的检测手环。有的企业将发出来的AI算法集成于专用芯片,从而降低产品成本,提高算法的健壮性。

(2) 心电图。心电图(Electro Cardio Graphy,ECG)是一种经胸壁以时间为单位记录心脏的电生理活动,利用在人体皮肤表面贴上的电极,可以侦测到心脏的电位传动,但心电图所记录的并不是单一心室或心房细胞的电位变化,而是心脏整体的电位变化。在ECG的监测方面,目前常用的ECG监测仪大多只具有监测和记录输出等功能,不具有或仅有有限的分析功能。应用AI算法大幅度提高ECG数据的分析识别能力,在就诊时同步结合多个导联由AI算法的自动分析并生成精确的监测报告。随着便携和可穿戴设备的发展,将AI算法应用在随身设备的持续、即时、跟踪监测中,进一步提高对心脏病的风险监控。吴恩达团队已经开发了诊断心律不齐的深度学习算法,并将其应用于随身穿戴设备,构建深度学习网络模型对ECG数据进行分析,能够诊断多种心律不齐症状,准确率可以媲美临床医生。

(3) 连续血糖监测。连续血糖监测(Continuous Glucose Monitoring,CGM)系统可连续监护和记录个体的葡萄糖水平。它的工作原理是用户使用自动植入器在皮肤下插入一个微小的传感器,使用高频电波获取血液的中不同血糖浓度的反射波,将其转换为电信号得到血糖浓度监测结果。区别于血糖仪只提供单一的葡萄糖离散读数,CGM系统可以每五分钟提供实时的葡萄糖信息,可对一天内个体的葡萄糖变化情况进行连续、动态的获取。AI算法可以长期跟踪用户的血糖数据,对其进行动态分析和症状监测。对患者用药或影响症状的行为进行记录并及时反馈。对于无创或极微创的体征监测,AI 算法可以有效推动患者的自检及症状跟踪,以专家水平给出可靠的诊断结果。可以给患者和医生都带来极大的便利,使患者减少在院检查次数的同时提供给医生有效的监测数据,降低心脏、血糖等慢性疾病患者的就医成本,提高诊断效率。

2. 智能护理机器人

由于人口老龄化日益严重,伴随着的是更多的老人失能和半失能,需要更多的人手来照护,仅仅依靠家庭是难以解决问题的。智能护理机器人的加入将极大地解决这个问题。智能护理机器人具有以下功能。

(1) 药物的提醒。对于老年人来说,服用重复或不必要的药物,或忘记全部服用药物会大大增加不良反应的风险。为了解决这个问题,总部位于纽约的 AiCure 提供了一款智能手机应用程序,可以检查用户是否遵守了医生的处方,并确保他们知道如何管理自己的病情。AiCure 利用智能手机摄像头和人工智能算法来监控服药情况,如果服药不当,它会自动发出警报。这对有严重疾病的老年人是有帮助的。

(2) 远程家庭监控。IBM 老年护理解决方案背后的研究人员寻求为老年人提供一种安心,这种安心来自于拥有一名私人护士。这涉及走廊中的运动传感器、厕所中的冲水检测器和监测睡眠的床传感器等。任何与常规活动模式的重大偏差都可以向授权护士或医生发出自动警报。

该系统还可以跟踪老年人的健康指数,主动识别风险。通过利用机器学习算法分析历史数据,研究人员还可以发现未知的和预测的联系,比如日常生活习惯和不寻常的睡眠习惯之间的关系;或者不规律的夜间上厕所与摔倒风险之间的关系。总的来说,该系统寻求识别可能需要额外关注的早期预警信号。

(3) 机器人伴侣。机器人伴侣可以与患者进行对话,提醒他们服用药物,并带领他们进行轻微的身体活动,以改善身心健康。在为老年人开发和部署人工智能解决方案方面,存在一些独特的挑战。考虑到老年人的学习和认知能力逐渐下降的趋势,其中之一是教会用户如何操作人工智能增强的设备和服务。显而易见的解决方案是简化和个性化人机界面,并根据需要自动更新这些界面。此外,即使是今天最先进的机器人系统也可能存在错误,安全和稳定对于老年人辅助机器人的设计和操作将特别重要,因此系统的稳健性是一个优先考虑的问题。

未来与展望:智能医疗的发展趋势和未来畅想

近几年,随着智能医疗顶层建筑的不断完善,人工智能技术飞速发展,并在医疗领域众多场景得以广泛应用,具体在医学影像、临床决策支持、病例分析、药物挖掘、健康管理等多方面均有体现。

但目前智能医疗的发展仍面临诸多问题和挑战,比如智能医疗产品训练数据集质量控制和标注方式没有统一标准,"数据孤岛"现象普遍;医疗人工智能产品与临床实际需求存在较大差距;商业模式不清晰;软件安全性评价体系不完善等等。为解决以上问题,医学人工智能委员会将进一步贯彻国家的决策部署,着力抓好以下三方面工作。

　　一是整合产业链资源,搭建医疗人工智能产业合作与促进平台。推进跨领域的合作交流与协同创新,进一步促进医疗人工智能相关科技成果研发与转化,推动我国医疗人工智能高水平和高质量发展,提高我国医疗人工智能产业应用水平。

　　二是推动医疗人工智能产品标准化工作,建立规范化评测体系。推动医疗人工智能关键技术研发和标准化规范的行程,并推动标准的贯彻实施;开展医疗人工智能新产品、新服务的测试验证工作,规范市场秩序,促进国内医疗人工智能行业良性发展。

　　三是支撑政府决策,做好部署落实工作。支撑政府主管部门医疗人工智能相关工作,协助开展试点示范和应用推广;综合医学人工智能技术和产业化发展趋势,更好地引导我国医疗人工智能产业健康、有序、快速发展。

　　目前,AI在医疗方面应用最为火热的是医疗影像,其他方面的应用还处于初期阶段。总体来说,智能医疗已经在先前积累了大量的经验,并在新冠疫情时期发挥了重大的作用。因此,人工智能技术的加入,可以让我们的医疗系统更加完善,诊断的准确率不断提高。

习题 11

一、简答题

1. 阐述人工智能的加入分别对医生和患者产生的影响。
2. 智能医疗的三层结构是什么? 每一层包含哪些内容?
3. 简述人工智能技术在患者康复阶段的作用。

二、思考题

当今社会,人工智能技术正在飞速发展,并在医疗影像、药物研发等领域发挥了巨大的作用。但是,各大医院的医患纠纷依然存在,如何利用人工智能技术缓解这一问题?

第12章

其他行业智能应用

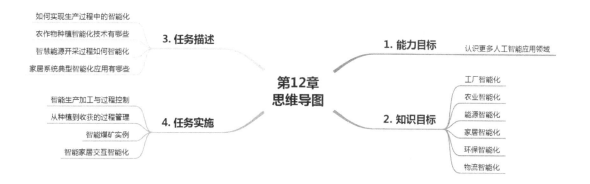

中国的制造业正在从"中国制造"逐渐转型为"中国智造",现在中国生产的产品既有质量又有内涵,如高铁、5G通信设备、智能家电等产品逐渐成为高科技代表,这个转变背后就是得益于智能制造。

民以食为天,我们吃的食物是否充足、它们来自哪、是否优质,逐渐被老百姓所关注,高效农业生产和优质的农产品生产必然催生智能农业发展,未来农业的工作条件在人工智能的助力下必将有很大改观。

能源既是国家经济发展的命脉,也是国家发展战略的重要支柱,合理高效地使用能源是发展智能能源的目的,家里的智能电表、路边的电桩和地下看不到的矿井,都有人工智能应用的身影。

很多家庭都拥有了基于物联网的家居产品,如果你购买了智能音箱,就像有了一个智能管家,家里的物联网产品均可与它交互,给你带来舒适的家居生活,这就是智能家居的魅力。

智能环保是以更高效的方式保卫我们自己的家园,从智能化完成垃圾分类,到开窗就能呼吸到清新的空气,人工智能在背后发挥着重要作用。

我国通信速率在不断刷新,信息流动越来越快,但物质仍然是世界的基础,人们亟须物流加速,智能物流就是在现有交通技术基础上,以人工智能的方法加快物流过程。

　　本章主要讲述其他行业智能应用中的部分典型应用案例,以此让大家认识到在这些应用领域中人工智能技术发挥的重要作用。

12.1 智能制造

智能制造是一种结合信息技术、工程技术和人工智能的制造模式,在研发、生产、管理、服务能力等方面智能化,能够优化企业的所有业务流程和运营流程,实现生产率的持续增长和较高的经济效益。智能制造是在数控机床、机械臂机器人等生产设备自动化的基础上,引入人工智能技术形成的智能化生产系统。智能制造将从根本上改变产品研发、制造、运输和销售管理过程,实现生产制造过程的科学决策、智能设计、合理排产、监控设备状态、指导设备运行,从而极大地提升企业制造效率。

智能制造代表了先进制造技术和信息技术的融合。一般认为,智能制造的发展需经历数字化、网络化、智能化三个阶段。从 20 世纪中叶到 90 年代中期的数字化设计制造,以计算、通信和控制系统应用为主要特征自动化生产,有极少量企业管理应用人工智能;从 20 世纪 90 年代中期发展至今的网络化制造,伴随着我国互联网的大规模普及应用,先进设备制造进入了以万物互联为主要特征的网络化阶段,出现了较多基于机器人的智能化制造;近些年,在大数据、云计算、机器视觉等技术水平突飞猛进的基础上,人工智能已经深度融入社会制造行业领域,先进制造公司开始步入以新一代人工智能科学技术为核心的智能化制造阶段。

近年来,中国制造业向智能制造迈进的步伐加快。2015 年发布的《中国传统制造 2025》明确指明,智能制造技术已成为我国先进制造业新的发展研究方向。工业巨头、互联网技术等领域的企业扩大经营范围,积极转型进入智能制造行业。根据《世界智能制造中心发展趋势报告(2019)》显示,包括带有"智能制造"名称的产业园区,目前中国共有 537 个,分布在全国 27 个省市。

12.1.1 智能加工生产线

智能加工生产线是指利用智能制造技术实现产品生产过程的一种生产组织形式。一般认为智能制造包括 6 大环节:智能管理、智能监控、智能加工、智能装配、智能检测、智能物流。智能加工生产线能为企业带来什么样的影响呢? 华为公司副总裁史耀宏表示:"2015 年,华为每条产线生产一部手机需要 10 分钟。2020 年,华为每条产线生产一部手机仅需 27 秒。"这就是智能生产线所带来的生产效率的提升。

手机生产的流程包括手机零件加工、电路板贴装焊接(Surface Mounted Technology,SMT)、单板功能测试、手机组装、整机质量检测、包装等多个步骤。下面重点介绍 SMT 和整机质量检测中的机器视觉应用。

目前,随着手机市场竞争加剧,手机生产厂商对于性能和品质的要求越来越高,在手机中集成了更多的摄像头、震动马达、多种通信天线、无线充电线圈、指纹采集、听筒、散热器等部件,由于手机高度集成,且要求轻薄,部件紧密排布,位置度公差通常要求在 0.05mm 以内,角度公差要求在 0.5°以内。没有视觉引导的装配是无法达到这样的精度要求的,只有引入机器视觉,结合高精度的执行机构,才可以实现高精度贴合组装工作。

1. 电路板贴装焊接

贴装机的主要任务是拾取元器件和贴装元器件,程序员根据所要生产产品的印制电路板(Printed Circuit Board,PCB)和机器的性能指标进行编程,从而将正确的元器件贴放到正确的位置。供料器和PCB板是固定的,贴装头可以在PCB之间移动,将元件从供料器中拾取,经过对元件位置与方向的调整,贴放于基板上。

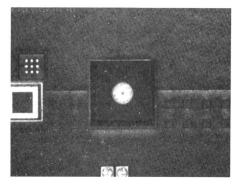

图12.1　贴装工艺中用于机器视觉来定位标志点

(1) PCB基准校准原理。自动贴装机贴装时,元器件的贴装坐标是以PCB的某一顶角为原点计算。而PCB加工时会存在一定误差,因此贴装时必须对PCB进行基准校准。基准校准采用基准标志点和贴装机的光学对中系统进行,如图12.1所示。

(2) 视觉对中原理。贴装前将每种元器件的标准图像存入图像库中,贴装时对拾取的每个元器件拍照并与该元器件在图像库中的标准图像进行比较,如果比较结果不正确,就判断该元器件的型号错误,根据程序设置,在抛弃元器件若干次后报警停机。系统也可以将引脚变形或共面性不合格的器件识别出来并送至程序指定的抛料位置,还可以比较该元器件拾取后的中心坐标、转角与标准图像是否一致,如果偏移,则会自动根据偏移量修正贴装位置,如图12.2所示。

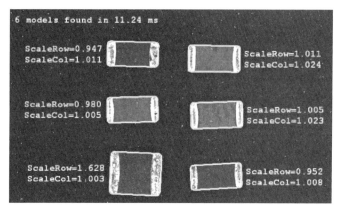

图12.2　电子元件物料识别

2. 数字化质量检测

数字化质量检测是指通过工业相机将被摄取目标转换成数字图像信号,传送给专用的图像处理单元,判断产品质量问题的系统。工业相机将像素分布和亮度、颜色等信息,转变成数字信号;图像处理单元通过对这些信号进行运算来提取目标的特征并对这些特征进行判别,进而根据判别结果来判断该工件质量情况。机器视觉检测可用于在超出人类视觉范围的分辨率下发现电路板等产品中的微观缺陷,并使用机器学习算法基于少量的样本图像进行训练。与人类视觉相比,机器视觉优势明显,主要体现在:精确度高,可观测微米级的目标;速度快,机器快门时间可达微秒级别;稳定性好,不易发生漏检,并可通过算法升级不断优化检测过程;可追溯,机器视觉获得的信息将被留存,以便问题追溯和丰富缺陷样本库。

下面以手机质量检测为例。当前,手机屏好坏是用户尤为关心的事情,如果采用传统的人工查看,容易出现多种问题,而采用视觉检测方式,可以快速且准确地完成整机屏幕质检。具体流程主要包括基于机器视觉的手机屏图像采集、图像预处理、缺陷图像分类以及手机屏缺陷情况判别。如图 12.3 所示,首先用工业相机进行手机屏图像采集,并对该图像进行去噪、图像增强、转灰度图二值化、边缘检测/分割等图像预处理,然后根据屏幕缺陷的各种特性分别设计算法进行缺陷检测,再根据情况确定处理方式输出结果,对测试手机进行分类处理。

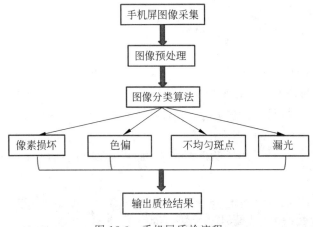

图 12.3　手机屏质检流程

除了手机屏测试,手机内部结构也可通过 3D 机器视觉技术进行检测,如图 12.4 所示。如手机外壳内部有很多高低不同的部件,手机框和部件装配平整度都需要检测。目前机器视觉技术可以检测零件装配完整性、装配尺寸精度、零件加工精度、位置/角度测量、零件识别、特性/字符识别等。

12.1.2　预测性维护

一般来说,工业设备的维护维修分为事后维护、预防性维护以及预测性维护,如图 12.5 所示。传统工厂主要采用事后控制的方式来解决维护问题,一旦发生故障,必然造成停机维修,生产线产品损失巨大。预防性维护是在规划的时间里对设备进行统一更换、升级,这样的好处可以避免大故障发生的风险,但也可能造成维护过渡,同时也不能避免突发的故障。预测性维护依靠传感器、云计算等基础技术,与以机器学习为核心的众多智能技术的结合,使得基于状态监测的预测性维护变得更加便利,可按需维护,节约维护成本。由预测性维护所提供的服务,将设备制造商的盈利范围从销售盈利延伸到长期维护盈利,因此预测性维护具有广阔的发展前景。

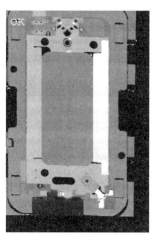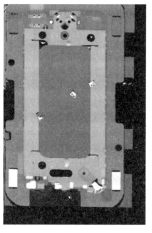

图 12.4 手机内部检测

图 12.5 维护维修分类对比

进行预测性维护的前提条件是要有生产线历史数据积累,且要求数据种类丰富、数据质量高。至少需要有两类数据才能够进行预测模型的建立和训练,即设备的状态数据和故障数据,在建立和训练模型的过程中,设备状态数据是模型的输入,故障数据是模型的输出。一台从没发生故障,或很少发生故障的设备,是不适合做预测性维护的。对于机器学习,模型是需要训练的,只有足够数量的故障样本,才能支持可靠的多分类器的训练,才能够建立模型,由此可见实际生产数据的价值。另一方面,有价值的数据应是准确和连续的,不能有过多的干扰噪声,以及不准确的记录,并且要求是能够完整地展示设备运行全过程的数据,不能是个别超过阈值的报警信息。

进行预测性维护,预测的结果是设备剩余有效使用寿命是多少,例如,使用回归模型预测剩余使用寿命,可以采用均方根误差作为评价指标。假设我们已经搜集到了一定量的历史数据,包括故障数据以及设备运行状态的数据。下面以回归模型为例对预测模型的建模步骤进行简要介绍,如图 12.6 所示。

(1) 选取模型:首先会使用各种算法模型进行尝试,对已有的数据进行拟合。

(2) 数据预处理:将原始数据转换成模型输入所需的数据格式,包括对各类数据的度量单位的统一,或一些明显有问题的数据排除等。

(3) 特征工程:对模型输入变量进行处理的过程。一种是增加特征,另一种是减少特征。最终可以在众多的输入变量中选择出与预测结果有密切关系的变量。

(4) 超参数优化:对所选取模型的一些参数进行优化,使模型的预测性能指标更精确。

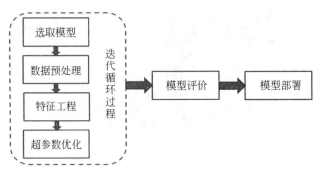

图 12.6   预测性维护建模过程

（5）模型评估：根据历史数据建立好模型以后，需要对该模型进行评估，也就是用测试集数据进行模型测试，看看预测的效果是否准确。

（6）模型部署：模型建立好之后需要部署到实际的生产系统中运行，不断地接收从设备层采集到的数据，进行预测分析。

12.2   智能农业

智能农业是在把物联网等信息技术应用于传统农业的基础上，运用大数据和人工智能对农业生产进行控制，使传统农业更具有"智能"，以现代化的操作管理模式改变传统的耕作方式。智能农业依托各种传感器和移动网络，实现对农业生产环境的智能感知、智能预警、智能分析、专家在线指导，为农业生产提供准确的种植、视觉管理、智能决策。智能农业系统的应用，可以帮助提高农产品市场竞争力，实现农业可持续发展、农业资源有效利用和环境保护等目的。

12.2.1   智能种植

目前，我国面临着土地资源紧缺、农业人口减少、化肥农药过度使用、农业灾害等问题。如何在农业资源有限的情况下提高农产品的产出数量和质量，实现可持续发展，人工智能或许是解决方法之一。

1. 智能灌溉

根据粮农组织的数据，淡水总量的 70% 用于农业，使得农业成为全球最大的淡水消费者。通过实施精确灌溉，可以更加有效地用水，从而避免灌溉不足和过度灌溉。人工智能应用于农业生产，可以随时监测农作物的生产环境，并以作物成长需要为依据进行调控。智能灌溉系统使用各类传感器，监测土壤水分、土壤温度、空气温度、空气湿度、光照强度、植物含水量等参数，根据土壤中的水分含量和植物品种，确定灌溉方式和灌溉水量。智能灌溉系统通过应用机器学习、模式识别等智能技术，具备更加完善的学习与辨识能力，将灌溉用水量控制到最佳状态，既满足农作物在各个阶段的生长需要，又达到节约灌溉水量的目的。智能灌溉系统不仅可以分析与控制农作物的用水情况，还能基于所在地区的气候数据、水文气象等，为未来制定更加完善的灌溉计划。

2. 智能虫情监测

国内外对病虫害治理的智能化已经做了多年探索,研制的智能化装备也多种多样,有的可以根据病虫历史发生情况,结合天气变化趋势、土壤温度、特定的遥感图像及其他影响因子,通过大数据和人工智能算法,对特定区域害虫入侵情况进行检测和预警,模拟病虫害发生情况,预测作物健康状况;有的结合无线通信网络,用户可以通过移动客户端实时、便捷地查看作物健康状况。

(1)农业病虫害识别APP。农业病虫害识别主要利用机器视觉、模式识别等方法,分析与识别病虫害,制定科学的防控措施。为了准确识别病虫害,可以鼓励农户将拍摄出来的农作物病虫害照片上传,应用深度学习算法提取病虫害的特征参数,识别病虫害的类别,建立专业的病虫害知识库与特征数据库。很多识别应用基于手机APP开展,APP上有用户和专家交流的社区,农户可咨询专家有关作物所患病虫害的解决方案。用户通过扫描农作物的生长状态和病虫害情况,在第一时间内获得线上植保专家给出的专业防治建议,快速和高效采取病虫害防治措施,同时也方便用户分享病虫害照片,不断丰富农作物病虫害数据库,提高未来系统的识别率。

(2)虫情信息自动采集系统。传统的病虫害检测需要人工巡视,一旦发现不及时,就会导致农作物大片死亡。人工巡查费时费力,并且可能有疏漏,人工智能的引入可以不间断地监测和预报,减少因病虫害造成的损失。虫情信息自动采集系统是新一代图像识别式虫情测报工具,分为监测站和云端平台。监测站在无人监管的情况下,能够实现对病虫的诱虫、杀虫、虫体分散、拍照等功能,同时监测周边环境参数,实时将环境数据和病虫害数据远程上传至云平台。云平台通过图像处理技术,实现自动计数、识别昆虫种类功能。系统根据虫害识别和统计结果结合地理环境参数,对虫害的发生与发展进行分析和预测,为现代农业提供精确的虫情监测服务。图12.7所示为无人值守的虫害监测站。

图12.7　无人值守的虫害监测站

3. 智能种收

一般情况下,一个农业种植产品大约40%的利润用于支付体力劳动的工资。如果智能种收机器人代替人的农业劳作,不仅可以解决部分地区农业劳动力日益紧缺的问题,而且可以实现农业生产高度规模化、集约化、工厂化,提高农业生产效率,使弱势的传统农业成为具有高效率的现代产业。

将农业智能识别技术与智能机器人技术相结合,可广泛应用于农业中的播种、耕作、采摘等场景,极大提升农业生产效率,还能降低农药和化肥消耗。在播种环节,一款智能播种机器人Prospero,可以通过探测装置获取土壤信息,然后通过算法得出最优化的播种密度并且自动播种;在耕作环节,Lettuce Bot农业智能机器人可以在耕作过程中为沿途经过的植株拍摄照片,利用计算机图像识别和机器学习技术判断是否为杂草,或长势是否好,间距是否合适,从而精准喷洒农药杀死杂草,或拔除长势不好和间距不合适的作物;在采摘环节,一款苹果采摘机器人,通过摄像装置获取果树的照片,用图片识别技术识别适合采摘的苹果,结合机器人的精确操控技术,可以在不破坏果树和苹果的前提下实现一秒一个的采摘速度,大大提升工作效率,降低人力成本,如图12.8所示。

图12.8　苹果采摘机器人

收获农作物后,等级分类也是个耗时耗力的过程。例如,根据黄瓜大小形状按等级分拣,在黄瓜收获的旺季里,要花费大量时间来进行黄瓜的分拣工作。现在,可以利用基于视觉识别的人工智能系统,给不同的黄瓜拍照,进行黄瓜等级分类,并配合气动机械手臂在流水线上做自动分拣,24小时不间断工作,加快了分拣过程。目前,在农业种收领域智能机器人应用还普及度还很低,原因是在机械结构、识别准确率、制造成本等方面还有很多问题有待解决,但此领域是未来农业现代化的必然方向。

4. 智能土壤管理

随着物联网、传感技术和农业种植技术的发展,农业种植逐步向精细化、数据化转变,通过传感器对土壤的肥力进行监测,有针对性地调整肥力的投入程度,制定出适合农作物的生长的智能管理方案。很多科研团队正在努力将深度学习应用于此,通过监测种植前和生长过程中的土壤数据,通过算法分析获取土壤肥力与栽种农作物的合理关系,进而实现精准施肥,提高肥料利用率,减少投入。

农田数字采集站可以实时监测稻田的大气湿度、每日光照、每日雨量、每日蒸发量以及土壤温湿度、土壤电导率、土壤pH值等数据,采集站所收集的相关数据经无线通信传输到云端。经数据云计算处理和智能分析便可生成稻田的"体检报告"。该"体检报告"有助于农业科技工作者掌握田间稻苗的健康指数,继而进行科学判断,进行科学种植。

12.2.2　智能禽畜养殖

养殖业作为农业产业的重要组成部分,已经成为人工智能投资者的"宠儿",备受业内外人士关注。目前养殖业的生产效率低、成本高,人工智能可以发挥的空间非常大。以养猪业为例,我国生猪饲养规模化程度低、自动化程度低、效率低,平均生产力水平远低于发达国家,人工智能在养猪业的应用可以显著提高猪场管理效率。

智慧养猪关键技术是猪个体识别,利用计算机视觉、生物特征识别等人工智能技术,实现猪个体识别和标注,自动识别其体长、体重、背膘、活体率、品种,并实现相关数据自动录入与智能盘点。系统可以通过采集、分析猪的体型及运动数据,对运动量不达标的猪进行标记,以便饲养员将它们赶出室外加强运动以保证猪肉品质。猪场管理人员可以随时在线查看猪个体的档案、生长状况,观察猪个体情况,系统通过咳嗽、叫声、体温等数据判断个体是否患病,发现问题及时人为干预。根据养猪场猪病数据分析,系统会对猪场可能发生的猪病进行提前预警,并提醒养猪场要提前做好生物安全、疫苗免疫等工作。一到生猪出栏时间,人工智能管理系统会自动提醒猪场工作人员,符合出栏条件的猪在哪个栏舍,并预计出栏体重。对于不小心进入其他猪舍的猪个体,系统也会标注出来,并立即通知管理人员。这样会使管理更加标准化、智能化,减少了人为操作出现的错误,提高猪场工作人员的工作效率。

12.3 智能能源

智能能源是一种互联网、人工智能与能源生产、传输、存储、消费深度融合的能源产业发展新形态,具有设备智能、多能协同、信息对称、供需分散、交易开放等主要特征。在《关于推进"互联网＋"智慧能源发展的指导意见》中指出,未来能源发展的重点任务是可再生能源生产智能化、化石能源生产清洁高效智能化、集中式与分布式储能、能源消费智能化等,可见国家对智能能源的发展十分重视。

12.3.1 智能电网

智能电网的智能化也被称为"电网2.0",是通信技术、传感和测量技术、智能控制与决策支持技术的综合应用,目标是实现电网可靠、安全、经济、高效、环境友好。

在输电环节,可以通过机器学习、模式识别、计算机视觉等技术检测电网设备处的工作情况,同时预测可能出故障位置,降低设备的故障率,整体提升输电效率。在用户用电的过程中可以采用智能监测技术,有效分析用电需求,进而合理分配电力,把电力有效分配给有需要的用户,为用户提供电力保障以及用电安全。发电环节面临的挑战是如何应对消费者需求,在电力生产过程中需要调配特定时间段内合适的发电量,发电过多会造成浪费,而发电不足则可能导致用户限电。因此,在数小时甚至数天前准确地预测用户电力需求,对于电网可靠和持续运行至关重要。电网通过智能电表和人工智能算法,分析和预测电能消耗需求,更有效地管理电能资源,进而减少发电能源浪费,减少发电厂的排放。

近些年,随着蓄电池电池技术发展,储能系统逐渐成为智能电网的一个重要组成部分。在电力系统中引入储能站后,可以有效地进行需求侧管理,在用电量低谷期储能站充电,用电高峰期放电,起到削峰平谷、平滑用户负荷的作用,由于不同时间段的电价差异,该方案还能降低用户用电成本,如图12.9所示。

图 12.9　正泰储能系统的储能箱

12.3.2　智能煤矿

智能化煤矿是指采用物联网、移动互联网、大数据、人工智能、智能装备等技术与煤炭开采进行深度融合,形成全面自主感知、实时高效互联、智能分析决策、动态预测预警、精准协同控制的煤矿智能系统,实现矿井地质保障、煤炭开采、巷道掘进、主辅运输、通风、排水、供电、安全保障、分选运输、生产经营管理等全过程的安全高效智能运行。

智能化开采是一项跨学科、跨专业又非常重要的综合前沿技术,涉及地质探测、传感技术、智能装备、大数据融合、物联网等多种技术。在智能煤矿中,需要利用多种探测和传感技术,实现多场信息融合的实时动态推演的 4D 透明地质构建技术;应用井下高清视频基于大数据分析和深度学习实现语义分析和理解、作业环境感知和预警;需要研究综采智能化工作面总体配套技术、基于综机协同配合与数据共享的综采自动化控制系统、工作面巡检机器人、端头和超前位置精准控制与协调推进等关键技术,实现工作面设备远程控制、工作面直线度控制、机架协同控制、端头设备一体化控制、采煤机多级联动控制等技术,最终达到综采工作面采煤全过程"无人跟机作业,有人安全巡视"的安全高效开采,如图 12.10 和图 12.11 所示。

图 12.10　山东能源兖矿集团移动智能操控室

智能通风系统是通过空气相关数据实时监测,感知井下不同区域通风状态,依据在线解算结果及安全规程要求,进行通风设施的智能调控。系统能够依据矿井通风系统的递进变化及灾害风险特征,完成通风系统稳定性与抗灾能力的跟进式深度分析评价,实现对矿井灾变通风的特征分析和矿井反风的风量风速分布和转换特点分析,有效辨识通风系统的控灾特征与潜在风险,进而可以在应急状态下实现主要通风机和井下通风设施的管控。

图 12.11 山东能源淄矿集团智能工作面

12.4 智能家居

智能家居是将物联网、人工智能、音视频等技术应用于家居生活设施,构建高效的住宅设施与家庭日程事务的管理系统,提升家居安全性、便利性、舒适性、艺术性,并实现环保节能的居住环境。

智能家居的智能化主要体现在三方面:控制、反馈和交互。控制是指控制智能家居设备状态转换、强度变化等,主要通过软硬协同和多智能终端交互来实现,这是当前智能家居产品主要提供的功能。反馈是指智能家居系统提供记录用户的相关生活习惯、爱好等数据,在适当的时间和环境下给用户提供正确反馈,如随环境变化调整亮度、温度或打开相应电器等。交互是用户和智能家居可以以多种方式沟通,如人工智能会辨别用户当前心情或场景,自动为用户选择最佳的家居环境状态。

12.4.1 家居语音助手

在智能家居领域,智能语音助手扮演着"管家"的角色,是无形的用户交互界面。智能语音助手在手机上较为常见,但基于公共素质或者隐私保护等原因,大家在公众场所可能很少会使用到语音助手,而在家中的时候,智能语音技术的优势就被充分地释放出来了。语音交互进一步帮助用户降低了使用智能家居系统障碍,提升了便捷度,尤其是用户在做家务等忙碌场景下,使用语音控制远比使用智能手机控制要更为得心应手,并且获得了更加自然的交流体验。

随着语音助手成为智能家居中越来越重要的元素,基于智能语音助手操作平台逐渐实现对整个智能家居的无缝控制。据 Juniper Research 最新的研究数据发现,预计到 2024年,智能家居语音助手产品数量将达到 5.55 亿,此外超过 90% 的语音助手将用具备控制智能家居设备能力,而这个趋势主要推动力是来自于中国智能设备商的参与。

在我国,知名的智能语音助手有小度、天猫精灵、小爱同学等,它们均广泛应用于智能家居领域。智能家居产品对语音助手广泛支持不仅有利于消费者,也更有利于语音助手提供商,消费者一旦购买了支持某种语音助手的设备,就会成为相应厂商生态的一部分,进而可能会购买该厂商旗下更多智能家居产品。

由此可见,智能语音助手会逐渐成为智能家居用户交互的核心。但要想实现电器控制、暖通控制、场景控制、娱乐媒体控制,还需要被控家居设备接入物联网(IoT)云平台,平台接入的设备种类越多,越可以构建完整的智能家居生态链。小米公司的物联网开放平台已有1000多家企业开发者和7000多名个人开发者接入,这意味着小米生态链的智能家居产品和第三方的智能硬件都可以在该平台下实现信息交换,也意味着语音助手小爱同学可以拥有更多控制对象和更强大的获取环境数据能力,如图12.12所示。

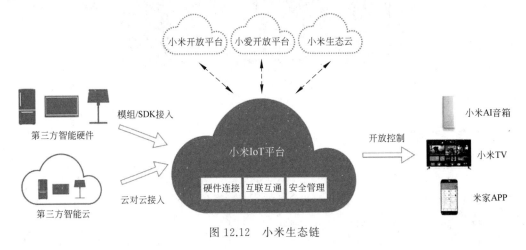

图 12.12　小米生态链

12.4.2　扫地机器人

当前随着工作生活节奏的加快,年轻人经常会忽视室内卫生或不想去进行打扫,扫地机器人这种非常便利的智能家居产品,深得他们的喜爱。扫地机器人当前已成为广为人知的智能家居机器人产品,也属于一种室内机器人。扫地机器人随着软硬件技术发展而不断升级,早期的扫地机器人采用"陀螺仪＋航迹推算＋红外避障"的模式,以随机导航方式完成室内清洁工作,完成效率和质量较差;当前较好方案是"激光雷达＋红外避障"模式,通过激光雷达实现地图构建和自身定位,实现清洁区域分割和规划导航,扫地机器人整体的智能性有了大幅提高,如图12.13所示。

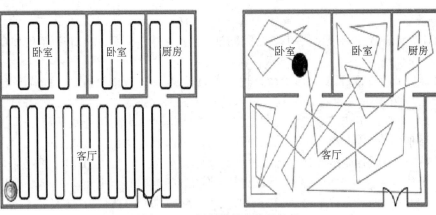

图 12.13　规划导航与随机导航

扫地机器人除了要不断提高智能清扫规划的程度外,有些还集成其他的功能,如拖地、安防监控等。为了实现全面地面清洁并提高工作效率,很多公司的地面清洁机器人采用了"清洁站＋机器人"模式,将过去的充电站增加了拖布清洗和集尘盒倾倒功能,并在算法中增加模拟人类拖地方式,实现以清洁站为中心由远及近打扫,机器人可以智能检测拖布洁净度,在适当时刻返回清洁站自动清洗后再进行擦地作业。

12.5　智能环保

智慧环保是指物联网、人工智能在环保领域的应用。其目的在于通过综合应用传感器、红外探测、射频识别等装置技术,实时采集污染源、生态等信息,构建全方位、多层次、全覆盖的生态环境监测网络,从而达到促进污染减排与环境风险防范、培育环保战略性新型产业等方面的目的。

12.5.1　智能垃圾分类

垃圾分类是垃圾终端处理设施运转的必要过程,实施生活垃圾分类可以有效改善城乡环境,促进资源回收利用,同时降低了垃圾处理量和处理成本,减少土地资源的消耗,具有社会、经济、生态等多方面的效益。过去,垃圾分类主要依靠人工来完成,人工智能技术的加入加快了垃圾分类速度,也减少了有害垃圾对分拣工人的伤害,对推动我国垃圾资源化和减量化处理具有重要意义。人工智能在垃圾分类方面具体应用主要有两个,一个是在小区的垃圾分类设备,一个是在垃圾处理厂自动垃圾分类设备。

当前,很多小区出现了智能垃圾分类回收设备,它实现了从垃圾投放到垃圾分类无接触操作。这些设备可以通过扫描设备显示的二维码、NFC刷卡、人脸识别等方式来识别用户,可以以无接触方式与智能垃圾分类回收设备交互。有些设备可以自动开关垃圾箱,居民可以在完全不接触回收设备的情况下实现垃圾的分类投放,如图12.14所示。

图12.14　智能垃圾分类站

智能垃圾分类回收设备还具有智能垃圾识别的功能,可以识别干垃圾、湿垃圾、可回收垃圾和有害垃圾等。用户通过拍照扫描单个垃圾,识别功能就会自动检测这是属于什么类型垃圾,指导用户正确投放。

以智能垃圾分类设备为回收终端,建立一整套完善的垃圾分类实时全程监控管理系统。系统可以通过发放购物积分等措施鼓励用户使用智能垃圾分类设备。通过回收设备对于小区居民每日投放垃圾量、垃圾桶容量、环境参数进行采集,汇总至云端数据系统,对数据进行智能化分析,用来安排垃圾清运时间。这样的垃圾分类监控管理系统,可提高对于各类垃圾的分类投放效率,实现全过程的管理和监控,使垃圾分类监管更加科学化、效率化、智能化。

垃圾进入垃圾处理厂后,人工智能进一步助力垃圾分类,通过 2D 摄像头、3D 点云传感器、金属传感器、光谱传感器等多传感器的信息融合,确定垃圾的材质、形状、尺寸、颜色等信息。还有一些研究机构希望通过机械臂触觉传感,确定待测物的硬度与重量等信息。这些信息将用于建立固废大数据库,进而训练垃圾分类模型。智能垃圾分拣设备使用分类模型可以实现实时准确地识别传送带上的垃圾种类,如图 12.15 所示,指挥机械臂精确地把塑料瓶、破玻璃瓶、纸箱、金属等垃圾分别投放到指定位置。

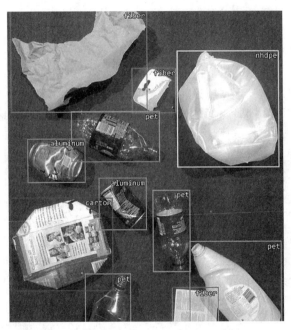

图 12.15　垃圾分类图像识别算法

12.5.2　精准治霾

目前大气污染防治已经科学化、智能化,通过分析空气监测站、气象卫星、高空摄像获取实时信息,借助人工智能技术,分析空气污染产生与传播的规律,分析预测污染来源与扩散情况,因地制宜推出治理措施。

在污染源监测方面,构建天空地立体监测,利用卫星与地面物联网监测点相结合,辅助以无人机监测系统,形成立体化监测体系。空气监测站或小微站,借助通信技术,结合移动式监测遥感器,可基本确定一个地区的污染变化情况,靶向追踪污染源。建立空气污染数据智能分析系统,将获得的大量卫星数据、地面物联网监测点数据、企业电力消耗、水消耗以及社会经济数据进行综合分析,确定大气排污企业是否完成了减排任务。

在车辆尾气治理方面,建设道路黑烟车智能电子抓拍系统,只要车辆经过抓拍监控路段,抓拍系统就将按照林格曼黑度测量法自动检测车辆尾气,一旦其黑度超过限定值,系统将自动就该黑烟车视频和图片信息上传至中心管理平台,如图 12.16 所示。系统实现对黑烟车的实时监测、实时抓拍、实时分析,并提供完整的违法处罚证据链,协助相关部门有效解决机动车尾气超标排放黑烟监管难的问题,从而助力国家大气污染治理。

图 12.16　黑烟车智能电子抓拍系统

在分析预警方面,空气污染预测系统以空气质量数据、卫星气象数据及未来天气预报数据为数据源,并结合空气污染的历史数据对预测算法进行训练和测试。其中,空气质量数据是较为丰富的数据集,以某空气质量站点为中心,包括 300km 内所有与空气质量相关的自然与人类活动数据。经常涉及的数据有大气监测点数据、厂矿排放数据、人口流动数据、交通流量数据等,借助机器学习和模式识别等技术,发现多源数据中隐含的规律,从而更准确地预测空气质量。随着影响空气质量的因素增多,数据种类日益丰富,大数据和人工智能技术在空气质量预测上颇有优势。目前,我国的天气预报平台,均可精准预测未来 24 小时内的 PM2.5 浓度。

12.6　智能物流

物流是融合了运输业、仓储业、货代业和信息业的复合型服务产业,作为国民经济的重要组成部分,很早就开始将物联网、大数据、人工智能技术应用于其中。智能物流的出现促进了对劳动生产率提升、有效地降低劳动成本、优化产品和服务为物流行业快速发展带来了革命性的变革。物流行业主要涉及存储、转运、分拣、配送四个重要阶段,人工智能技术均参与其中。

1. 智能化立体仓库

为适应物流过程现代化、信息化的管理需要,很多仓库建设了智能化、立体化仓储系统,极大地增大了储藏容量、提高了物流效率,如图 12.17 所示。立体化仓库的自动化配送系统提供批量物资的信息管理、接收、分类、计量、包装、分拣配送、存档等多种功能。对自动化立体仓库实施货位优化,是一项艰巨而庞大的工程,人工智能可以用于解决立体货架货位优化问题,根据货架类型、规模、物流动性、存储特性等参数,采用货位优化遗传算法、匈牙利算法或货位优劣算法等形成最佳的货架分配方案,提高管理效率、挖掘仓库的潜在利润。

2. 车货智能匹配

目前有很多物流公司结合自身资源打造智能货运匹配平台,使用人工智能完成物流运

图 12.17　智能化立体仓库货架

输中的车货匹配,通过机器学习和深度神经网络技术来提升匹配准确率,降低货主等待时间,提高货车利用效率。中国物流的特点是大而复杂、运输品类齐全、车辆品种繁多、地区性差异性大,因此要做到车货匹配、智能调度,需要搭建合理的计算架构和匹配规则,才能让货主车主均能受益。车货匹配系统需要收集很多数据,比如天气、定位信息、路况信息、货主信用、货物信息、车主信用、车辆行驶信息等。考虑固定费用和可变费用,通过数据融合分析,给出价格预测和最佳路线规划,促成车货最佳匹配。

3. 智能中转站管理

在智能物流场站管理中,通过对运输车辆进行智能扫描、装卸垛口加装智能传感器等手段,实现垛口、车辆、物理格口的自动协同,完成进场车辆调度引导、智能停靠。在智能仓库作业环境中,引入搬运机器人、分拣机器人与货架机器人,实现货物转运有序高效运作,如图 12.18 所示;利用深度学习算法技术,提供最优化的打包方案和货物摆放方案,极大提升仓库操作的处理速度、拣取精度和存储密度。基于图像、视频识别分析技术的监控设备将视频、图像等数据信息汇集于主控中心,便于各级决策人员获得前端仓库异常状况。利用图像、视频识别分析技术可有效实现订单跟踪管理,并减少储运过程中货物的损毁、丢失等问题,保证货物及时、安全到达目的地。

图 12.18　邮政智能分拣机器人

4. 智能配送

分析物流的最优配送路径是发展智慧物流中极为重要的一部分,通过人工智能结合大数据分析,能够在物流转运中心、配送点选址上结合运输线路、客户分布、地理状况等信息进行精准匹配,从而优化选址、提升效率、节省配送成本。在 2020 年疫情防控过程中,催生的"无人配送"也是未来物流发展方向,京东、美团都开发了自己的无人配送车,顺丰与航天电子正在联合开展偏远地区无人运输机快递业务。

习题 12

一、简答题

1. 简述电路板元件贴装组装的过程。
2. 简述数字质检相对人工质检的优势。
3. 简单描述智能垃圾分类流水线的工作过程。
4. 你能举出与车货智能匹配类似的其他智能匹配应用案例吗?

二、思考题

智能家居作为当前发展最快的智能硬件领域,产生了很多有代表性的智能硬件,你觉得最有创意的或最有价值的是哪种? 为什么?

第13章

安全与伦理

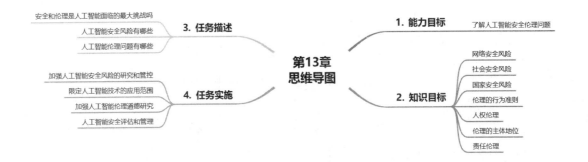

2019年全球上映的影片《终结者：黑暗命运》中，一个杀死约翰·康纳（人类）的终结者"机器人"T-800，在完成终极任务后却成了一架没有新指令输入的被遗弃的机器，它必须要找到新的目标和生活动力。当它逐渐融入普通人类的家庭生活，变得越来越像一个真正的人类时，它开始去体会和思考原本只有人类才具有的情感。当它最终毅然决定帮助莎拉等三个人干掉追杀她们的REV-9（机器人）时，它完全像一个真正的人类那样，做出了一个人类才能做出的主观选择。这也正是故事的真正核心，那就是终结者的自我觉醒和救赎，也带来了更多"人机大战"的惊喜。因此，未来对于人类与远比自己强大得多的机器对峙时是否充满了希望？

在人工智能浪潮下，人工智能已经成为全人类面临的机遇和挑战。面对新一轮技术带来的巨大变化和冲击，人类该如何面对人工智能带来的巨大挑战呢？人工智能安全能否随着信息技术的不断进步得到完美的解决？人工智能安全伦理风险能否被有效控制？

13.1 人工智能安全

人工智能技术的崛起，依托于深度学习在机器学习非常困难的领域已取得了突破性进展，日趋成熟的大数据技术带来的海量数据积累，移动网络等新技术的发展，开源学习框架以及计算力提高带来的软硬件基础设施发展。人工智能技术已经成功应用于生物核身、自动驾驶、图像识别、语音识别等多种场景中，加速了传统行业的智能化变革，推动社会经济各个领域从数字化、信息化向智能化发展的同时,也面临着严重的安全性威胁。

因此,国内外专家学者对人工智能安全的体系架构,从不同角度进行了研究和讨论。本章按照我国发布的《人工智能安全白皮书》中所提出的安全体系架构进行探讨,主要包括网络空间安全、人类社会安全、国家安全,如图13.1所示。

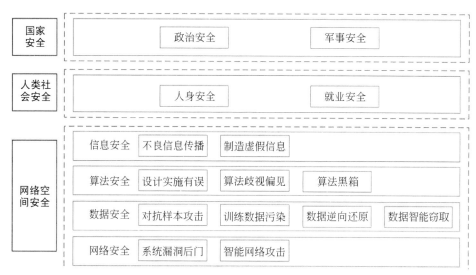

图 13.1　人工智能安全体系架构

13.1.1　人工智能网络空间安全

人工智能作为战略性与变革性信息技术,给网络空间安全增加了新的不确定性,人工智能网络空间安全包括网络安全、数据安全、算法安全和信息安全等四个方面。

1. 网络安全

随着人工智能技术在网络安全领域的应用,网络攻击手段也越来越呈现出智能化的特点,网络攻击的智能化使得网络攻击成本降低、效率提升、攻击手段更加多样,为网络安全带来了严峻的挑战。网络安全涉及网络设施和学习框架的漏洞、后门安全问题,以及人工智能技术恶意提升网络攻击能力。

(1) 人工智能学习框架和组件存在安全漏洞,可引发系统安全问题。目前,人工智能产品和应用的研发主要是基于谷歌、微软、亚马逊、Facebook、百度等科技巨头发布的人工智能学习框架和组件。但是,由于这些开源框架和组件缺乏严格的测试管理和安全认证,可能存在漏洞和后门等安全风险,一旦被攻击者恶意利用,可危及人工智能产品和应用的完整性及可用性,甚至有可能导致重大财产损失和恶劣社会影响。

TensorFlow是由谷歌人工智能团队谷歌大脑开发和维护的框架,在中国,小米、中兴、京东等公司也在利用 TensorFlow 的开源框架,它使用了大量第三方库,系统越复杂,包含的依赖关系越多,越有可能存在安全隐患。首个 TensorFlow 安全风险被腾讯团队发现,某一个模型文件处理缺陷被黑客恶意修改,使用该算法模型的人工智能系统很可能被黑客直接控制,该风险危害面非常大,一方面攻击成本低;另一方面迷惑性强,大部分人工智能研究者可能毫无防备。同时,因为利用了 TensorFlow 自身的机制,其在 PC 端和移动端的最新版本均会受到影响。人工智能模型被窃取,损失的是开发者的心血;而一旦被篡改,造成人工智能失控,后果更难以想象。

(2) 人工智能技术提升网络攻击能力。人工智能技术用于网络攻击时,其自我学习能力和自组织能力可用于智能查找漏洞和识别关键目标,提高攻击能力。集成人工智能的恶意软件可自动瞄准更具吸引力的目标,劫持工业设备、勒索赎金等犯罪将越来越常见,传统网络安全体系遭受威胁。

2017 年 10 月,美国斯坦福大学和美国 Infinite 初创公司联合研发了一种基于人工智能处理芯片的自主网络攻击系统。该系统能够自主学习网络环境并自行生成特定恶意代码,实现对指定网络的攻击、信息窃取等操作。它在特定网络中运行后,能够自主学习网络的架构、规模、设备类型等信息,并通过对网络流数据进行分析,自主编写适用于该网络环境的攻击程序。该系统每 24 小时即可生成一套攻击代码,并能够根据网络实时环境对攻击程序进行动态调整。由于攻击代码完全是全新生成,因此现有的依托病毒库和行为识别的防病毒系统难以识别,隐蔽性和破坏性极强。

2. 数据安全

数据是人工智能的重要基础。近十几年来大数据的蓬勃发展为机器学习等人工智能算法提供了大量的学习样本,使得人工智能技术迅速发展,因此,数据安全成为人工智能安全的重要部分。数据面临对抗样本攻击、训练数据污染、数据逆向还原、数据智能窃取等安全挑战。

人为构造对抗样本攻击,攻击者在人工智能模型的输入中增加人类难以通过感官辨识到的细微"干扰",分类器识别善意输入和恶意输入的边界发生变化,使模型接受并做出错误的分类决定。Nguyen 等人利用改进的遗传算法产生多个类别图片进化后的最优对抗样本,对谷歌的 AlexNet 基于 Caffee 架构的 LeNet5 网络进行了攻击,可以欺骗 DNN,实现了误分类。研究人员经常会发现一些高级的垃圾邮件发送群组尝试通过将一些垃圾邮件报告为非垃圾邮件来让 Gmail 过滤器不再记录该垃圾邮件。

数据投毒可人为地使人工智能算法出现错误。人工智能是大数据训练出来的,训练的数据可以被污染,数据投毒的难度并不大,攻击者就很容易实施数据投毒,对样本数据进行修改,再让人工智能算法进行采集。2016 年,微软推出的人工智能聊天机器人 Tay,可以毫无障碍地与网友进行互动交流,并且具备一定的学习能力。大量网友前往 Tay 的 Twitter 发表不正当言论,该机器人会将对方的话进行不断重复,在短短的 24 小时内,便学习了此类言论并发表,也正是这个自我学习能力导致 Tay 出现了问题,最终微软的聊天机器人 Tay 仅上线一天就被迫下线了。

通过逆向攻击、窃取数据等手段,使得内部数据泄露。人工智能算法模型的训练过程依托训练数据,并且在运行过程中会进一步采集数据进行模型优化,相关数据可能涉及隐私或敏感信息,所以算法模型的机密性非常重要。但是,算法模型在部署应用中需要将公共访问接口发布给用户使用,攻击者可通过公共访问接口对算法模型进行黑盒访问,依据输入信息和输出信息映射关系,在没有算法模型等任何先验知识(训练数据、模型参数等)情况下,构造出与目标模型相似度非常高的模型,实现对算法模型的窃取,进而还原出模型训练和运行过程中的数据以及相关隐私信息。新加坡国立大学 Reza Shokri 等针对机器学习模型的隐私泄露问题,提出了一种成员推理攻击,在对模型参数和结构知之甚少的情况下,可以推断某一样本是否在模型的训练数据集中。

3. 算法安全

算法是人工智能系统的核心,现阶段人工智能在算法方面存在算法设计或实施有误、算法歧视或隐藏偏见、算法黑箱等方面的安全风险。

(1) 算法设计或实施有误会导致与预期不符甚至伤害性结果。谷歌、斯坦福大学、伯克利大学和 OpenAI 研究机构的学者根据错误产生的阶段,将算法模型设计和实施中的安全问题分为三类:第一类是设计者为算法定义了错误的目标函数,例如,设计者在设计目标函数时没有充分考虑运行环境的常识性限制条件,导致算法在执行任务时对周围环境造成不良影响;第二类是设计者定义了计算成本非常高的目标函数,使得算法在训练和使用阶段无法完全按照目标函数执行,只能在运行时执行某种低计算成本的替代目标函数,从而无法达到预期效果或对周围环境造成不良影响;第三类是选用的算法模型表达能力有限,不能完全表达实际情况,导致算法在实际使用时,面对不同于训练阶段的全新情况可能产生错误结果。

(2) 算法歧视或隐藏偏见会导致决策结果可能存在不公正的情况。算法歧视或隐藏偏见是指算法程序在信息生产和分发过程失去客观中立的立场,影响公众对信息的客观全面认知。人工智能产品的算法歧视带来的相关问题已日益引起关注,用看似客观公平的人工智能算法代替人进行自动化决策,虽然会带来效率的提升,但也会存在个体利益受损的情况。例如,一些网购平台利用大数据技术,同款产品对老用户报价更高;某些筛选简历算法系统对求职者的评分结果,倾向于给男性求职者更高评分;某些国外网站的高薪工作的招聘启事,向白种人显示的机会多于其他人种。2018 年,某平台被网友曝出根据手机机型不同,同一时间同一行程报出不同的价格;某在线票务服务公司被曝出针对不同用户给出同一酒店相同房间的不同价格,使用频繁的用户房间定价高于不经常使用的用户以及新用户。依赖数据和智能算法实施价格歧视,其实施方式更加隐蔽,导致部分用户福利下降并损害市场诚信,损毁消费者信任基础,这种行为引起社会广泛关注和强烈不满。

(3) 算法黑箱会导致人工智能决策不可解释。算法黑箱是指由于技术本身的复杂性以及媒体机构、技术公司的排他性商业政策,算法犹如一个未知的"黑箱"——用户并不清楚算法的目标和意图,也无从获悉算法设计者、实际控制者以及机器生成内容的责任归属等信息,更谈不上对其进行评判和监督。在"剑桥分析"事件中,利用选民性格弱点,向其推送假信息影响政治倾向,甚至利用机器人水军在社交媒体注册虚假账户,传播相关政治理念的行为,受到舆论谴责。人们对剑桥分析公司提供的政治精准营销业务、收集用户数据的来源、维度、体量已有所了解,但是,其业务中具有决策作用的算法并不公开,在输入数据与输出决策结果之间存在外界看不到的"隐形层",其决策过程不可解释,即形成所谓的"算法黑箱"问题。

4. 信息安全

人工智能技术已广泛应用于信息内容生成、传播、处理等领域,不当行为可能引发信息安全风险。

(1) 智能推荐算法可加速不良信息的传播,并具有隐蔽性。互联网、云计算、大数据、智能化等现代信息技术深刻改变了人类的生产生活方式,也深刻改变了信息的生产传播方式。信息内容传播逐渐由人类转移给了智能推荐算法,根据用户浏览记录、交易信息等数据,对用户兴趣爱好、行为习惯进行分析与预测,根据用户偏好推荐信息内容。如果智能推荐用于负面信息的传播,可使虚假信息、违法信息、违规言论等不良信息内容的传播,更加具有针对性;在加速不良信息传播的同时减少被举报的可能,更加具有隐蔽性。

2018年,一些短视频平台传播涉未成年人低俗不良信息、侮辱英烈等突破社会道德底线、违背社会主流价值观,甚至触犯了法律。这些视频通过短视频智能推荐平台被传播、放大,给用户尤其是未成年人用户带来不良示范,影响极其恶劣。

(2)人工智能技术可制作虚假信息内容,带来信息安全风险。随着信息技术发展、大数据广泛应用,算法推荐让信息传播更加个性化、定制化、智能化,但也出现了一些制作虚假信息内容的乱象。运用人工智能技术合成的图像、音视频等被不法分子利用来实施诈骗,勒索钱财,造成恶劣社会影响。

江苏南京江宁分局岔路派出所接到报警,称受害人陈先生微信收到"熟人"王某发来的借钱语音,受害人听到是朋友的声音,没多想就把钱转了过去,于是落入了骗子的圈套。警方表示,骗子从微信里发过的语音中提取个人声音生成假语音,还能模仿语气和情绪,网售语音包和语音软件可以生成任何嗓音和内容的音频。

《华尔街日报》报道称,一家英国能源公司的首席执行官被骗,将24.3万美元资金转到了匈牙利供应商的账户上。这位高管说,他以为自己是在和老板通电话,老板似乎已经批准了这笔交易,所以自己毫不犹豫地照做了。现在,这位首席执行官认为,他是一场音频深度伪造骗局的受害者。

13.1.2　人工智能人类社会安全

随着人工智能技术大力推广,其打破法律和道德限制的概率逐渐增加,必定导致社会生活的安全威胁增加。人工智能社会安全包括人身安全、就业安全等方面的内容。

1. 人身安全

由于技术的不成熟性,以自动驾驶汽车、无人机、机器人等为代表的自主系统在人们的生产生活中逐步替代人类进行决策,施行自主操作,可能会导致人类自身的安全风险;同时,这些智能系统被恐怖分子或别有用心的攻击者恶意利用,也会导致人类自身的安全风险。

2018年3月,一辆由Uber运营的自动驾驶汽车在美国亚利桑那州坦佩市撞倒了一名女性并致其死亡。Uber的自动驾驶汽车在发生撞击前5.6秒就检测到了行人,但将其错误识别为汽车,撞击前5.2秒时又将其归类为其他物体,此后系统对物体的分类发生了混乱,在"汽车"和"其他"之间摇摆不定,浪费了大量宝贵的时间,因此车辆没有及时刹车。所有可见的视频资料都显示,Uber的自动驾驶技术存在着灾难性的错误。

2018年8月,委内瑞拉总统马杜罗在首都加拉加斯出席一场军队纪念活动时,突然遭遇无人机袭击。这场"人类历史上第一例用无人机刺杀一国元首"的行动,事实上是袭击者使用一架载有爆炸物的无人机,欲对总统马杜罗展开的"暗杀行动"。

2. 就业失业

借助人工智能技术打造的机器人,其优点显而易见:超级计算能力、只需电力供给便可保证 24 小时全年无休、无须担心因主观意志影响决策等。因此,未来基于这一技术的机器人将胜任制造工人、客服、司机、翻译、保安等多种岗位,由此带来的失业将导致严重的社会问题。

《中国青年报》报道:中国广州东莞的松山湖长盈精密技术有限公司正常运转需要 650 名员工,如今工厂转型为"无人工厂",有 60 条机器人手臂昼夜不停地工作在 10 条生产线上,员工只剩下 60 人,其中 3 人负责检查和监控生产线,其他人负责监控计算机控制系统,实现了用机器取代 90% 的人力资源,从而提高了 250% 的生产效率。类似这样的"无人工厂"在各个行业中逐渐兴起。

13.1.3 人工智能国家安全

人工智能国家安全主要体现在政体安全、军事安全、伦理安全三个方面,人工智能系统在新闻传播、国防军事、社会服务等领域的广泛应用,一旦发生错误或不当行为,将给国家政体、军事、伦理安全带来挑战。

1. 政治安全

近年来,一些西方国家使用大数据分析部署"机器人水军",借助网络来干扰选举,或者一些别有用心的公司使用人工智能来干扰选民意见的行为也时有发生,这些手段可有效地影响选举结果。

2018 年,美国《纽约时报》和英国《观察家报》报道称,剑桥公司涉嫌窃取 Facebook 用户个人数据并利用其智能广告推荐功能,深度影响 2016 年美国大选。美国依隆大学数据科学家奥尔布赖特研究指出,通过行为追踪识别技术采集海量数据,识别出潜在的投票人,进行虚假新闻的点对点推送;利用人工智能的推理预测技术,不仅可以预测人们的所思、所想、所需,还有能力将预测结果变成现实,通过信息智能推荐可有效影响民众政治信仰和现实行为,进而干预影响国家政治进程。

2. 军事安全

在人工智能技术的辅助下,机器的智能化程度越来越高,正如兰德公司曾经发布《人工智能对核战争风险的影响》报告中所预言,到 2040 年,人工智能甚至有可能超过核武器的威力。

人工智能这项技术得到了军方的密切关注。首先,每年有一些国家投入大量的人力物力于"致命性自动武器",这种行为是个体行为,很容易引发机器自动杀人事故,其安全隐患极大。其次,现在有一些国家可能通过商业力量去研发工业机器人,从而得到"机器人战士",这样导致的后果是,随着智能化武器装备的增加,人工智能必定会给国家的军事安全带来越来越大的风险。

韩国科学技术院与韩国十大财团之一韩华集团旗下韩华系统公司合作,于 2018 年 2 月开设人工智能研发中心,目的是研发适用于作战指挥、目标追踪和无人水下交通等领域的人工智能技术。这一举动引起了全球超过 50 名人工智能研究人员联名抵制,警告谨防"机器人杀手"。发起联名抵制的人工智能教授沃尔表示,机器人和人工智能技术实际可以在军事领域发挥有利作用,但我们不能将决定生死的权力交给机器,这就越过道德底线。

13.2 人工智能伦理问题

科学技术的进步很可能引发一些人类不希望出现的问题。为了保护人类,美国科幻小说家阿西莫夫早在 1940 年提出了著名的"机器人三大定律"。

第一定律:机器人不得伤害人类个体,或者目睹人类个体将遭受危险时袖手不管。

第二定律:机器人必须服从人类发出的命令,当该命令与第一定律冲突时例外。

第三定律:机器人在不违反第一、第二定律的情况下要尽可能保护自己的生存。

此后,阿西莫夫又添加了一条定律——第零定律:机器人不得伤害人类群族,或因不作为使人类群族受到伤害。

随着机器人技术的不断进步,以及机器人用途的日益广泛,阿西莫夫的"机器人三大定律"越来越彰显出智者的光辉,以至有人称之为"机器人的金科玉律"。

人工智能发展过程中除了前面所提到的各种安全风险外,对人类社会结构的影响以及带来的伦理困境等问题都备受人们的关注。人工智能的伦理问题范围很广,本节主要从人工智能引发的行为规则、人权伦理、主体地位问题和责任伦理问题等四个方面对其进行分析。

13.2.1 行为规则

人工智能正在替代人的很多决策行为,智能机器人在做出决策时,同样需要遵从人类社会的各项规则。假设在公路上正常行驶的无人驾驶汽车前方出现了一群违规横穿公路的行人,而此时无法及时刹车,智能系统是应该选择撞向这群人,还是应该紧急转向撞向其他物体导致车内人员陷入危险中,或是撞向路边的行人? 人工智能技术的应用,正在将一些生活中的伦理性问题在系统中规则化。如果在系统的研发设计中未与社会伦理约束相结合,就有可能在决策中遵循与人类不同的逻辑,从而导致严重后果。

为解决人工智能带来的伦理问题,各国政府、世界行业组织以及互联网巨头纷纷发布伦理原则,鼓励科研人员将伦理问题置于人工智能设计和研发的优先位置,强调人工之智能应当符合人类价值观,服务于人类社会。2016 年 12 月美国电气和电子工程师协会发布了《以伦理为基准的设计》;2017 年 1 月,来自全球近千名人工智能领域专家在 Beneficial AI 会议上联合签署了《阿西洛马人工智能原则》。在英国、欧盟相继发布了《人工智能伦理准则》和《人工智能道德准则》后,我国在 2019 年 6 月,由国家新一代人工智能治理专业委员会发布《新一代人工智能治理原则——发展负责任的人工智能》,提出"和谐友好、公平公正、包容共享、尊重隐私、安全可控、共担责任、开放协作、敏捷治理"八条原则。这些伦理原则的共同点,就是将人类利益置于最重要的位置,确保人工智能安全、透明、可靠、可控,最终保障人类的利益和安全。

13.2.2 人权伦理

人权伦理是人权中本身蕴涵的基本伦理道德,在人权制度及人权活动中所体现出来的道德、价值和伦理关系,以及应遵循的伦理原则、伦理规范的总和。

迅速发展的人工智能技术使得以前只能从事简单劳动力的智能机器人具有一定程度的感知能力,在未来的应用领域,智能机器人会越来越广泛,这些机器人在各个领域为人类带来便利甚至保卫人的生命。但在科技发展的同时,一旦人工智能具备了超越机器的属性,愈发类似于人的时候,人类是否应当给予其一定的"人权"。如果让机器人拥有了人权,这就违背了"机器人三大法则",这是对于机器人的放纵,是对人类变相的伤害。赞成者则认为,如果机器人可以拥有道德修养,可以自主地与人类产生互动,那么人权就是它们应该享有的权利。由此可见,大家对人工智能是否应该赋予"人权"各持己见,其实我们可以有针对性地制定不同的伦理制度进行规范。例如,真正走进家庭生活的陪伴机器人系统,将更完善,安全性更可靠,对人类语言理解更强,能感觉到人的喜怒哀乐,与人进行情感的交流,对于这一类的人工智能体就可以赋予一定的"人权";而对于那些破坏性、给人类带来灾难的人工智能体就可以不赋予"人权"。

2018年7月,在瑞典斯德哥尔摩举办的国际人工智能联合会议上,包括SpaceX及特斯拉CEO埃隆·马斯克(Elon Musk)、谷歌DeepMind三位创始人在内的超过2000名人工智能学者共同签署《致命性自主武器宣言》,宣誓不参与致命性自主武器系统的开发、研制工作。这也是学界针对"杀人机器人"最大规模的一次集体发声。2018年2月,来自牛津大学、剑桥大学、OpenAI、电子前沿基金会、新美国安全中心等14个研究机构的26位研究人员发布了一份长达101页人工智能预警报告——《人工智能的恶意使用报告:预测、预防和缓解》,针对AI的潜在恶意使用发出警告,并提出相应的预防及缓解措施。

13.2.3 主体地位问题

由于人工智能技术在计算速度和精度等方面的优越性,许多生产工作由机器人代替人类来完成,这就导致了"实践活动"的主体将不再是人类。与此同时,由于人工智能为人类带来的方便快捷,人类对智能机器的依赖越来越强,能被智能机器所取代的工作越来越多。现如今,不只是从事简单重复性工作的人们担心自己会被机器所取代,甚至连教师、医生、警察等从事较为复杂工作的从业者也开始担心失业问题。如同各种科幻电影、电视剧中的情节那样,人工智能甚至可能伤害人类。人工智能机器人因为有神经网络且能够加强学习,在加强学习的过程中,人工智能很可能产生逻辑错误,以致其可能会脱离人类的控制并产生危害人类生存发展的行为。人工智能机器人还可能通过学习,不断地制造新的机器人,这就很容易造成无穷无尽的人工智能问题。这种"被黑化"或"无法控制"并且能够"大量产生"的人工智能科技,正是大部分人工智能威胁论产生的原因所在。

人工智能技术在强化人类能力的同时,确实也对人类的生存发展带来一定的隐患,这些隐患或危害是我们人类所不期望的。从人工智能威胁论中不难发现,人类的恐惧极少来自于对于人工智能这项技术本身,而是对于人工智能的不当使用、恶意利用或是人工智能脱离人类的掌控所产生的不良后果。由此可以看出,人工智能的利弊确实不在于人工智能本身,而在于人类如何利用人工智能进行实践的过程。人工智能是一把双刃剑,而这把剑最终是能够促进社会发展与人类进步还是毁灭人类文明,关键在于使用这把剑的人,而不是剑本身。

13.2.4 责任伦理问题

人工智能在社会中的作用越来越突出,但同时也对我们现有的社会伦理责任体系造成很大的冲击,很容易形成责任空白问题。人工智能系统采取了某个行动,做了某个决策,出现了不好的结果,到底由谁来负责?常见的责任问题包括:如果在诊治过程中,医生依赖AI出具的报告做出错误的判断,给患者的疾病诊治和身心健康带来伤害时,其责任到底该由谁来承担?无人驾驶汽车发生交通事故由谁来负责?人工智能可替代传统行业工种,威胁社会就业安全,失业加剧由谁来负责?人工智能构建新型军事打击力量,威胁到国家安全由谁来负责?

以信息高速公路为基础,以人工智能、虚拟现实、万物互联、大数据应用等为技术内核,以社会生产和人类生活全面智能化为基本特征的智能时代,不仅给我们带来了便捷,也对人类隐私、生命乃至公平正义造成了巨大威胁和全面挑战。因此,智能时代的工程师如何化解技术风险,并在保护隐私、关爱生命、守护公平正义等方面主动承担起自身的伦理责任,从而实现造福人类的目标,这无疑是当前和今后一段时期急需深入思考的重大课题。

智能时代的工程师要化解社会矛盾,消除偏见与歧视,应主动担负起守护公平正义的伦理责任,并在工程实践中尽力做到:始终坚持公平原则,在工程设计或人工智能产品开发中,应充分考虑各种因素,避免由于人为因素造成的不平等;始终坚持正义原则,以最大多数人的幸福为基本出发点,让智能产品造福全人类。立足长远,工程师作为智能时代的重要一员,应站在人类命运共同体的高度,直面问题、团结协作、化解矛盾,积极担负起智能时代应有的伦理责任,为增进人类福祉而不懈努力。

13.3 人工智能安全常用防御措施

人工智能的安全取决于技术发展及其安全可控的程度,短期风险可以预见,长期风险受制于现有认知能力难以预测和判断。因此,一方面,人类社会要积极推动人工智能技术研发和应用;另一方面,要为人工智能的发展应用规划一条安全边界,防止其被恶意运用、滥用,给人类社会造成不可逆转的伤害。

13.3.1 加强人工智能安全的研究和管控

树立正确的安全观,科学对待人工智能安全。强化安全治理理念,制定人工智能发展原则。在人工智能的治理问题上,应当坚持安全与发展并重,并将人工智能安全贯穿人工智能发展始终。研究掌握在人工智能技术研发和应用过程中会出现哪些风险,并从法律、政策、技术和监管等方面进行有效防控管控。

2017年1月,美国著名人工智能研究机构未来生命研究院(FLI)在加利福尼亚州召开的阿西洛马会议,法律、伦理、哲学、经济、机器人和人工智能等众多学科和领域的专家,共同达成了23条人工智能原则(称为"阿西洛马人工智能原则",是人工智能发展的"23条军规"),呼吁全世界在发展人工智能的时候严格遵守这些原则,共同保障人类未来的利益和安全。这 23 条原则规定,人工智能研究的目标应该建立有益的智能,而不是无向的智能。应该设计高度自主的人工智能系统,以确保其目标和行为在整个运行过程中与人类价值观相一致。对于人工智能造成的风险,尤其是那些灾难性的和存在价值性的风险,必须付出与其所造成的影响相称的努力,以用于进行规划和缓解风险。同时,人工智能军事化问题也是国际法律界关注的热点。目前,国际上限制致命性人工智能武器的呼声不绝于耳,有上百家人工智能领先企业呼吁禁止发展致命性人工智能武器。国际社会应当共同努力,加强合作,反对人工智能军事化威胁,共同应对人工智能安全。

13.3.2　限定人工智能技术的应用范围

目前,人工智能技术快速发展引起国际社会对其安全问题的关注和担心,要加以警惕,制定一系列防备措施,包括在法律上规定人工智能的发展边界在哪里。如果能够对其应用范围进行限定,划出“红线”,设置禁区,禁止研究开发危害人类生存安全的人工智能技术和产品,防止人工智能技术的滥用,那么就能够使人工智能设备与人保持和平相处。就克隆技术来讲,人类先后在羊、猪、狗等的动物身上实现了成功克隆,而对于克隆人类的行为,由于伦理问题无法解决,所以无法进一步将克隆技术进行应用。事实上,很多国家已经颁布了相关法律法规杜绝人类克隆。所以,为了保障人类的安全,同样有必要对人工智能的应用范围做出限定。

我们常见的科幻世界中,人工智能的发展无一不是受到来自科学、伦理、社会各界的限制,目的就是为了将人工智能限于其自身的领域,不至于产生恶劣的负面影响。

13.3.3　加强人工智能伦理道德研究

人工智能的安全隐患必须首先考虑伦理道德方面的问题。开展人工智能行为科学和伦理等问题研究,探讨人工智能的人格、法律主体地位、数据安全问题,分析人工智能对现有社会伦理规范、行为准则带来的影响和冲击,研究人工智能对社会心理的影响,制定心理辅导方案。完善法律法规,制定人工智能技术负面清单,对可能涉及重大伦理问题的人工智能技术和产品研发,需提交人工智能伦理委员会审议,报请相关政府部门备案或批准。同时,通过广泛宣传,将人工智能伦理原则的社会影响力扩散开来,真正达到社会普遍认可的共识原则,成为人工智能在设计、研发、使用、治理过程中潜在的道德观念。只有做好伦理方面的设计,才能使智能机器人具有较高的道德素质,从而降低了其危害人类的概率。

面对当前人工智能蓬勃发展的趋势,在人工智能使用原则与伦理规范制定方面,英国、韩国、日本、欧盟、美国、加拿大、新加坡、阿拉伯联合酋长国、中国等国家和地区相继推出了多项伦理原则、规范、指南和标准,致力于推动人工智能伦理道德与社会问题的研究。微软、IBM、英特尔、谷歌、百度、腾讯、SAP、GE 医疗集团、Unity 技术公司和一些高等院校也分别提出了各自关于人工智能技术发展的伦理准则。

当前,人们为人工智能技术的安全发展做出了许多努力,世界各国、知名企业等制定的这些准则和制度是用以规范人工智能的伦理准则，实现人机之间的和谐共处，以及未来人工智能的安全发展。

13.3.4　人工智能安全评估和管理

为了有效解决人工智能安全问题，对人工智能产品的安全进行深入评估和管理是非常有必要的。安全评估就是人工智能产品对人类产生的危害进行量化估计，对其发生概率进行计算，从而判定其危害的程度并划分等级，从而方便人类采取应对措施。进一步，根据划分的不同安全等级运用不同层次的智能安防技术，确保人工智能技术应用的安全性、有序性。

针对人工智能技术应用还需要进行风险预估，预防人工智能在场景应用中存在的潜在风险，防止技术手段在实际运用中可能出现的故障、失效、被入侵等隐患。因此，运用对抗性学习算法研究设计一种检测机制，利用"技术制约技术"的理念，对过程进行有效鉴定，优化智能技术开发架构，降低人工智能带来的隐患。

除了这些技术评估手段，还需要的就是管理手段。这就好比一辆汽车，我们知道汽车的出现存在引发交通事故的安全风险，这种安全风险是一种潜在的威胁，因此设置了有针对性的安全评估办法，根据汽车的使用年限不同，要求进行不同性质的年检来保证车辆的状态安全。日常运行的安全就需要用严格的交通安全管理规定来制约，这就映射到了我们这里所说的管理手段是非常必要的。政府安全部门应联合相关执法机构，完善对人工智能技术应用主体的监控管理机制，建立伦理与风险审查机制，降低人工智能技术受到人为因素影响的概率。

13.3.5　小结

随着人工智能技术的不断发展，让人们感受到了威胁，如果缺乏人工智能的控制，可能会给人类带来巨大灾难。鉴于此，我们必须重视人工智能的安全问题，妥善采取合适的策略：加强人工智能安全的研究和管控，限定人工智能技术的应用范围，加强人工智能伦理道德研究，对人工智能进行深入的安全评估和管理。

人工智能作为新技术，在应用过程中会给不同的领域造成影响和冲击，产生安全风险，包括政治安全、军事安全、网络安全、数据安全、算法安全、信息安全以及伦理与道德安全等方面的风险。人工智能具有技术属性和社会属性高度融合的特征，其快速发展将给人类发展带来巨大的助力和广阔的前景。但是，如果不对其进行有效限制，人工智能一旦脱离人类期望的发展方向，带来的危害可能是巨大的，甚至是毁灭性的。这就需要制定一定的法律法规对人工智能进行管理、约束，这样才能更好地为人类服务，才能让人类过上更好的生活。我们应当认识到：对人工智能的约束和监管并不是为了遏制人工智能的发展，相反，唯有安全的人工智能才能走得更远。安全是为了更好地发展，发展是为了未来的安全，一切的出发点都是为了人类的共同利益。

习题 13

一、简答题

1. 人工智能安全包括哪些方面？

2. 人工智能安全常用防御措施有哪些？

3. 阿西莫夫提出的著名"机器人三大定律"和第零定律分别是什么？

二、思考题

在人工智能浪潮下，人工智能已经成为全人类面临的机遇和挑战，人类该如何面对人工智能带来的巨大挑战？人工智能安全能否随着信息技术的不断进步得到完美解决？

附录

（在 线 版）

附录 A　人工智能标准体系结构

附录 B　本书学习思维导图

附录 C　术语表

参考文献（在线版）